2013 年浙江省课堂教学改革课题《打破第四堵墙——"外国建筑史"课题教学改革实践与研究》(KG2013095)资助

2013 年宁波大学教材建设项目《外国建筑史导读》(JCJSX201318)资助

外国建筑史导读

邱 枫 主编

浙江大学出版社

图书在版编目（CIP）数据

外国建筑史导读 / 邱枫主编. —杭州:浙江大学
出版社，2017.8
ISBN 978-7-308-16115-2

Ⅰ. ①外… Ⅱ. ①邱… Ⅲ. ①建筑史—国外—教材
Ⅳ. ①TU-091

中国版本图书馆 CIP 数据核字（2016）第 189163 号

外国建筑史导读

邱　枫　主编

责任编辑	王元新
责任校对	杨利军　沈炜玲
封面设计	林智广告
出版发行	浙江大学出版社
	（杭州市天目山路 148 号　邮政编码 310007）
	（网址:http://www.zjupress.com）
排　　版	杭州中大图文设计有限公司
印　　刷	浙江省邮电印刷股份有限公司
开　　本	787mm×1092mm　1/16
印　　张	23.25
字　　数	580 千
版 印 次	2017 年 8 月第 1 版　2017 年 8 月第 1 次印刷
书　　号	ISBN 978-7-308-16115-2
定　　价	48.00 元

前　言

　　"外国建筑史"课程全面介绍和讲授以欧洲为主的外国建筑历史发展的主要阶段和过程。课程的任务是使学生纵向把握西方建筑历史发展的脉络,了解各个时代建筑技术、观念和形式发展与变化的特征及规律,理解建筑演变的外部条件和内在动因,帮助学生形成建筑学的理论思维。

　　当今时代,建筑的发展越来越注重技术、材料和环境,同时人们对建筑的精神追求和价值取向也日趋多元化。由于时间跨度大、涉及面广,"外国建筑史"课程内容十分庞杂、厚重,虽然信息和网络技术的普及使海量的图像和信息十分易于获得,但同时也难免引起"消化不良"。如果缺乏一双用正确的方法和理论观点武装起来的"慧眼",这种"浮游"于知识和信息表层的学习无异于盲人摸象。因此,教师在课程学习中的角色和作用,也应适时地从过去以知识、信息的搜集、整理和解说为主,转向现在以挖掘理论问题、启发深层观察和思考、引领观点的提升和拓展为主,把学界关于建筑历史理论的最新研究成果和观点及时地介绍给有能力、有兴趣的学生做进一步的学习。因此,编撰一部导读类的外国建筑史教材就显得十分迫切。

　　本教材与现行全国通用教材相配套使用,编写立足于契合教学实际要求,符合网络信息时代的总体趋势,满足学生不同层面的学习和阅读需求,以成为一本学生乐见乐读、教师好用爱用的教学辅助性教材为目标。

　　本教材内容包括外国建筑史的古代部分和近现代部分,主要教学内容包括古埃及建筑、古西亚建筑、古希腊建筑、古罗马建筑、拜占庭建筑、西欧中世纪建筑、文艺复兴建筑与巴洛克建筑、法国古典主义建筑与洛可可风格、复古主义建筑、19世纪下半叶至20世纪初的现代建筑探索、现代主义建筑11个学习单元,时间跨度长达5000年。每个时期的建筑从形成、发展到衰退都有清晰的脉络、丰富的过程、鲜明的风格和多样的建筑形式。由于西方社会历史背景关系经历了几番明显的交叠更替,而学生对于西方历史及文化相对也比较隔膜,所以在理解建筑历史发展的深层原因之前要先帮助学生了解西方通史;同时,通过大量翔实的图片、资料,从专业的角度去解读西方建筑理念、建筑形制和风格、建筑结构、材料和施工技术发展演变的历史过程和规律,在传达丰富立体的历史信息的同时,帮助学生形成一个整体而系统的建筑历史知识框架,同时建立起科学辩证的建筑历史观。

　　笔者认为目前通行的教材在以下几个方面需要加以改进:

　　1.在追求系统完整和信息量丰富的前提下,编排的层次感不够丰富,学生普遍反映抓不住重点,对思考的拓展和观点的提升引领不够。

　　2.内容组织的条理和逻辑有交叉重叠。作为知识体系相对庞杂的课程,学生在学习中查询检索知识点时感觉不够清晰、便利。

3.教材编者立足于历史唯物主义观点做分析和评价,有其特定历史条件下的合理性和正确性,但在目前的学术和媒体环境下稍嫌单调、片面和武断,在多元价值观和学术观点的引介上显得单薄。

4.对于重点内容和关联性背景的延伸性知识链接缺乏,求知欲强的学生感觉教材的学科触角不够广博和深远,无法提供多种角度和深度的不同阅读文本。

5.内容、体例和版式的编排显得过于传统,对于设计类学生的阅读习惯和偏好考虑不够,因此学生阅读的欲望不强,缺乏兴趣。

基于以上认识,本教材编写时在重点选择、拓展性阅读和版式编排方面做了一些安排和改进。

教材内容分为两个层面:一是核心内容,是掌握西方建筑历史发展主脉必须了解的基础知识。这部分内容与通用教材基本保持一致,在篇章的具体结构上稍做调整以进一步理顺讲授的条理和逻辑。考虑到本教材与原通用教材配套使用,因此会做一定程度上的精简,突出条目层次、关键词和主要观点,简化史料的铺陈以缩小整本教材的篇幅,实现突出重点、层次化学习的目的。二是扩展性内容,是对一些重点理论或观点、重要人物或案例、核心技术和方法所做的延伸性学习。该部分内容提供参考书籍或资料,说明主要观点的出处,供有能力和兴趣的学生做深入的研究性学习。扩展性内容的形式可以是参考书目,可以是背景知识链接,也可以是专业网站上的资料。

这两个层面的内容会在版式上做明显区分,以方便不同需求和层次的学生学习。

本教材的编写体系:按大的历史时期分篇和章,比如"第3篇欧洲中世纪建筑"中的第2章"西欧中世纪建筑";在篇和章下面再分节,比如西欧中世纪建筑中的第1节"早期基督教教堂建筑——发现巴西利卡";具体到每一个建筑时期或风格的部分,主要分为历史背景、发展阶段及特征、建筑作品及人物、主要理论等几个部分,每部分图文并茂,包括关键词阐释、案例介绍、关键技术解析、主要观点陈述等内容。本教材力求做到层次清晰、重点突出、方便索引、支持延伸阅读,对基本史实信息不做过多的铺陈(需要详细了解可进一步参阅原通用教材),在原有基础上把重点转向挖掘理论问题,启发深层观察和思考,引领观点的提升和拓展。

本教材的突破点:内容上分层次,照顾基础性学习和研究性学习的不同需求,适量增加背景性知识链接和参考文献理论观点延伸阅读,强化教材在信息源索引和理论观点思考引领方面的作用;版式编排上,适应设计类专业学生的阅读习惯和喜好,用图文结合的编排设计加强阅读体验的时代感和新颖度;同时为了便于分类检索,基础性知识和拓展性信息在版式上做了明显区分,以方便学生不同阶段的学习。

教学是一个长期投入的过程,笔者从事外国建筑史教学至今已十四年有余,每次走上讲台,面对学生们求知的眼神,仍然感到压力。现在出版这一本教材,更是倍感惶恐。迫于时间和水平所限,错误和不当之处在所难免,由衷期望各位同行专家和读者批评指正,以促进本教材的不断修正与完善。

邱 枫

2017 年 1 月 29 日

目　录

第 5 篇　18 世纪下半叶—20 世纪初欧洲与美国的建筑

第6篇 新建筑运动的高潮——现代建筑派与代表人物

第 1 篇
古代埃及和古西亚的建筑

第 1 章　古代埃及的建筑

（公元前 3200—前 30 年）

1.1　历史背景和地域特点

1.1.1　统一的奴隶制帝国，政教合一

古埃及的国王称为法老（Pharaoh）。"法老"是"宫殿"的意思，后来被用作对国王的尊称。

埃及是尼罗河流域最重要的国家之一。尼罗河流域的西面是利比亚沙漠，东面是红海，南面是努比亚沙漠和一系列飞流直泻的大瀑布，北面是三角洲地区没有港湾的海岸。这些自然屏障使它受到特别好的保护，不易遭到外族的侵犯，不仅为种族的稳定，也为政治的稳定创造了条件。因而，显著的政治连续性成为古埃及王朝时期的主要特征（类似中国封建社会）。这种政治的稳定是埃及能用几百年持续建一座建筑的原因之一。

1.1.2　自然的地理条件

埃及的领土按照尼罗河的走向分为上下埃及两部分，上埃及是南部的尼罗河中游峡谷，多山岩，包括 1000 多公里长的河谷农耕地带；下埃及是北部的河口三角洲，包括约两万平方公里的三角洲农耕地带，多沙漠（见图 1-1）。尼罗河两岸树木稀少，气候炎热，一年可分为干湿两季，终年不见霜雪且雨量很少，因此建筑常作平屋顶，人可上去乘凉；为防日晒，建筑物的墙壁与屋顶做得很厚，窗子很小，门户亦窄，用以躲避酷暑。因此，大片空白的墙面正好可以用来雕刻象形文字，记载历史、宗教、法令等。

埃及自古雨水不足，其发达的农耕文化仰赖尼罗河每年的定期泛滥。尼罗河聚集了埃塞俄比亚高原季节性的降水，每年夏季（7 月）尼罗河洪水泛滥，10 月退去，周而复始，定时地给下游提供了水和肥沃的泥土，因此人们的农事多集中于有水季节，水退后便无事可做。这一地理气候特征对古埃及建筑有以下意义：①提供了修建建筑的劳动大军；②河流为埃及建筑提供了芦苇、纸草和泥土等建筑材料；③古埃及发展了蓄水灌溉系统，并在这一大规模的水利建设中发展了几何学、测量学，学会了组织几万人的劳动协作，促进了民族共同体的生成，这种共同体超越了血缘关系，以神庙作为其统合的象征；④尼罗河也是石材的主要运输通道，所以大型建筑物都造在尼罗河两岸。

【资料链接】　从历史证据看，埃及的统一出现得很早，由以狩猎为主的底尼斯·那卡拉地区（位于尼罗河上游）的种族在约公元前 3000 年成功地统一了全埃及，统一王权归属于法老王。蓄水灌溉系统遍布埃及王国，40 多条干线水渠与更多的支线水渠组合，将埃及土地分成许多灌溉单元，并与地方行政的"州"相对应。埃及各州都有中心都市和守护神，这些中

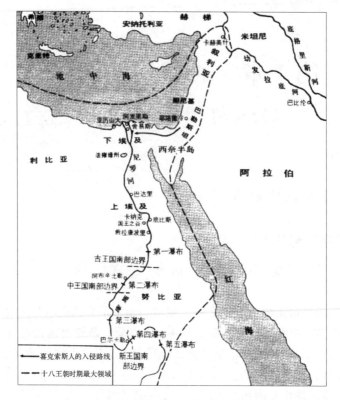

图 1-1 古埃及尼罗河流域地图

心都市不设城墙,并且都服从统一王权的管辖。法老的职责包括:依靠祭祀与神交流,依靠行政维护社会秩序,同时掌握着国土防卫与扩张的重要力量——军队。

1.1.3 宗教信仰

古埃及人为多神信仰。早期最敬畏死神奥西里斯(Osiris),相信人生不灭、灵魂永存。关心死亡,为来世做好物质方面的准备,是埃及宗教信仰的一个主要特征。古埃及人相信死亡只是换了一个生存环境,只要保护好尸体,并且将死者形象、服侍人员形象、生活用品画下来或做成雕塑带到坟墓中,就可以在阴间延续世间那样的生活。后期太阳神是特别受到尊敬的,被尊为万神之王(见图 1-2)。拉、阿蒙、阿吞都是太阳神的不同称谓。金字塔被认为是通天的阶梯,这是根据金字塔和方尖碑顶部的金属装饰所产生的联想,而且金字塔四面都刻着带双翼的太阳。它们是古埃及太阳崇拜的具象形式。

古埃及的宗教同政治关系密切,因此祭司①是统治阶级的重要组成部分。尤其是中王国时期以后,祭司和贵族的权力几乎与法老相当。

【电影】《卢浮魅影》(法国,2001 年):苏菲·玛索主演,和《阿黛拉的非凡冒险》(法国,2010 年)一样,都有埃及法老的木乃伊复活的相关情节。其中,《卢浮魅影》是史上第一部进入卢浮宫实地拍摄的电影。

---

① 祭司,是指在宗教或祭祀活动中,为了祭拜或崇敬所信仰的神,主持祭典,在祭台上为辅祭或主祭的人员。

图 1-2　古代埃及人崇拜的太阳神

1.1.4　等级分明的社会

整个古埃及时代,人类统治万物,帝王统治万民,男人统治女人,家长统治家庭成员。每人都是统治者,每人又都是被统治者,各自都在统治和被统治中享受到有保障的稳定生活,人们认为现世是最理想的王国,希望这种社会永世长存。即使出现不满和反抗,甚至战争,也是出于对个别统治者的不满,而不是对这种等级社会的不满。所以,威严、庄重、稳定,就成为古埃及人的精神特征,也是艺术家在他们的作品中刻意追求的。

1.1.5　艺术法则(人物造型程式)——"正面律"

古埃及的人物雕像或画像遵循正面律,即为了做到绝对相像和完整,不描写具体某个瞬间和空间看到的整体形象,而是在一个画面中把许多空间中看到的形状特征有机地罗列成一个完整的形象,这样可以把不同角度中的特点永久地记录在一个完整的形象上,使形象的每个局部都是最能显现这个局部特征的角度(见图 1-3)。

图 1-3　遵循正面律的古埃及壁画

正面律也和古埃及人的宗教有关。古埃及人认为:①带到陵墓中去的雕塑和画像必须与本人绝对相像,否则灵魂无法依附肖像而生活;②必须完整,不得因姿势或透视变化挡住身体某一部分而显得缺肩少腿或长短不齐；③国王、官僚大臣、王室人员的形象在陵墓中必须等级分明，区别于百姓、服侍人员的形象，特别是国王，要显出庄重、威严、稳定的精神状态。

因此，也有人将之称为"没有透视的艺术"。

1.1.6 建筑观念

埃及最早的神庙应该是以植物为主要建造材料的。虽然没有直接证据，但发掘出来的公元前3500年左右的土器花纹可以提供一些间接的证据。另外，从现存古埃及神庙的石柱式样中也能找到相关的痕迹（见图1-4）。

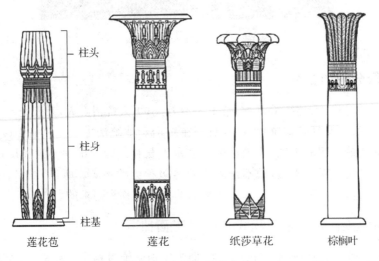

图 1-4　古埃及石柱式样

莲花苞　　莲花　　纸莎草花　　棕榈叶

柱头　柱身　柱基

由于埃及的自然条件相对于西亚和欧洲都更温和，所以埃及人的神虽然有时也会反复无常，但主要还是表现为正义、和善。正像底格里斯河和幼发拉底河每年泛滥的不可预知和来势凶猛，促成了苏美尔人的不安全感和悲观一样；尼罗河每年泛滥的可以预知和起势平缓，助长了埃及人的自信和乐观。这种乐观，直接影响了埃及人对生死的看法并赋予了他们建造金字塔、神庙等大型建筑物时的热情和创造力。埃及人拥有相对安定的今世生活，同时也积极乐观地期待来世，因此全心全意地为死者准备复活和永生的一切条件和仪式。这样的人生观、宗教观投射到建筑上，使埃及人渐渐放弃了植物和日晒砖，代之以石材来建筑庞大的陵墓和神庙，为具有永恒生命的居住者构建永恒的居住地。而提供给生者的建筑，即便是王宫，依然采用日晒砖来建造。

1.2　古埃及建筑的历史分期

古埃及建筑史有以下四个主要时期：

（1）古王国时期（约公元前2686年—前22世纪中叶）：是古埃及真正统一的时代，也是农业、手工业、商业、建筑业全面发展的第一个伟大时代。统一的奴隶制王国、官僚体制和君主独裁是这个时期的特点。皇帝崇拜主要是以原始拜物教的形式，金字塔作为皇帝崇拜的纪念性建筑物，主要是在这一时期大量建造的。

主要建筑:萨卡拉的第三王朝昭赛尔阶梯式金字塔(The Step Pyramids of Zoser, Sakkara)(见图 1-5),具体介绍详见 1.3.2 小节。第四王朝吉萨金字塔群(Pyramids,Giza)。(具体介绍详见 1.3.4 小节)。

图 1-5　昭赛尔金字塔(约建于公元前 3000 年)

(2)中王国时期(公元前 2130—前 1786 年):皇帝崇拜逐渐由原始拜物教中脱离出来,产生了专门的祭祀阶层,皇帝的纪念物也从借助自然景观以外部表现力为主的陵墓,逐渐向以在内部举行神秘的宗教仪式为主的庙宇转化。祀庙中神秘仪典的重要性已经超过了皇帝威力的象征性,向以后新王国时期神庙形制的转型已经开始酝酿了。

这一时期原本就缺乏大建筑,虽经过之后新王国时期的兴造,但建筑遗存很少,仅几座岩窟墓而已。这种岩窟墓是将山岩的斜面削平造出前庭,正面开门,门口也常作柱廊,门内部设长廊连接前后两厅,在后厅的后墙设置礼拜堂。

主要建筑:曼都赫特普三世墓(Mausoleum of Mentu-Hotep Ⅲ)。(具体介绍详见 1.4.1 小节)

(3)新王国时期(约公元前 1567—前 1085 年):是古埃及最强大和繁荣的时期,现存古迹丰富。频繁的远征掠夺来大量的奴隶和财富,奴隶成为建筑工程的主要劳动者。皇帝崇拜和太阳神崇拜相结合,皇帝的纪念物也从陵墓完全转化为太阳神庙。至此,皇帝崇拜的建筑形式完成了从金字塔—峡谷里的陵墓—太阳神庙的完整进化历程。

主要建筑:哈特什帕苏墓(Mausoleum of Hatshepsut);(具体介绍详见 1.4 小节)

卡纳克阿蒙神庙(Great Temple of Amun,Karnak);(具体介绍详见 1.5 小节)

鲁克索阿蒙神庙(Great Temple of Amun,Luxor);(具体介绍详见 1.5 小节)

阿布辛波石窟庙(Great Temple of Ramesses,Abu-Simbel)(具体介绍详见教材(上)[①]P18~19)(见图 1-6)。

【资料链接】 埃及是中国自费旅游目的地主要国家之一。中国旅游研究院和国家旅游局共同发布的《中国出境旅游发展年度报告 2014》显示:中国已经成为世界上第一大出境游的客源地国,我国公民自费旅游目的地国家和地区已达到 150 个,2014 年出境游人次达

[①] 本书中所说"教材(上)"指清华大学陈志华所著的普通高等教育"十五"国家级规划教材——《外国建筑史(19 世纪末叶以前)(第四版)》这本教材。余同。

图 1-6　阿布辛波石窟庙

9818 万。许多国家和地区争相对中国游客降低签证门槛。

（4）后期、希腊化时期和罗马时期：公元前 525 年，古埃及被波斯人征服，公元前 332 年被希腊马其顿王征服，公元前 30 年被罗马征服。这一时期的建筑有了许多希腊、罗马因素，出现了新的类型、形制和样式。

1.3　金字塔的演化

1.3.1　早期陵墓——玛斯塔巴

早期的陵墓仿照上埃及比较流行的住宅，像长方形台子，在一端有入口。这种墓叫玛斯塔巴（Mastaba），是后来阿拉伯人对它的称呼，意思是"凳子"，因为外形很像。陵墓包括地下的墓室和地面的祭祀厅堂两部分（见图 1-7）。

【观点】　陵墓仿照住宅和宫殿，是因为陵墓被人们当作死后的住所。一方面，人们只能根据日常生活来设想死后的生活；另一方面，人们只能以最熟悉的建筑物为蓝本，探索其他各种建筑物的形制和形式。公元 1 世纪的希腊历史学家席库鲁斯（Diodorus Siculus）说："古埃及人把住宅看作暂栖之所，而把坟墓看作长久的居住之所。"（参见教材（上）P9）

【名词解释】　玛斯塔巴（Mastaba）——古埃及早期的帝王台式陵墓，分地上和地下两部分。地上为祭祀用砖砌厅堂，地下为墓室，上下有阶梯或斜坡甬道相连。后来的金字塔就是从此发展起来的。

1.3.2　多层阶梯形金字塔

由于原始的宗教不能满足皇帝专制制度的需要，因此必须制造出对皇帝本人的崇拜来。于是皇帝的陵墓逐渐发展为纪念性的建筑物，而不仅仅是死后的住所。第一王朝皇帝乃伯特卡在萨卡拉的陵墓（Mausoleum of Nebetka，Sakkara），就在祭祀厅堂之下造了 9 层砖砌的台基，为向高处发展的集中式纪念性构图的萌芽。随着中央集权国家的巩固和强盛，越来

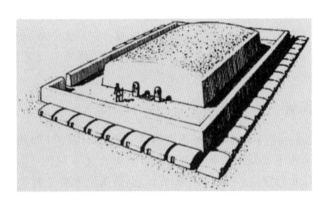

图 1-7　玛斯塔巴

越刻意制造对皇帝的崇拜,如用永久性的材料——石头,建造了一个又一个的陵墓。

【名词解释】　集中式纪念性构图——采用圆形、正多边形等集中式平面,形体依垂直轴线向上高耸。这种建筑构图具有较强的纪念性。

第三王朝建基皇帝昭赛尔的陵墓,是古埃及第一个完全用石头建成的陵墓,6 层阶梯式,金字塔的轮廓造型,也是古埃及现存最早的金字塔式陵墓(见图 1-8)。与乃伯特卡陵墓比较,昭赛尔金字塔的进步体现在:①把墓室仍然留在地下,把祭祀厅堂从高台基顶上移到塔前,而把多层的台基向上耸起,成为陵墓外观形象的主体,发展为形体单纯的纪念碑——金字塔;②塔的本身排除了对木构建筑的模仿痕迹,形式、风格简练稳定,符合纪念性建筑物的艺术要求,也更适应石材的特性和加工条件。昭赛尔金字塔的"工程主持人"传说是高级祭司伊姆霍太普(Imhotep),也是建筑历史上最早有记录的建筑师;③发展了纵深、多层次的艺术布局手法。建筑群的入口在围墙东南角,从这里进入一个狭长的、黑暗的甬道,甬道里有两排柱子使空间更加扑朔迷离,走出甬道,就是院子,明亮的天空和金字塔同时呈现眼前,意在造成从现世走到冥界的假象,死去的皇帝仍然在冥界统治着。光线的明暗和空间的开合形成强烈的对比。这种手法在这里开始被有意识地运用,在震撼人心的同时,着力渲染皇帝的"神性"。

图 1-8　昭赛尔金字塔(约建于公元前 3000 年)

【资料链接】　伊姆霍太普是古埃及第三王朝的参事与大臣,是一个有创造力和发明才能的人,被后人奉为"智慧神";同时,他又是祭司、学者、占星家和幻术家,而且精通医道,以至 200 年后被敬奉为"药神"。他对建筑的主要贡献在于:①他是第一个使用 Ashlar(经修整的石块)的人,即将石板平砌在一起,组成连续的表面;②他将当地建筑中为增强泥巴墙的牢度所使用的苇束,转化为石头建筑艺术的基本要素——圆柱。

1.3.3　金字塔的探索

昭赛尔金字塔之后,金字塔的形制还在探索,有过 3 层的,如梅登金字塔(Meidum Pyramid),建造者为第四王朝斯尼弗鲁王(Snefru,胡夫之父)(见图 1-9);也有过分两段、上下段坡度不同的,如弯曲金字塔(Twist Pyramid),也是斯尼弗鲁王时期修建的。

图 1-9　梅登金字塔

弯曲金字塔因塔身弯曲而得名,约建于公元前 2600 年,同样位于距离开罗西南 27 公里处的萨卡拉地区,底部为边长约 189 米的正方形,高约 105 米。其特别之处在于,塔身在超过一半高度的时候,角度发生变化,倾角由下半部的 55°向内弯折成 43.5°,这样金字塔四面看起来是弯曲的。它是仅存的表面平滑的金字塔之一。考古学家们认为,造成这种独特形状的原因在于,当初在建造该金字塔的过程中,建到一半时建筑师担心如果继续以 55°这种坡度盖下去的话,塔身可能会因无法承受整个结构的重量而坍塌,于是不得不中途改变侧墙坡度,将上面一半的角度从 55°缩小为 43.5°,因此造就了独一无二的弯曲状金字塔。从中我们不难看出,古埃及在力学方面已有了相当的造诣,而金字塔的标准坡度(51°52′)也是在试错当中摸索出来的(见图 1-10)。

同样是斯尼弗鲁王修建的红色金字塔,就是在总结弯曲金字塔经验的基础上建成的,一开始就将坡度定为 43.5°,高达 104 米,规模上直追后来的胡夫金字塔。因为其建筑材料为颜色淡红的石灰石,因此被誉为"红色金字塔"或"玫瑰色金字塔"(见图 1-11)。

1.3.4　古埃及金字塔最成熟的代表——吉萨金字塔群

公元前第三千纪中叶,在离当时的首都孟斐斯(Menphis)不远的吉萨(Giza),造了当时第四王朝 3 位皇帝的 3 座相邻的大金字塔,分别为胡夫金字塔(Khufu Pyramid)(高 146.6 米,

图 1-10　弯曲金字塔(约建于公元前 2600 年)

图 1-11　红色金字塔

底边长 230.35 米,是埃及最大的金字塔)、哈弗拉金字塔(Khafra Pyramid)(高 143.5 米,底边长 215.25 米)、门卡乌拉金字塔(Menkaura Pyramid)(高 66.4 米,底边长 108.04 米),在总平面上基本呈对角线布置,形成了一个完整的群体,总称为吉萨金字塔群。它们是古埃及金字塔最成熟的代表。三个金字塔都是精确的正四方锥体,形式极其单纯(见图 1-12)。

　　与昭赛尔金字塔比较,吉萨金字塔群的进步体现在:①塔很高大,脚下的祭祀厅堂等其他附属建筑物却相对很小,塔的形体因此不受阻碍地充分表现了出来;②除了塔本身,厅堂和围墙等附属建筑物也不再模仿木柱和芦苇的建筑形象,而是采用完全适合石材特点的简洁的几何形,方正平直,交接简洁,同塔的风格完全统一。至此,古埃及纪念性建筑物的典型风格形成了,艺术形式与材料、技术之间的矛盾也同时克服了,石建筑终于抛弃了对木建筑的模仿而有了自己的形式和风格;③将纵深、多层次的艺术布局手法进一步发展。昭赛尔金字塔入口处理的构思,在吉萨金字塔群大大发展了,祭祀厅堂在金字塔东面脚下,入口门厅却远在东边几百米之外的尼罗河边。从门厅到厅堂,要经过石头砌成的、密闭的、黑暗的、仅可容一人通过的甬道,献祭的队伍,走过这长长的甬道,进入祭祀厅堂后面的院子,猛然见到灿烂阳光中端坐着皇帝的雕像,上面是摩天掠云的金字塔,自然会产生把皇帝当作另一个永

图 1-12　吉萨金字塔群（建于公元前第三千纪中叶）

恒世界的神来崇拜的强烈情绪（见图 1-13）。（参见教材（上）P12）

图 1-13　胡夫金字塔内院

　　【数字金字塔】　胡夫金字塔因令人惊奇的精确和巨大而广受世人关注，其底面积约53000 平方米，用现代的精密仪器测量的结果，正方形底边误差仅 20 厘米，且底边的水平误差不超过 2 厘米，金字塔斜面的角度误差也仅 3′23″，就其精准性而言，直到近代建筑出现之前，一直是世界之最。胡夫金字塔的神奇还有许多数据可以为证：金字塔的正四方椎体的底边长度之和约等于以其高度为半径的圆周长之值；经数学计算出的塔身倾斜角度应为 51°51′52″，实际建造的倾斜角为 51°52′，已经极为接近；金字塔的容积约 260 万立方米，按照金字塔建造耗时 20 年计，则每天要砌筑两吨半重的石块 360 块。

　　【观点】　建筑物的形式和风格总是要适应构成它的材料和结构方式。当一种形式和风格在长期实践中定型、成熟之后，为人们所习惯，形成审美定势，就具有惰性。当条件变化，人们改用全然不同的材料或结构方式建造房屋时，还不熟悉新的可能性，起初总要借鉴甚至模仿习见的旧形式，而旧的形式、风格同新的材料和结构技术之间必定会产生矛盾，但只要新的材料和技术确实是先进的、合乎当时社会需要的,它就必定要逐渐抛弃旧的形式和风格,获得与之相适应的新的形式和风格。这个过程在建筑发展史中反复地出现,有时候,社会占统治地位的意识形态促进这个过程,有时候却是延缓它,但这个趋势是客观必然的。建筑的审美习惯,在长期的形成过程中,已经渗透了对建筑的理性判断,而不会仅仅是形象判断。脱离理性判断的形象判断一定是初步的、低级状态的,不可能形成稳定的社会审美习惯。(参见教材(上)P11)

金字塔的艺术构思反映着古埃及的自然和社会特色。

金字塔群位于沙漠边缘,在高约 30 米的台地上。在广阔无垠而充满了神秘之感的沙漠之中,只有金字塔这样高大、稳定、简洁的形象才能站得住,才有纪念性,它们的方锥形形体也只有在这样的环境里才有表现力(见图 1-14)。

图 1-14 吉萨金字塔群远观

古王国时期的埃及人还保留着氏族制时代的原始拜物教,他们相信,高山、大漠、长河都是神圣的,早期的皇帝利用这种崇拜,将皇帝宣扬为自然神,通过审美,把高山、大漠、长河形象的典型特征赋予皇权的纪念碑,也就把自然的神性赋予皇帝本人。在埃及的自然环境里,这些特征就是宏大、单纯、稳定。这样的艺术思维是直觉的、原始的,而金字塔就带着强烈的原始性。(参见教材(上)P12)

1.4 峡谷里的陵墓

中王国时期,古埃及的首都迁到尼罗河中游峡谷地带上埃及的底比斯(Thebes),地势狭窄,两侧悬崖峭壁。在这样的自然环境下,金字塔的艺术构思完全不适用了。

这时古埃及的结构技术又有了进步:可以用梁柱结构建造比较宽敞的内部空间,于是纪念性建筑物内部空间的艺术性表现得到了强化。

峡谷陵墓的新格局是:祭祀的厅堂成了陵墓建筑的主体,扩展为规模宏大的祀庙,造在高大陡峭的悬崖之前,按纵深系列布局,最后一进是凿在悬崖里的石窟,作为圣堂,只有少数人可以进入。存放木乃伊的墓室则开凿在更深的地方。在新的环境里,新的技术支持下,峡谷陵墓采用了背倚绝壁、重叠广大台地的形式,呈现全新的开放式外观,更与壮丽的自然环境融为一体。整个悬崖被巧妙地组织到陵墓的外部形象中来，它们起着在沙漠环境中金字塔曾起过的作用。

1.4.1　曼都赫特普三世墓

曼都赫特普三世墓的特点：①内部空间的作用相较金字塔时期大大增强，与外部形象的作用势均力敌；②建筑群有严正的中轴线，对称构图的庄严性被充分认识到，雕像和建筑物、院落和大厅作纵深序列布置；③柱廊在陵墓的内部空间和外观形象上都起着重要的作用；④坪台上小小的金字塔是古王国传统的遗迹，与纵深发展的内部空间序列相矛盾，标志着过渡阶段旧传统与新形制、新构思之间的冲突（见图1-15）。（参见教材（上）P13）

【观点】　曼都赫特普三世墓的外部形象构思与金字塔异曲同工。陵墓背靠的山崖，高达100米，山顶轮廓平平，整个山崖的形体也具有相当明确的几何性。陵墓多处、多层次的柱廊，同山崖发生着强烈的光影和虚实的对比，使它仿佛成了陵墓的一部分，或者说陵墓仿佛成了山崖的一部分，大大增强了陵墓雄伟的力量。为了加强这种对比效果，柱廊采用两跨进深，柱子采用方形，光影变化更加明确肯定。与金字塔一样，峡谷陵墓仍然是把自然的神性赋予皇权的纪念碑，只不过是把沙漠换成了巉岩，把空旷中的耸立姿态换成了狭窄中的背倚姿态（见图1-15）。（参见教材（上）P14）

图1-15　曼都赫特普墓遗址

1.4.2　哈特什帕苏墓

紧挨着曼都赫特普三世墓的北边建造了女皇哈特什帕苏墓，它的布局和艺术构思同曼都赫特普三世墓基本一致，但规模更大，正面更开阔，同悬崖的结合更紧密，轴线也更长，并且增加了一层前沿有柱廊的坪台，整体效果比曼都赫特普墓更加壮丽（见图1-16）。

它的一个重要进展就是彻底淘汰了坪台上的金字塔。它的建筑师珊缪（Senmut）说，金字塔"已经过时"。抛弃这个传统的遗迹，陵墓的轴线纵深布局就统一多了，新的艺术构思也因此完整了。

1.5　太阳神庙

新王国时期，适应专制制度的宗教终于形成了。其设计了一整套神谱，皇帝同在天上取

图 1-16　哈特什帕苏墓

得统治地位的太阳神结合起来,被称为太阳神的化身,皇帝崇拜彻底摆脱了自然神崇拜。同时,执管宗教仪式的祭司阶层的势力迅速强大起来。于是,太阳神庙代替与原始拜物教相适应的陵墓而成为皇帝崇拜的纪念性建筑物,占据了最重要的地位,在全国普遍建造,它的本质就是皇帝庙(见图 1-17)。同时,由于起义人民多次把皇帝的僵尸从陵墓中挖出来砸烂,所以新王国的皇帝都葬在秘密的石窟里,只把祀庙作为独立的纪念物来建造,形制与太阳神庙趋同。

图 1-17　新王国首都底比斯

1.5.1 太阳神庙(阿蒙神庙)的形制和艺术重点

太阳神庙的形制由中王国时期的贵族祀庙发展而来。后来底比斯的地方神阿蒙的庙采用了这一布局。太阳神作为主神之后,和作为新首都的底比斯的阿蒙神合二为一,于是太阳神庙很自然地沿用了这个形制,不过,在门前增加一两对作为太阳神标志的方尖碑。神庙形制的特征是:在一条纵轴线上依次排列高大的门、围柱式院落、大殿和一串密室,从柱廊经大殿到密室,屋顶逐层降低,地面逐层升高,侧墙逐层内收,空间因而逐层缩小(见图1-18和图1-19)。(参见教材(上)P15)

图 1-18　卡纳克阿蒙神庙(约建于公元前 21 世纪)

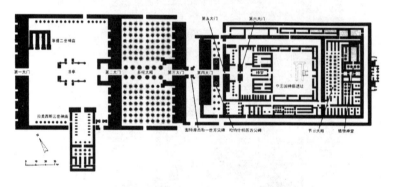

图 1-19　卡纳克阿蒙神庙的平面图

太阳神庙有如下两个艺术重点:

(1)外部的大门——牌楼门。大众性的宗教仪式在它前面举行,力求富丽堂皇,和宗教仪式的戏剧性相适应。牌楼门的式样是一对高大的梯形石墙夹着中间窄窄的门道,为加强门道对石墙体积的反衬作用,门道上檐部的高度比石墙上的大得多;大门前会放置一两对皇帝的圆雕坐像,像前有一两对方尖碑。

大门构图的特点:平正、阔大、稳定的梯形石墙、浑圆的雕像和比例通常为 1:10 的方尖碑之间产生强烈的对比,各自的特点格外鲜明,形成丰富多变的构图,而石墙的体量能起到突出的统率作用,使构图主次清楚,完整统一(见图1-20)。瘦削的方尖碑不仅特别能反衬石墙的高大厚重,而且是门前两侧密密排列着的圣羊像与石墙之间在构图和尺度上的联系者。夹道的圣羊像行列,有的长达 1000 米以上,除了能酝酿宗教气氛外,还能衬托出道路的长度以及方尖碑和石墙的高度。(参见教材(上)P16)

图 1-20 卡纳克阿蒙神庙大门的梯形石墙

(2)内部的大殿。皇帝在这里接受少数人的朝拜,力求幽暗和威压,与仪典的神秘性相适应。进了神庙大门,穿过一个三面被柱廊围着的院子,就进入了大殿。大殿里塞满了柱子,柱径粗、柱间距小,高大粗壮的柱子处处遮断人的视线,仿佛每根柱子后面还有另一处曲折的空间,如此无穷地拓展出去。中央两排柱子特别高,以至于当中三开间的顶棚高于左右,形成侧高窗。从侧高窗进来的光线被窗棂撕碎,散落在柱子上和地面上,缓缓移动,更增强了大厅的神秘气氛(见图 1-21)。(参见教材(上)P16)

【名词解释】 方尖碑(Obelisk)——古埃及崇拜太阳神的一种纪念碑形式。其断面呈正方形,上小下大,顶部为金字塔状,一般高宽比为 10∶1,用一整块石头制成,并刻有文字和装饰,尖顶上镀金,常布置在神庙大门的两侧。现存最高者达 30 米。

【名词解释】 牌楼门(Pylon)——古埃及庙宇的大门。门的式样是一对高大的梯形石墙夹着正中不大的门道,门道上有厚重的石板楣梁。墙身中间留空,内有楼梯可通至门楣,遇庆典,门楣上可作观礼或阅兵室。门的两侧紧贴墙身处插长矛及旗杆等装饰物,石墙上满布彩色的浮雕。牌楼门高大雄伟,表达了国王至高无上、神圣不可侵犯的气势。

1.5.2 卡纳克和鲁克索的阿蒙神庙

新王国时期,巨大的神庙遍及全国,底比斯一带更是神庙络绎相望,其中规模最大的是卡纳克和鲁克索两处的阿蒙神庙。皇帝们经常把大量财富和奴隶送给神庙,祭司因而成了最富有、最有势力的奴隶主贵族。各地的神庙占有全国 1/6 的耕地和大部分的手工作坊,拥有金矿和航海商队。

卡纳克的阿蒙神庙是从中王国时期到托勒密时期(约为公元前 21 世纪到前 4 世纪)陆续建造起来的,总长 366 米,宽 110 米,前后一共有 6 道大门,以第一道大门为最高大(高43.5 米,宽 113 米)。它的大殿最具震撼力,内部净宽 103 米,进深 52 米,密排着 134 根柱子;中央两排的柱子特别高大,达 21 米,直径达 3.57 米,上面架设着 9.21 米长的梁;两侧的柱子高 12.8 米,直径 2.74 米,细长比只有 1∶4.66,柱间净空小于柱径。

图 1-21 卡纳克阿蒙神庙的大殿

【名词解释】 细长比：指柱子等条状物的底部断面直径或边长与其高度的比值。

【观点】 其实，早在古王国末期，有些石柱的细长比已经达到 1 : 7，柱间净空 2.5 个柱径。可见，大殿里用这样粗壮的、密集的柱子，不是受到技术或材料的制约，而是有意制造神秘的、压抑人的效果，使人产生崇拜的心理。正如卡尔·马克思所说："精神在物质的重压下感到压抑，而压抑正是崇拜的起点。"

鲁克索阿蒙神庙大约建于公元前 16 世纪到前 4 世纪，距离卡纳克阿蒙神庙很近，两者之间有一条 1 公里多长（一说 3.5 公里）的笔直的石板大道，两侧密密排列着圣羊像，规模虽比卡纳克阿蒙神庙稍小，但也很大，总长 260 米，大门宽 65 米，高 24 米（见图 1-22 和图 1-23）。

图 1-22 鲁克索阿蒙神庙（约建于公元前 16 世纪）

图 1-23　鲁克索阿蒙神庙的柱子

卡纳克和鲁克索的阿蒙神庙,除了大门之外,建筑艺术已经全部从外部形象转到了内部空间,已经从金字塔和崖壁雄伟的纪念性质转到了庙宇的神秘和压抑,这是同皇帝崇拜由氏族社会的原始拜物教转到奴隶制社会的宗教相适应的。两座神庙都位于尼罗河的东岸。过去,皇帝的祀庙刚刚从陵墓独立出来的时候,遵循陵墓必须建在西岸(彼岸世界)的传统;皇帝崇拜与太阳神崇拜结合之后,彻底摆脱了祀庙的传统开始造到东岸(现世)来了。卡纳克神庙的轴线和对岸 8 公里之外的哈特什帕苏墓的轴线相合,两者是同时起造的,而且有共同的庆典仪式。(参见教材(上)P17—18)

思考题

1.绘图:胡夫金字塔的剖面图。

2.图解太阳神庙的形制。

3.古埃及建筑的主要成就有哪些?

4.古埃及的宗教对建筑成就的影响主要体现在哪些方面?

第 2 章　古代西亚的建筑

——两河流域和伊朗高原的建筑

（公元前 4000—前 330 年）

2.1　历史背景和地域特点

　　西亚上古文明是世界古老文明之一，同古代埃及文明产生的时间不相上下。古西亚地区的范围，西端包括叙利亚、腓尼基和巴勒斯坦，延伸到地中海东南角，经西奈半岛与埃及相连；南端沿幼发拉底河（Euphrates River）和底格里斯河（Tigris River）向南直到波斯湾，包括两河流域的南端地区；东部为伊朗高原。这个地区没有正式名称，希腊人将这一地区称作美索不达米亚（Mesopotamia），意为"两河之间的地方"，是一片"肥沃的新月形地带"（见图 2-1 和图 2-2）。《圣经》中称其为圣地，《圣经·创世记》中所谓人类生命发源地"伊甸园"，就在这里。

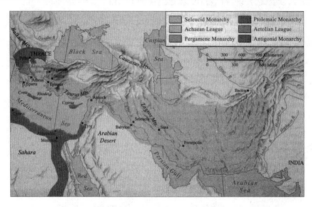

图 2-1　古西亚地区地图

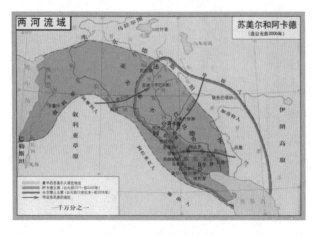

图 2-2　两河流域地图

　　由于土地肥沃,所以不断有部族迁徙进来;由于地势平坦无险阻,又不断有后来者征服先来者。因此,这里的文明是多种部族在互相征战中相继创立的,民族之间的纷争恩怨,直到今天还没有结束。现在越来越多的专家学者认为,古西亚的两河流域是人类迄今为止发现的最早的文明,也是城市最早形成的地区。由于战争频发,所以这一地区的城市表现出很强的防御性。两河流域地处东西方之间的通路,这个地区不像埃及那样闭塞,同周围地区的商业和文化交流比较频繁。

　　【名词解释】 文明——"civilization"一词源自拉丁语 civitas,意为"城市"(city)。人类学者指出了文明的一些基本特征,包括:城市中心,由制度确立的国家的政治权利,纳贡或税收,文字,社会分为不同阶级或等级,巨大的建筑物,各种专门的艺术和科学,等等。并非所有的文明都具备这些特征。但这一组特征在确定世界各地各时期文明的性质时,可用作一般的指南。

　　【资料链接】 城市与乡村的区别:①上古时期,农业经济仍占主导地位,城市主要体现的是一种社会作用,"城市"促进了人们之间的相互作用和交往;②城市中极强的社会联系和社会流动性,迫使人们开始寻找自己在城市中的社会角色地位(如职业),人群开始分行业、分阶层;③人口集中,新石器时代的聚居点一般只有几百人,而美索不达米亚的城市一般可容纳1~5万人;④城市出现了乡村中不曾有过的事物,如公共建筑、公众广场、街道、城墙和城门等;⑤出现了新的建筑类型,如宫殿、浴室、面包房、商店等,而且多是消费性的。正是由于城市的出现给人类生活带来的变化,西方学者常把美索不达米亚城市文明的出现,称为城市革命(见图 2-3)。

图 2-3　美索不达米亚地区城市盛况

【资料链接】 美索不达米亚地区历史上分布和更替的民族、国家及其文明：(1)苏美尔人(Sumerian)(公元前3500—前1894年)：古西亚文明主要是指由苏美尔人在美索不达米亚地区创造的文明。苏美尔算不上一个完整的国家，它只是许多城邦的集合体，每个城邦都有自己的组织以及与特有的、对应的礼仪；苏美尔人崇拜日、月、星辰、天、地、河流以及风暴，每城(或数城)有一主神，神庙是城市国家的中心；苏美尔人将神的奖惩仅限于今世，这一点和重视来世生活的埃及人是不同的(见图2-4)。因而，世俗建筑成为其主要的建筑类型；发达的商业促进了其文字的发展，苏美尔人发明了芦秆笔、泥版文书和楔形文字(公元前6世纪中晚期，楔形文字被波斯人改造成字母文字)，还发明了历法、日晷和六十进位法(为后来划分圆和时、分、秒奠定了基础)；宗教文学作品《洪水篇》对后来的《圣经》"诺亚方舟"的故事有很大影响。主要建筑类型：山岳台(Ziggurat)。

图 2-4　祈祷的苏美尔人

(2)巴比伦人(公元前1894—前539年)历经的变迁有：古巴比伦王国(公元前894—前746年)，主要文明成就有《汉谟拉比法典》(见图2-5)、商队和贸易；亚述帝国(Assyria，公元前746—前612年)，军事强国，把大批居民变为奴隶，强迫他们修建运河、道路、城市和宫殿；新巴比伦王国，亦称迦勒底王国(Neo-Babylonian Empire，公元前626—前539年)，手工业发展迅速，新巴比伦城为当时西亚最大的城市。

(3)赫梯人(Hittite，公元前18世纪—前12世纪)是古印欧人在翻越高加索山脉到达土耳其安纳托利亚高原所形成的民族，是习惯于征战的民族。赫梯王国大约形成于公元前19世纪中叶，在古巴比伦的后期逐渐强盛，常向两河流域侵扰，最大一次入侵发生在公元前16世纪初，赫梯军队攻陷巴比伦城，灭古巴比伦国，饱掠而归。公元前15世纪末至公元前13世纪中期，是赫梯最强盛的时期，摧毁了由胡里特人建立的米坦尼王国，并夺取埃及的领地，与埃及争霸。公元前13世纪末，"海上民族"席卷了东部地中海地区，赫梯被肢解。公元前

图 2-5　汉谟拉比法典石柱图

8世纪,残存的赫梯王国被亚述所灭。赫梯人是西亚最早的铁器使用者和传播者,其文明现怀疑与迈锡尼文明有关。

（4）腓尼基人（Phoenician,公元前3000—前2000年）：腓尼基夹在叙利亚、巴勒斯坦之间,大致相当于今日的黎巴嫩,从事大规模商业殖民活动,势力范围达欧洲和中亚。腓尼基字母是现代多数字母文字的起源,概括来说经历了这样一个演变过程：埃及象形文字→西奈字母文字（巴比伦塞姆人）→腓尼基字母文字→希腊字母文字→拉丁字母文字（见图2-6）。

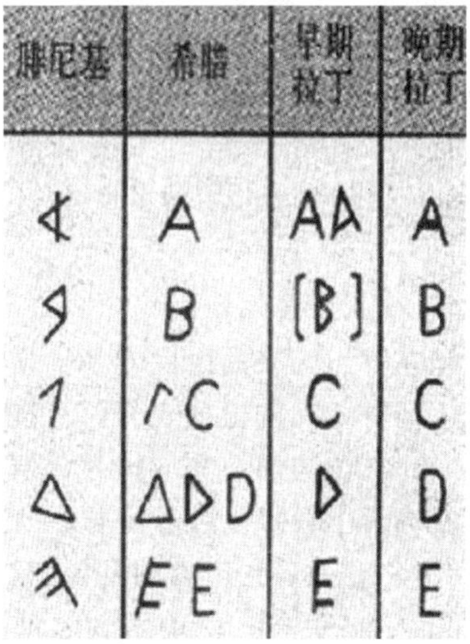

腓尼基	希腊	早期拉丁	晚期拉丁
∢	∢A	ΛΛ	A
∮	B	[B]	B
𝟷	⌐C	C	C
△	△D	▷	D
∄	⊧E	E	E

图 2-6　腓尼基字母到晚期拉丁字母的演变

（5）波斯人（Persian,公元前550—公元637年）：虽然主要地处西亚,但从波斯存在时间及文化的交流看,现在有些历史学者倾向于把它划归为希腊化的范畴。波斯建立了当时世界上最强大的帝国,横跨欧、亚、非三洲;信奉拜火教（南北朝时传入中国）,露天设祭,没有庙宇（见图2-7）。

图 2-7　拜火教祭拜场景

自然条件与建筑：该地区木材和石料不多,长期使用土坯和芦苇造房子,后用优质黏土制成砖;砌砖用的黏合材料,早期用沥青,后期用含有石灰质的泥土制成的灰浆,因而发展了制砖和拱券技术。美索不达米亚平原是两河泛滥淤积而成的低地，夏天炎热，瘴疠与蚊虫扰人，冬季则有从北方山区吹来的寒风，气候潮湿。所以，古西亚的建筑大多先筑一高土台，然后将建筑造在高台上，以避免虫扰、水患和潮湿。为保护土质的墙面，逐渐发展起独特的墙面装饰保护技术。

2.2　古西亚建筑的历史分期

古西亚建筑的历史分期主要有五个阶段：①苏美尔—阿卡德文化（公元前 2300—前 1758 年），代表建筑是古城堡、观象台（山岳台）；②古巴比伦（公元前 1758—约前 10 世纪），代表建筑是古城堡；③亚述帝国（约公元前 10 世纪—约前 7 世纪），代表建筑是观象台、萨艮王宫；④新巴比伦（约公元前 7 世纪—约前 6 世纪），代表建筑是新巴比伦城；⑤波斯帝国（公元前 550—约前 4 世纪），代表建筑是波斯的帕赛玻里斯宫。

2.3　山岳台

两河流域居民崇拜天体。从东部山区来的居民带来了崇拜山岳的信仰，他们认为山岳支承着天地，神住在山里，山是人与神之间沟通的媒介，山里蕴藏着生命的源泉。他们把庙宇叫作"山的住宅"，造在高高的台子上，与两河流域筑高台造建筑的传统不谋而合，与天体崇拜的宗教观念也十分吻合。在高台上最接近日月星辰，人们可以在高台上向它们祈祷，和天体沟通，占星术士也利用高台做法。随着生产力的发展和对集中式高耸构图的纪念性加深了认识，终于形成了叫作山岳台（也叫星象台）的宗教建筑物（见图 2-8）。两河下游是一望无际的冲积平原，在这样的自然环境里，高耸的塔格外使人感到庄严和神圣，它们同时也可以成为聚落的标志，引导荒漠中的行旅。

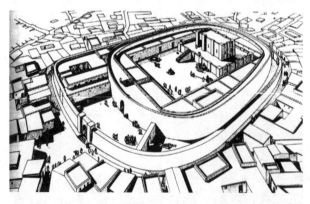

图 2-8　山岳台

【资料链接】　占星术始于美索不达米亚，苏美尔人对恒星和行星进行仔细的观察，关于星球影响人类活动的学说逐渐得到详细的阐述，现代的占星学由此发展而来。两千年前，苏美尔人在乌尔（Ur）建造了七级神庙，每一级代表一个天体：月亮、太阳、水星、金星、火星、木星和土星，这七颗天体为祭师们铺平通向神的路。占星与天文学曾有着密不可分的联系。但望远镜被发明后，天文学和占星术的道路就彻底分开了。

山岳台的形制：是一种用土坯砌筑或夯土形成的高台，一般为 7 层，自下而上逐层缩小，有坡道或者阶梯逐层通达台顶，顶上有一间不大的神堂。坡道或阶梯有正对着高台立面的，有沿正面左右分开上去的,也有螺旋式的。古埃及的阶梯形金字塔或许同它有些渊源。公元前三千纪,几乎每个城市的主要庙宇里都有一个或者几个山岳台,如乌尔月神台(Ziggurat at Ur)(具体介绍详见教材(上)P23—24)(见图 2-9)。

图 2-9 乌尔月神台

2.4 独特的饰面技术

两河流域下游古代建筑对后世影响最大的是饰面技术和相应的艺术传统。

西亚最常用的建筑材料是土。土易取易得,加上水软化后可以用来砌筑土墙。约公元前 5500 年,美索不达米亚南部地区产生了将软化土置入木模,干燥后成形为长方体日晒砖①的做法。这种日晒砖可以一块块堆砌,成为西亚各地最普遍的建材(见图 2-10)。日晒砖牢固耐久,但怕水怕潮,因此必须采用防水且牢固的屋顶和铺设防水层的墙体。一旦屋顶破坏、雨水入墙,建筑物就会急速崩塌。因此,史前时代古西亚的建筑遗留,即使是雄伟的宫殿,今天我们所能看到的也多半只是巨大的土堆而已。

图 2-10 日晒砖

---

① 比日晒砖更坚固是窑烧砖,但两河流域缺乏木材,所以烧窑需要的燃料缺乏,因此无法大量使用,只在一些重要建筑的重要部位使用窑烧砖。

为了保护土墙免受侵蚀,公元前四千纪开始,古西亚发展出了独特的饰面技术。

(1)陶钉。其实是一种圆锥钉形的马赛克,以红、黑、白等有色石材做成,一些重要建筑物的重要部位,趁日晒砖还潮软的时候,锥尖向内钉入、覆盖,形成硬质的墙面,并且以不同颜色的底面镶嵌组成图案(见图2-11)。起初,图案是编织纹样,模仿日常使用的苇席。后来,陶钉底面做成多种式样,有花朵形的,有动物形的,摆脱了模仿,有了适合于自己工艺特点的独特形式。(参见教材(上)P24)

图 2-11　乌鲁克的陶钉装饰墙面

(2)沥青＋石片、贝壳装饰。两河流域盛产石油。公元前三千纪之后,多用沥青保护墙面,相比陶钉更便于施工,更能防潮,陶钉因而慢慢被淘汰。为了保护沥青免受太阳暴晒而融化,后来又在沥青表面贴各色的石片和贝壳,它们构成斑斓的装饰图案,把陶钉的彩色饰面传统保持了下来。由于土墙的下部最易遇水损坏,所以多在这一部位用砖或石头垒,重要的建筑更以石板贴面,做成墙裙,在墙裙或墙的基脚部分做横幅的浮雕。浮雕或者刻在石板上,或者用特制的型砖砌成。为了适合型砖宜于模压生产的特点,砖砌的浮雕重复有限的几个母题。(参见教材(上)P24)

(3)琉璃砖。约公元前三千纪,两河流域在生产砖的过程中发明了琉璃。它的防水性能好,色泽艳丽,又无须像石片和贝壳那样全靠在自然界采集,因此,逐渐成了这地区最重要的饰面材料,并且传到上游地区和伊朗高原。琉璃饰面上有浮雕,它们预先分成片段做在小块的琉璃砖上,在贴面时再拼合起来,题材大多是程式化的动物、植物或者其他花饰。大面积饰面其底子大多为深蓝色,浮雕是白色或金黄色的,轮廓分明,装饰性很强(见图2-12)。

浮雕的构图有两种。一种以整面墙为一幅画面,上下分几段处理,题材横向重复而上下各段不同,如尼布甲尼撒王宫(Nebuchadnezzar Palace)正殿里御座后的墙,墙裙上是一列狮子,墙面正中是四根柱子,各自托着两层重叠的花卷,再上面是一列草花(见图2-13);另一种构图是在大墙面上均匀地排列一两种动物像,简单地不断重复,例如巴比伦的主要城门之一伊什达门(Ishtar Gate)的装饰(见图2-14)。(参见教材(上)P25)

【观点】 少数题材反复使用,构图图案化,不作写实的背景,不表现空间深度,等等,这些特点完全符合琉璃砖大量模制的生产特点和小块镶拼的施工工艺。它们构图的平面感很强,符合土墙的结构逻辑。从陶钉到琉璃砖,古西亚饰面的技术和艺术手法都产生于土墙的实际需要,适应于饰面材料本身的制作和施工特点,反映建筑的结构逻辑。同时,两河下游

图 2-12　独特的饰面技术

图 2-13　尼布甲尼撒王宫正殿墙裙上的狮子

居民在植被稀少、一片灰黄的自然环境中对色彩有着强烈爱好(同理,中国江南地区和日本,由于自然环境丰富而绚烂,反映在建筑和服饰上的色彩取向倒偏于素雅),这种饰面传统又适应这一地区所需要的艺术表现力。

任何一种装饰手法能长久流行、成为传统,必定适用于建筑物并与其本身的物质技术条

图 2-14　伊什达城门

件相适应,这样才会有生命力,否则必然会在实践过程中被淘汰。历史上凡是纯正的建筑风格,它的装饰因素往往能同结构因素和构造因素相结合,甚至为它们所必需,正如两河下游的饰面技术所启示我们的那样。(参见教材(上)P25—26)

2.5　新巴比伦城

新巴比伦王国(Neo-Babylonian Empire),又称迦勒底王国,位于美索不达米亚南部,系由居住在两河流域南部的迦勒底人首领那波帕拉萨于公元前 626 年所建,于公元前 539 年被波斯帝国所灭。继那波帕拉萨之位的尼布甲尼撒二世(Nebuchadnezzar)于公元前 605 年对首都巴比伦城进行改建,称之为新巴比伦城。它横跨幼发拉底河两岸,城市是方形的,每边长 22.2 公里。围绕城市的城墙大约有 8.5 米高,是用砖砌和油漆浇灌而成的,4 匹马拉的战车可以在宽阔的城墙上奔驰。全城有 100 扇用铜做成的城门,因此希腊行吟诗人荷马又把巴比伦城称为"百门之都"(见图 2-15)。

图 2-15　新巴比伦城遗址

河东岸是主城区,河西岸是巴比伦的新城区,一座大桥横跨幼发拉底河,使新城区与主城连在一起。所以,巴比伦城城墙不仅是巴比伦人用来抵御敌人的主要屏障,而且也是一道保护巴比伦城不受河水泛滥之害的可靠堤防,同时幼发拉底河也成了可有效抵御外侵的一条护城河。巴比伦城被建设得宏伟壮丽,直到 100 多年后,古希腊历史学家,被称为"历史之父"的希罗多德(Herodotus,约公元前 484—前 425 年)来到巴比伦城时,仍称它为世界上最壮丽的城市。

2.5.1　伊什达城门(Ishtar Gate)

新巴比伦城是历史上第一座经过规划的城市,宽大的仪典大道由北向南穿城而过,与幼发拉底河平行,紧靠皇宫和庙宇的伊什达门就跨在这条主街上。伊什达门是新巴比伦城的正门,也是城市的北入口,最为壮丽。它有前后两重,左右两边都有突出的塔楼拱卫。门全部采用蓝青色的琉璃饰面。浮雕是白色和金黄色的兽类题材,大面积的底子则是深蓝色的,因此轮廓分明,装饰性很强。不光是城门,横贯全城的仪典大道两侧的重要建筑物大量使用琉璃砖贴面,色彩辉煌,华丽异常。

2.5.2　空中花园(Hanging Gardens)

空中花园是古代世界七大奇迹之一,又称悬园,现已不存在。空中花园其实并不是悬挂在空中,这个名字其实是对希腊语"paradeisos"的意译,意思是"梯形高台",空中花园就是"建立在梯形高台上的花园"。不过由于这个美丽的错误,"paradeisos"后来变化为英语中的"paradise"(天堂)。花园比宫殿的墙壁还要高,远远望去就好像整个挂在空中,因此被称作"空中花园"(见图 2-16 和图 2-17)。

图 2-16　空中花园复原图

传说尼布甲尼撒二世的希腊王妃安美依迪丝(Amyitis)美丽可人,深得国王的宠爱,可是时间一长,爱妃愁容渐生,说:"我的家乡山峦叠翠,花草丛生。而这里是一望无际的巴比伦平原,连个小山丘都找不到,我多么渴望能再见到我家乡的山岭和盘山小道啊!"为医治王妃的思乡病,尼布甲尼撒二世令工匠按照王妃家乡米底王国(Medes)山区的景色,建造了层层叠叠的阶梯形花园,上面栽满了奇花异草,并在园中开辟了幽静的山间小道,小道旁是潺潺流水,花园中央还修建了一座城楼,矗立在空中。考古学家至今仍未能找到空中花园的确

图 2-17　空中花园假想图画

实位置,目前大多认为位于新巴比伦城伊什达城门后仪典大道边上。事实上,大半在文献中描绘过空中花园的人都从未涉足巴比伦。巴比伦文献中,空中花园始终是一个谜,甚至没有一篇提及空中花园。

空中花园采用立体造园手法,共有四层平台,由砖块及沥青勾缝建成。平台由 25 米高的柱子支撑,从远望去,花园就像悬在天空中一样。巴比伦雨水不多,植物需要的灌溉是空中花园首先必须解决的技术问题。据说空中花园有人力推动的输水泵灌溉系统,奴隶不停地推动紧连着齿轮的把手,把地下水运到最高一层的储水池,再经人工河流返回地面。另一个难题是在保养方面,因为一般的建筑物,要长年抵受河水的侵蚀而不垮塌是不可能的,而美索不达米亚平原缺乏石材,因此研究人员相信空中花园所用的砖块经过了特殊处理,平台铺上浸透柏油的柳条垫,垫上再铺两层砖,还浇注上一层铅,以防止河水渗入建筑结构体和地基。然后在平台上面铺上肥沃的土壤,种植上来自异域他乡的奇花异草。

空中花园继承了两河下游高台建筑的传统,其防止多层平台建筑渗水的做法和供应各平台用水的供水系统,充分显示了巴比伦工匠非凡的创造力。

2.5.3　巴别塔(The Tower of Babel)

巴别塔与空中花园共同组成了巴比伦城中最伟大的两座建筑。根据《圣经·创世记》第 11 章,巴别塔是当时美索不达米亚平原上的人们联合起来兴建的希望能通往天堂的高塔。同时,这座塔也综合了古西亚建筑的诸多做法,如筑在高台上的高耸的集中式纪念性建筑物形制、砖砌的拱券等,代表了古西亚建筑的最高成就。

历史上的巴别塔:古巴比伦王国的几位国王都曾对巴别塔进行过整修工作,但外来征服者不断地将之摧毁。尼布甲尼撒之父那波帕拉萨建立了新巴比伦王国后,开始重建巴别塔。

他在铭文中写道:"巴比伦塔年久失修,因此马尔杜克命我重建。他要我把塔基牢固地建在地界的胸膛上,而尖顶要直插云霄。"但那波帕拉萨只将塔建到 15 米高,尼布甲尼撒则"加高塔身,与天齐肩",塔身的绝大部分和塔顶的马尔杜克神庙(Temple of Marduk)都是尼布甲尼撒主持修建的。"巴别塔"一般指的就是那波帕拉萨父子修建而成的这一座。

在希伯来语中,"巴别"是"变乱"的意思,而在巴比伦语中,"巴别"或"巴比伦"都是"神之门"的意思。同一词在两种语言里意思竟会截然相反,着实令人费解。其实这是有缘由的。公元前 586 年,新巴比伦国王尼布甲尼撒二世灭了犹太王国,拆毁犹太人的圣城耶路撒冷,烧掉神庙,将国王连同近万名臣民掳掠到巴比伦,这就是历史上著名的"巴比伦之囚"。犹太人在巴比伦多半沦为奴隶,为尼布甲尼撒修建巴比伦城,直到 70 年后波斯帝王居鲁士(Cyrus the Great)到来才拯救了他们。亡国为奴的仇恨使得犹太人刻骨铭心,他们虽无力回天,但却凭借自己的思想表达自己的愤怒。于是,巴比伦人的"神之门"在犹太人眼里充满了罪恶,他们诅咒道:"沙漠里的野兽和岛上的野兽将住在那里,猫头鹰要住在那里,它将永远无人居住,世世代代无人居住。"并将"变乱"之意赋给巴比伦人的"神之门"。

公元前 460 年,即塔建成 130 年后,古希腊历史学家希罗多德游览巴比伦城时,对这座已经受损的塔仍是青睐有加。根据他的记载,巴别塔建在许多层的巨大高台上,愈高愈小,最上面的高台上建有马尔杜克神庙。墙的外沿建有螺旋形的阶梯,可以绕塔而上,直达塔顶;塔梯的中腰设有座位,可供歇息(见图 2-18)。塔基每边约长 90 米,塔高约 90 米。据 19 世纪末期的考古学家科尔德维在塔基遗址的实际测量和推算,塔基边长约 96 米,塔和庙的总高度也约 96 米,两者相差无几。巴别塔是当时巴比伦国内最高的建筑,在国内的任何地方都能看到它,所以人们又称它为"通天塔",被认为是天上诸神前往凡间住所途中的踏脚处,是天路的"驿站"。

图 2-18 油画中的巴别塔

【电影】《巴别塔》：又名《通天塔》，墨西哥电影（2006 年）。《圣经》里，记载了人类想要建一座通天的"巴别塔"，上帝为了防止人类到达天庭而让他们说不同的语言，最终人类的难以沟通造成高塔的坍塌，通天梦成为泡影。影片借用了这段隐喻。今天，人类仿佛也在造一座通天塔——全球化，而全球化这一通天塔也并非没有代价（见图 2-19）。

图 2-19　电影《巴别塔》宣传海报

2.6　宫殿建筑

2.6.1　萨艮二世王宫

公元前 9—前 7 世纪是底格里斯河上游亚述王国的极盛时期。公元前 8 世纪，它在统一了西亚、征服了埃及之后，到处掠夺财富和奴隶，同时大大发展了对外贸易，几个皇帝在各处兴建都城，大造宫室和庙宇，建筑除了吸收当地的石建筑传统之外，又大量汲取了两河下游和埃及的经验。其中，最重要的建筑遗迹是萨艮二世王宫（The Palace of Sargon Ⅱ）。王宫在都城夏鲁金（Dur Sharrukin）西北角的卫城里，高踞在 18 米高的大半由人工砌筑的土台上，前半部在城里，后半部凸出在城外，大概是既要防御外来的敌人，又要防御城内的百姓，因此整个宫殿重重设防，共有 210 个房间围绕着 30 个院落，整体轮廓呈方形。整个宫殿的大门在南边，由碉楼夹峙的大门进入到一个 92 米见方的大院子，这院子犹如瓮城，四面都对它设防。院子的东边是行政区域，西边是几座庙宇。皇帝的正殿和后宫在北边，它们的东面有第二座大院子，其西边是正殿的正门，形制和大门中央部分相似，体现出很强的防御性。可以说，整座王宫就是一座位于卫城内的皇帝的城堡（见图 2-20）。（参见教材（上）P26—27）

墙是土坯的，厚 3～8 米，墙的下部大约 1.1 米高的一段用石块砌，重要地方再在石块外面

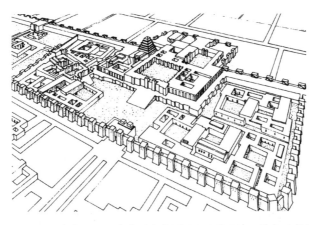

图 2-20　萨艮二世王宫复原轴侧图（公元前 722—前 705 年）

用石板贴墙裙，一般的贴砖或琉璃砖。石板墙裙是重点的装饰部位，多作浮雕，如从第二道大门到正殿所经过的甬道和院子的墙裙上，就刻着皇帝率领廷臣鱼贯走向正殿的浮雕，像高 3 米，动势不大，态度庄严，体形稳重，营造出对皇帝无限敬畏的气氛。这些浮雕，在题材、构图、位置到风格上，无论从艺术或技术方面看，都适合于所在的位置。(参见教材(上)P27)

　　【观点】　萨艮二世王宫的墙裙浮雕十分符合它所在建筑部位的结构逻辑。结构逻辑是反映在建筑物形象中的结构脉络，包括整体的，也包括各个构件。它要求建筑物构件和它们的相互关系在外观形式上符合结构的原则，反映它们在荷载传导体系中的作用。结构逻辑保证建筑物形象的易明性和条理性，是关于建筑艺术的形象判断和理性判断的结合点之一。宫殿承重墙就应该是稳重、平直的，因此墙裙的浮雕动势不大，态度庄肃，体形稳重，保持了承重墙应有的结构逻辑。(参见教材(上)P29)

　　萨艮二世王宫的大门采用两河下游的典型式样但更加隆重，有 4 座方形碉楼夹着 3 个拱门，中央的拱门宽 4.3 米，墙上满贴琉璃，石板墙裙高 3 米，上作浮雕，在门洞口的两侧和碉楼的转角处石板上雕有人首翼牛像(见图 2-21)。由于它们所在的位置既有正面又有转角处，因此人首翼牛像表现了正面和侧面两个面，正面 2 条腿，侧面 4 条，转角 1 条在两面共用，一共 5 条腿。因为它们巧妙地符合观赏条件，所以并不显得荒诞(见图 2-22)。

图 2-21　萨艮二世王宫大门

　　【观点】　人首翼牛像的巧妙构思体现了古西亚艺术家的独创精神，他们不受雕刻体裁的束缚，把圆雕和浮雕结合起来；不受自然物像真实性的束缚，给人首翼牛像雕上 5 条腿。周密地考虑在建筑物上具体的观赏条件，这是建筑装饰雕刻的重要原则；周密地考虑欣赏者的欣赏角度和具体环境状况，这是所有艺术品设计的原则。

图 2-22　萨艮二世王宫大门的人首翼牛像

2.6.2　帕赛玻里斯宫

公元前 8 世纪中叶伊朗高原上的波斯民族强大起来,相继吞并小亚细亚、新巴比伦、叙利亚和埃及,建立了强大的波斯帝国,直至公元前 330 年被马其顿的亚历山大王所占领①（见图 2-23）。波斯皇帝掠夺和聚敛不择手段,还从东西方的国际贸易中获利,拥有了大量

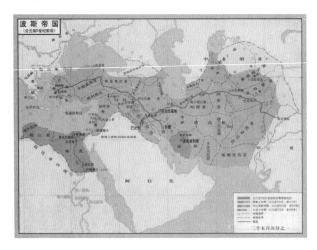

图 2-23　公元前 5 世纪波斯帝国版图

---

① 在历史上,当某一个国际格局长期处于平衡状态,并在平衡中集体消沉腐化下去的时候,一个新生力量突然出现,在原来格局中打开一个缺口,就极容易形成多米诺骨牌效应,原来格局中的国家会一个接一个地倒在新生力量的脚下。波斯帝国崛起的过程就是最早的例子。在人类历史长河中,这种例子还将不断出现。

财富。波斯人作为游牧部落,信奉拜火教,露天设祭,不建庙宇,且他们认为皇帝的权威不是由宗教建立的,而是由他所拥有的财富建立的,因此他们的建筑才华便集中到宫殿上,以极其奢侈的方式炫耀财富,而没有宗教气氛。(参见教材(上)P27—28)

波斯帝国的建筑继承着它所征服的地区里的种种遗产,加以糅杂,它的宫殿往往由从希腊、埃及和叙利亚掳来的奴隶建造,杂色纷呈。但统一而强大的帝国毕竟促进了生产和技术的进步,激发了创造性,它的建筑因而获得了很高的成就。

波斯的宫殿中,最著名的是大流士一世(Darius Ⅰ)起造而由他的两个继位人基本完成的帕赛玻里斯宫(Persepolis)。帕赛玻里斯宫是大流士时期波斯帝国的仪典中心,也是帝国的象征,因此格外辉煌。它造在用精凿的方块石依山筑起的平台上,平台前沿高约 12 米,面积大约 450 米×300 米。宫殿大体分成三个区域:北部是两个仪典性的大殿,东南是财库,西南是后宫,三者之间以一座"三门厅"作为联系的枢纽。宫殿的总入口,即宫殿的大门在西北角,面向正西(见图 2-24)。两座仪典性的大殿都是正方形的,可能受到埃及神庙的启发,

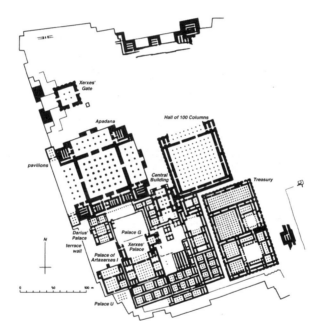

图 2-24 帕赛玻里斯宫平面图

而与萨艮二世王宫不同。前面一座是朝觐殿,62.5 米见方,殿内 36 根石柱子,高 18.6 米,长细比为 1:12,结构面积只占 5%,结构十分轻盈。后面一座大殿叫"百柱殿",68.6 米见方,有石柱 100 根,柱高 11.3 米,柱距 6.24 米,大殿因此得名(见图 2-25 和图 2-26)。百柱殿内部石柱的柱头由覆钟、仰钵、几对竖着的涡卷和一对背对背跪着的雄牛组成,雕刻十分复杂而精巧,柱头高度因而几乎占整个柱子高度的 2/5。虽然单从雕刻角度看艺术水平很高,但过于奇巧,比例上不合结构逻辑,不算建筑的当行本色(见图 2-27)。(参见教材(上)P28)

图 2-25　帕赛玻里斯宫遗址（公元前 518—前 460 年）

图 2-26　帕赛玻里斯宫的"百柱殿"

　　帕赛玻里斯宫的墙裙、台基、台阶、门窗和壁龛的边框等用石材砌筑或贴面，上面饰有浮雕，题材和构图都与所在部位十分贴切，可以看出亚述国王宫的影响。正面入口前的大台基和 106 级高的大台阶上，侧面刻着从各部落来波斯朝觐的人的行列，他们恭敬地走向宫殿的大门——"万邦之门"，这是一年一度朝觐仪式的实录（见图 2-28）。（参见教材（上）P30）

图 2-27　百柱殿内部的石柱

图 2-28　帕赛玻里斯宫台基墙裙及其浮雕

　　这两个大殿里没有神秘、压抑的气氛，皇帝至高无上的地位，全靠描金绣红的侍卫、繁缛的仪仗、豪华的舞乐，甚至魔术式的机械装置来表现。这时候的波斯人还是游牧部落，使用大量战俘做奴隶，还没来得及形成相应的宗教。而且，游牧部落的宗教观念一般来说比农业社会的要淡薄得多。

　　公元前 330 年，帕赛玻里斯宫被马其顿帝国亚历山大大帝摧毁。（参见教材（上）P29）

思考题

　　1.分析比较观象台与金字塔的异同点。

　　2.分析比较萨艮二世王宫与帕赛玻里斯宫的异同点。

　　3.分析古西亚与古埃及不同的建筑特征形成的深层原因。

　　4.分析古西亚建筑饰面传统具有长久生命力的原因。

第 2 篇

欧洲"古典时代"的建筑

公元前 1000 年到公元 500 年,为欧亚大陆的古典文明时期。"古典文明时代最明显的特点,就是欧亚大陆趋于整体化。"①与古代文明相比,古典文明的地域范围扩大了。随着技术的进步、商业的发展和文化的交流,古代文明时期诸大河流域文明被大海般的野蛮状态所包围的情况被打破,诸地区文明稳步地向外扩展,相互联结,形成一条横跨欧亚大陆的几乎不间断的文明地带。

在内容上,每个古典文明都逐渐发展起一直持续到近代的社会制度、宗教制度和哲学体系。

就是在这一时代里,首次出现了几个所谓最初的欧亚文化高度发达的核心区——希腊和罗马的文明、印度文明和中国文明。在古代文明的数千年中,中东一直是创造文明的重要发源地,为人类做出了十分重大的贡献,如创造了农业、冶金术、城市居民的生活方式和帝国组织等。但到了古典时期,除了宗教,中东不再是创造发明的重要发源地。

欧洲的古典时期是指古希腊和古罗马时期。古希腊和古罗马的文明辉煌灿烂,在许多方面都达到了很高水平。虽然欧洲的文明并不只有古希腊一个起源,但古希腊文明的成就最高,远远超过了其他的早期文明,所以以后两千多年,欧洲在文化的各个领域里都可以追溯到古希腊,以致古希腊文明在人们的认识中几乎成了欧洲文明唯一的源泉。古罗马是希腊文明主要的继承者,并且在古希腊的基础上,许多方面都有重大的新发展,古希腊文明正是经过古罗马人的发扬光大才深深地影响到全欧洲的,在建筑方面尤其如此。所以,"古典"这个词的含义又指代"经典"。

---

① [美]斯塔夫里阿诺斯. 全球通史:从史前史到 21 世纪(上)(第 7 版). 吴象婴等译. 北京:北京大学出版社,2006:83.

第 3 章　爱琴文化的建筑
（公元前 3000—前 1200 年）

　　古希腊前期有一种爱琴文化。希腊半岛与小亚细亚之间、南面以克里特岛为界的这块海域叫爱琴海。爱琴文化建筑与古埃及建筑和古西亚建筑一起，构成了西方古典建筑的源头①。

3.1　历史背景和地域特点

　　古代爱琴海地区以爱琴海为中心，包括希腊半岛、爱琴海中各岛屿和小亚细亚西海岸地区。其先后有克里特(Crete)文明（公元前 3000—前 1400 年）(也叫米诺斯(Minos)文明)和迈锡尼(Mycenae)文明（公元前 1400—前 1200 年），这是古希腊之前独立发展的繁荣文化（见图 3-1）。

图 3-1　古代爱琴海地图

　　爱琴文化首先产生于克里特岛。公元前 4500—前 3000 年，这里已有居民；公元前 2000 年左右进入青铜时代，出现奴隶制城邦、王宫和象形文字；公元前 1700 年左右，王宫被毁，原因不明；但克里特人又修建起更宏伟的宫殿，其中包括米诺斯王宫。以后 300 年里，克里特的农业、手工业和海外贸易相当发达，进入克里特文明的全盛时代。公元前 1400 年左右，岛上的宫殿再次被毁，克里特文明从此湮没，原因不明，很可能是因为迈锡尼人的入侵。

---

　　① 古希腊建筑与爱琴文化建筑、古埃及建筑和古西亚建筑之间严谨的传承关系，是如何影响和呈现的，是一个很复杂的话题，因为这些古代建筑尽管出现得很早，对古希腊、古罗马建筑也有非常重要的影响，但并不是直接传承给古希腊和古罗马，而是经过了许多的转折，中间也有一些中断。

公元前 1500 年左右,在南希腊半岛的迈锡尼等地出现奴隶制城邦,产生青铜文化。从出土的泥版文书看,迈锡尼的制陶业发达,和当时的埃及文化有所联系和影响。公元前 1200 年左右,希腊人的另一支——多利安人(Dorians),从希腊半岛北部逐渐南下,经过一次动乱,迈锡尼文明毁灭了,精巧的技艺和文字从此失传。(这是历史上较低文明战胜较高文明的又一次例证)

现在所知欧洲最早的文学巨著是《荷马史诗》。从小就被《荷马史诗》所吸引的德国考古学家海因里希·施里曼(Herr Heinrich Schliemann),于 1873 年在小亚细亚西北达达尼尔海峡入口附近,即今天土耳其境内的希沙立克土丘,发现了古代特洛伊城(Troy City)的原址;1876 年,施里曼发现古代迈锡尼的城堡。英国考古学家约翰·伊文思(John Evans),从 1900 年起,连续 30 年从事克诺索斯城(Knossos)遗址的考古发掘和古物修复工作,终于发现了传说中的米诺斯王宫(Palace of Minos)。

【资料链接】《荷马史诗》是相传由古希腊盲诗人荷马创作的两部长篇史诗《伊利亚特》和《奥德赛》的统称。《伊利亚特》(Iliad),描写古希腊人同小亚细亚西北沿海的特洛伊人战争第十年的故事;《奥德赛》(Odyssey),叙述特洛伊战争结束后,古希腊英雄奥德修斯(Odysseus)历经十年返回家园的故事。两部史诗都分成 24 卷,最初可能只是基于古代传说的口头文学,靠着乐师的背诵流传。它作为史料,反映了公元前 11 世纪到前 9 世纪的古希腊社会的图景,是研究欧洲早期社会的重要史料。

尽管考古学家们的初衷是去发现古希腊神话传说的真实性,但从克里特和迈锡尼出土的文物却证明它们所代表的时期早于荷马时代,且文明程度高于古希腊荷马时期(荷马时期,古希腊尚处于原始社会,而克里特、迈锡尼已进入奴隶社会),爱琴文化就这样在 19 世纪被意外发现。

3.2 克里特建筑

克里特岛位于地中海东部的中间,大约在公元前二千纪中叶,克里特岛上的国家统治爱琴世界达数百年之久,手工业和欧、亚、非三洲之间的航海贸易发达,传说岛上有 90～100 座城,其中最重要的是克诺索斯城,号称"众城之城"。

克里特岛的地理位置不仅对商业发展来说十分理想,而且对文化发展也是十分理想的。克里特岛人与外界的距离是近的,近到可以受到来自美索不达米亚和古埃及的各种影响;然而又是远的,远到可以无忧无虑地保持自己的特点,表现自己的个性。这是形成克里特独特文明的原因之一。

克里特岛的生活平静而自由。这首先表现在各城市都不设城防(与迈锡尼不同),在社会地位和经济上奉行平等主义。克里特人建造建筑物时关心的不是其外表,而是个人的舒适。例如在克诺索斯宫殿里,已经发现有复杂的取水和排水系统。克里特的妇女似乎享有与男子同样的自由和社会地位。这也与美索不达米亚、古埃及和古希腊的情况不同。

克里特似乎没有建造宏大的神庙或竖立巨大的纪念碑,而是在家里留出很小的房间做礼拜堂(Megaron,也叫"正厅""美加仑室"),他们进行宗教礼拜的主要地点在自然界——山顶、森林或石灰石的山洞。最重要的神是一位女神,即古老的大地之母。祭祀时由女祭司而不是男祭司充任辅祭。

【资料链接】 美加仑室(Megaron)——最早见于古爱琴文化的王官建筑中。例如,the queen's megaron in the palace of Minos,konssos。它的形制一般为一矩形房间,房间中心是一壁炉。围着壁炉,四根柱子支承着屋面,墙壁饰有壁画。它的前面往往朝着院落或天井,因而形成狭边向前、正中设门、门前有一对柱子形成前廊的形制。据推测,很可能是进行宗教活动(如祈神)的重要场所。这种建筑形式被认为是古希腊神庙建筑的起源(见图3-2)。

图 3-2　克诺索斯宫殿内的"美加仑室"

在克里特岛上遗留的古迹中,已经发现了住宅、宫殿、别墅、旅舍、公共浴室、作坊等类型的建筑,可见克里特文化发展较为完善而且十分世俗化。与古埃及和两河流域不同的是,克里特岛上较为重要的建筑遗址并不是神庙,而是一种集王宫、行政管理机构、宗教祭祀场所和居室为一体的宫殿式建筑群。其中又以克诺索斯城的米诺斯王宫为主要代表。

宫殿的主要特征是整个建筑群以一个巨大的庭院为中心来布置,没有严格的中轴线,不作绝对对称的布局,更没有主立面的概念。建筑群的外围没有统一、规整的围墙,外轮廓顺应地形,进进出出,高低错落,十分自由。这看似随意的布局,其实反映了克里特人考虑更多的是实用功能的组合和室内的舒适,而不是外表的美观、对神秘象征意义的表现和对大型礼拜仪式的需求。

整个宫殿位于一个不大的丘阜上,以一个51.8米×27.4米的长方形院子为中心,另外还有许多采光通风的小天井,一般是每个小天井周围的房子自成一组。由于所处的丘阜高差大,各组房子顺地势错落,成一至四层不等。内部遍设楼梯和台阶,排列十分紧凑密集,其间有无数条廊道相勾连,使得天井与天井可以在不同层次上穿通,或者可从天井某个层次上突然走到山坡上。因其内部空间极为复杂,故古希腊人称之为"迷宫"。每一组围着采光天井的房间中,有一间主要的房间作为正厅,称为"美加仑室"(见图3-3和图3-4)。

圆柱在建筑内外得到了广泛的采用,它不但出现于大小入口之处,而且常有单独一根或多根圆柱对过道、庭院或室内的空间进行划分。柱头大多是肥厚的圆盘,柱头圆盘之上有一块方石板,之下有一圈凹圆的刻着花瓣的线脚。柱子的最大特点是上粗下细,仿佛不是自下而上的支承构件,而是屋顶向下伸出的腿,如家具,细长比大约是1∶(5～6)。这种柱子也流行于爱琴海各地,影响了早期的希腊建筑(除了上粗下细这个特点之外)(见图3-5)。

宫殿中央庭院的西侧是仪典性部分,二层的正中有一个大厅,前面是轴线严正的内部空间序列,通过楼梯,轴线下到底层,经门厅出去,对着宫殿的大门。而中央庭院的东侧大多是生活辅助用房,没有轴线。两相对比,可见当时的克里特人已经理解沿轴线纵深布局的特殊意义。宫殿的大门在西南方的坡下,由曲折的柱廊登山,通向宫殿。

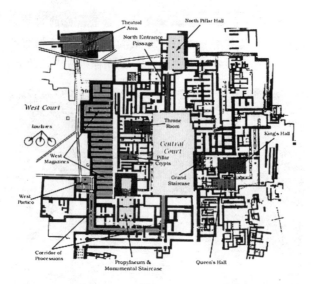

图 3-3　克诺索斯宫殿平面图

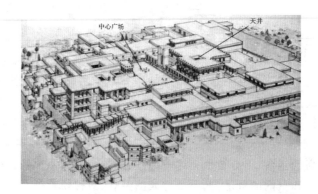

图 3-4　克诺索斯宫殿复原图

图 3-5　克诺索斯宫殿的柱子

　　宫殿大门的平面像横向的工字形,在中央横墙上开门洞,大一点也重要一点的在前面设一对柱子,夹在两侧墙头之间。这种大门形制是爱琴文化各地通用的,后来被古希腊建筑汲取(见图 3-6)。

图 3-6　克诺索斯宫殿遗址的大门

3.3　迈锡尼建筑

　　迈锡尼位于希腊半岛的南部,与大陆相连,是以男人为中心的社会,他们易战、好斗、鲁莽、野蛮,因此他们的建筑也体现出粗犷的风格。不同于克里特岛,迈锡尼城市和建筑的防御性很强,其主要建筑遗迹是城市核心的卫城。迈锡尼卫城(公元前 1400 年)是要塞式的小城,坐落在高于四周 40~50 米的高地上。卫城里有宫殿、贵族住宅、仓库和陵墓等,外面围一道大约 1 公里长的石墙,有几米厚,石块很大,大多有 5~6 吨重,得名为"大力神式"砌筑(见图 3-7 和图 3-8)。

图 3-7　迈锡尼卫城

图 3-8 迈锡尼卫城"大力神式"砌筑

　　卫城有一个 3.5 米高、3.5 米宽的狮子门,门上的过梁长 4.9 米,厚 2.4 米,中央高约 1.06 米,两端渐低,符合结构受力的特点,十分合理。过梁上发了一个叠涩券,大致呈正三角形,使过梁不必承担上面两边墙体的重量。叠涩券里填有一块石板,浮雕着一对相向而立的狮子,拱卫着中央一根象征宫殿的柱子,也是上粗下细的。这块高 3.5 米的正三角形浮雕石板只有大约 5.1 厘米厚,工艺十分精湛(见图 3-9)。(参见教材(上)P36)

图 3-9 狮子门

迈锡尼卫城附近有一座公元前 14 世纪的墓,据说为传说中的迈锡尼国王阿特鲁斯(Atreus)的墓。圆形的墓室,直径达 14.5 米,覆盖以叠涩砌法的穹顶,砌筑得十分光滑,可以看出迈锡尼建筑石砌工艺的精湛(见图 3-10)。

图 3-10 阿特鲁斯墓的圆形墓室

从目前的考古发现看,克里特文明与迈锡尼文明有着明显的不同,如克里特文明早于迈锡尼文明,但其建筑的细腻程度比它高;克里特建筑没有防御性,而迈锡尼建筑防御性很强;迈锡尼建筑中美加仑室明显位于轴线上,而克里特宫殿中美加仑室的位置相对随意;两者风格迥异,一个纤秀华丽,一个粗犷雄健。但两者也有不少共同点,如均设有正室(美加仑室),采用以正室为核心的宫殿建筑群布局,工字形平面的大门,上粗下细的石柱等,这些共同点影响到以后的希腊建筑。

与克里特岛的建筑相比,迈锡尼的建筑虽然显得粗糙简陋,但是在石砌技术上却表现出高超的工艺水平。克里特—迈锡尼文明在公元前 12 世纪时被多利安人摧毁,从此这一地区进入了几百年的愚昧期,直到古希腊文明兴起。

第4章 古希腊的建筑

（公元前1200—前200年）

在爱琴文化湮没后的三四百年后,巴尔干半岛、小亚细亚西岸以及爱琴海岛屿上出现了许多小的民族国家,它们相互吞并,在公元前8世纪逐渐形成了30余个城邦式的奴隶制王国。这些城邦王国相互之间在政治、经济和文化等方面都有着密切的关系,虽然互有征战,但从未统一,渐渐形成了自称为"希腊"(Helles)的统一的民族文化。

4.1 历史背景和地域特点

4.1.1 自然特征

希腊地区没有丰富的自然资源,也没有大河流域和广阔的平原,只有连绵不绝的山脉,把陆地隔成小块,即湖成平原和海成平原。因而希腊缺乏形成帝国所必需的地理环境。入侵者入侵后,在彼此隔离的村庄里安居下来。这些村庄通常坐落在易于防卫的高地附近,因为高地上既可设立供奉诸神的庙宇(古代文明遗留的习惯),又可作为遭遇危险时的避难所。这些由村庄扩大而成的居留地一般称为"城邦"(City-state),而高处的避难的地方则称为"卫城"(Acropolis)。陆路交通极其困难,使近旁的海洋成为主要的运输线。爱琴海凹陷曲折的海岸线为古代的小型木船提供了大批港口,航海相对容易和安全,而陆路上相对隔绝的肥沃平原也有利于独立城邦的形成,山地则提供了它们之间天然的屏障(见图4-1和图4-2)。

图 4-1 古希腊地图

在地质上,希腊多山,盛产举世闻名的大理石与精美的陶土。这种大理石色美质坚,适宜于各种雕刻与装饰,给希腊大理石建筑的发展创造了优越的条件。而陶贴面则有重大的

图 4-2　希腊海岸线典型环境

装饰意义,易于制作精细的花纹和线脚,为精美的希腊建筑提供了物质基础。

4.1.2　历史文化特征

古希腊是欧洲文化的摇篮,在科技、数学、医学、哲学、文学、戏剧、雕塑、绘画、建筑等方面作出了巨大的贡献,以致在西方文明史上有"言必称希腊"之说。恩格斯说:"我们在哲学中以及在其他许多领域中常常不得不回到这个小民族的成就方面来……他们无所不包的才能和活动,保证了他们在人类发展史上为其他任何民族所不能乞求的地位。"[1]

的确,古希腊对人类的贡献及历史意义是卓著的。自由探究的精神,民主政体的理论和实践,多种形式的艺术、文学和哲学思想,对个人自由和责任心的强调——所有这些构成了希腊留给人类的光辉遗产。尤其在艺术方面,体现出了希腊人平衡、和谐和中庸的基本思想,达到了极高的境界。

希腊戏剧成就突出,出现了许多戏剧家,许多城市都建造了专供演戏的露天大剧场(见图 4-3)。希腊有三大悲剧家:埃斯库罗斯(悲剧之父,《被缚的普罗米修斯》)、索福克利斯(《俄狄浦斯王》)、欧里庇得斯(《美狄亚》)。希腊最杰出的喜剧作家是阿里斯托芬,被称为"喜剧之父",作品有《云》《蛙》《马蜂》等。

【**资料链接**】　希腊悲剧实际关心的是人对自己无法驾驭的力量的抗争,它多少揭示了人生的意义,提出了所有人共同面临的一些问题,与催人泪下的哭剧不同。

希腊文学除史诗和文化故事外,影响大的还有《伊索寓言》。

希腊哲学家更多,有泰利斯("万物始源于水")、赫拉克利特("人不能两次踏进同一条河流")、德谟克利特("原子说")、普罗泰戈拉("人是万物的尺度",说明世界上没有绝对的真理,一切事物皆因人的需要而异)、苏格拉底(自由辩论,诡辩术)、柏拉图(苏格拉底的弟子,《理想国》,雅典学院)、亚里士多德(柏拉图的弟子,伟大的百科全书式的学者,众多学科的创始人)等。

在科学方面,毕达哥拉斯提出了著名的勾股定理,德谟克利特提出了圆锥体、棱锥体和球体体积的计算方法,亚里士多德除哲学外,还研究政治、经济、文学、历史、语言以及医学、

---

[1]　马克思恩格斯选集(第三卷).北京:人民出版社,1972:468.

图 4-3　狄奥尼索斯剧场遗址（约建于公元前 6 世纪）

生理学、数学、物理等，他是希腊古典文化的集大成者。

在史学方面，希罗多德是欧洲第一个大史学家，被誉为西方的"历史之父"。

古希腊的体育运动也很发达。从公元前 776 年起，古希腊人在伯罗奔尼撒（Peloponnese）的奥林匹亚这一地方举行全希腊性的体育竞赛会（见图 4-4），每四年举行一次，竞赛期间，希腊全境不得进行军事活动。竞赛历时五天，所有的希腊公民都能参加比赛，优胜者得到用橄榄枝编成的桂冠，这被认为是莫大的荣誉。从 1896 年起每四年举行一次的现代奥林匹克运动会，就发源于此。

图 4-4　古希腊伯罗奔尼撒的奥林匹亚圣地

4.1.3　古希腊文化繁荣的原因

古希腊神话虽然在他们的生活中扮演着举足轻重的角色，但希腊人的世界观基本上是非宗教性和理性主义的，他们赞美人是宇宙间最伟大的创造物，赞扬自由探究的精神，使知识高于信仰。希腊之所以能取得辉煌的文化成就，主要基于以下原因：

1. 保持特色，借鉴成果

希腊半岛的地理位置，使其既能保持自己的文化特色，又可方便地吸收古埃及和美索不达米亚古代文明的长处(尤其通过希波战争)。

2.城邦民主制所提供的自由氛围

虽然古希腊各城邦间征战不休,并最终导致外部世界强加的统一,但古希腊人在各自的城邦内享受到好几个世纪的自由,这是其他文明所不具备的独特条件。自由民主的政治体制和氛围,是艺术巨大创造力的先决条件。

需注意的是,古希腊的自由不是对所有人的,而局限于自由民。他们经济独立,不用自己劳动,有奴隶可供驱使,因此他们在时间上也是宽裕的,有机会精益求精地从事思考和艺术创作。

3.古希腊人的智慧

也许是经商的经验,造就了古希腊人虚心、好奇多思、渴求学习、富有常识的特征。他们总是保持着怀疑的精神、批判的眼光,善于运用理性来探究一切事物。

4.世俗的人生观

他们坚信,人活着,最主要的事是完美地表现此时此地人的个性。理性主义和现实主义相结合,使古希腊人能够自由地、富于想象力地思考有关人类和社会的各种问题,并在伟大的文学、哲学和艺术创作中表达自己的感情。

具体地讲,可分为:

——快乐的人生与宗教

古希腊人崇尚自由,喜欢和谐快乐的生活。他们创造了自由民主制度,他们同时可以是诗人、哲学家、艺术家、行政官、舞蹈家、法官、公民、运动员等,集多种才能和爱好于一身,他们把人生看作行乐。

古希腊虽也信奉多神教,但宗教观念与古埃及有很大的不同。他们不为自己虚设统管万物、法力无边的主,他们知道,神是他们自己编写的,神话就是他们自己的英雄业绩和浪漫经历。他们以人生为节,不会为某个神明或为来世去苦修、受戒、祷告、伏在地上忏悔罪过,为之束缚自己的独立思考和创造行为(见图4-5)。

古希腊人和诸神的关系实质上是一种平等交换的关系。宗教(敬神)是城邦生活的一个组成部分。它解释了物质世界、日常献祭活动和各种社会制度,也是激起诗人和艺术家创作灵感的一个主要源泉。

图 4-5 古希腊雅典娜女神

每一座古希腊庙宇都是地方文化和民族文化的中心,是城邦文化非宗教和宗教的核心,作为受人尊崇的男女保护神的住所,艺术和建筑在神庙上得到了最高表现。

——崇尚人体

城邦制国家间的不断战争,使古希腊人对体格健美形成了特殊的观念。在古希腊人心目中,血统好、体育好、比例匀称、矫健强壮、健全美丽的人是最理想的人,社会制度、法律、婚姻选择标准、民众风气,都为造就这样的人创造了条件,进而发展到了狂热崇拜肉体美的程度。他们认为健全完善、和谐匀称的肉体最为神圣,把他们奉为偶像,敬为神明。对人体,尤其是对人体比例的高度崇拜,直接影响了希腊文化中人体尺度的建筑艺术。

——追求自然的秩序

古希腊人认为自然中存在一种秩序。他们既能以人生为节,生活艺术化,又能自觉受到理性的调节。阿波罗神的圣地德尔斐有一座小庙,刻着铭文"一切都不过度",倡导自由而有节制的生活,崇尚肉体和精神两方面都健全、完美、和谐的人。

4.2 古希腊建筑的历史分期

古希腊是欧洲建筑的开拓者,在历史上的发展可以分为四个时期:荷马时期、古风时期、古典时期和希腊化时期。

4.2.1 荷马时期(约公元前1200—前800年)

荷马时期没有留下什么实物遗迹,主要见于《荷马史诗》的描述。荷马时期,氏族社会开始解体,氏族贵族已经成为特殊阶层。这一时期的古希腊文化水平低于爱琴文化,但在许多方面继承了爱琴文化,包括建筑方面。"正室"成了住宅的基本形制;受材料的限制,跨度做不大,所以平面很狭长,有的加一道横墙划分前后间。由于氏族领袖的住宅兼作敬神的场所,因此早期的神庙采用了与住宅相同的正室形制(如同中国的舍宅为寺)。有些神庙在中央纵向加一排柱子,增大宽度,也有一些神庙分前、后室,还添了前廊。神庙的形制基本定了下来。

【电影】《特洛伊》:美国电影(2004年),取材自荷马史诗《伊利亚特》。小亚细亚古城特洛伊王子帕里斯爱上了斯巴达美女海伦,并将她带回特洛伊。海伦的丈夫,也就是斯巴达国王墨涅拉俄斯邀集古希腊其他城邦国,在迈锡尼王阿伽门农统帅下,率领强大舰队追到特洛伊,围城攻打十年,最后引出了希腊联军巧施的"木马计"。

4.2.2 古风时期(约公元前700—前500年)

自古风时期开始,具体的建筑遗迹逐渐丰富。这时手工业和商业发达起来,城市产生,并且和它周围的农业地区一起形成了小小的城邦国家;同时,随着出海做海上贸易和移民的人增多,在意大利、西西里、地中海西部和黑海沿岸也建立了一批城邦国家。这些城邦国家大多是贵族专制的政体,政治文化落后且保守;也有一些城邦实行民主共和政体,以地域部落代替氏族部落,氏族贵族不再拥有世袭特权,平民获得了较多的政治权利,也制订了有利于平民的立法,成为古希腊经济文化发达的先进城邦,其中以雅典为典型代表。前者多在农业地区,如伯罗奔尼撒、意大利和西西里;后者多在商业和手工业城邦中,如阿提加(Attica)和小亚细亚地区。

古风时期的遗迹以石砌神庙为主(见图4-6)。这一时期的建筑成就主要包括圣地建筑群、庙宇建筑形制的演进、从木建筑向石建筑的过渡以及柱式的诞生。

4.2.3 古典时期(公元前5世纪中叶—前4世纪中叶)

古典时期是希腊文化的极盛时期。这一时期,有一些手工业、商业发达的城邦,如雅典(Athens)、米利都(Miletus)等,自由民的民主制度达到很高的程度。公元前500—前449年,波斯帝国入侵并破坏了小亚细亚的古希腊城市,攻击古希腊本土。雅典联合各城邦战胜

图 4-6　拜斯顿(Paestum)的波塞冬神庙(约建于公元前 460 年)

了波斯的入侵,建立了雅典霸权,财富和人才纷纷向雅典集中,雅典的经济和文化空前高涨。这时候,圣地建筑群和神庙建筑经过古风时期的发展,已经完全成熟,雅典城邦集结力量建造了古希腊圣地建筑群艺术的最高代表——雅典卫城(Acropolis,Athens),建造了古希腊神庙艺术的最高代表——雅典卫城中的帕提农神庙(Parthenon Temple)。柱式也在这些建筑中成就了最完美的代表作品(见图 4-7 和图 4-8)。

图 4-7　古希腊雅典卫城

【电影】《雅典,重返雅典古卫城》:希腊电影(2000 年),是一部旨在介绍欧洲文化古都的系列片中的一部分。希腊导演安哲罗普洛斯从神话故事、历史以及他自己的回忆中汲取灵感,为他的家乡创作出来一部极具个人风格的作品(见图 4-9)。

4.2.4　希腊化时期(公元前 4 世纪后期—前 2 世纪)

公元前 4 世纪,奴隶制进一步发展,爆发了伯罗奔尼撒战争,以贵族专制政体的斯巴达(Sparta)为首的城邦集团,打败了以自由民主制的雅典为首的城邦集团,自由民主制瓦解①。公元前 338 年,马其顿王统一了全希腊,随后亚历山大大帝(Alexander the Great)建立了横跨欧、亚、非三大洲的大帝国,古典文化随着马其顿的远征而传到北非和西亚,与埃及、巴比

① 雅典之所以失败,是因为这时候它的自由民内部发生了剧烈的分化,社会矛盾尖锐,民主制度的基础发生动摇.

图 4-8 雅典卫城帕提农神庙

"热爱这座辉煌的城市吧"

图 4-9 《雅典,重返雅典古卫城》剧照

伦等东方古国的文化交融(见图 4-10)。建筑尤其是世俗的公共建筑,类型增加,会堂、剧场、市场、浴场、旅馆、俱乐部、图书馆、码头都在逐步发展,功能专门化;艺术手段越来越丰富,如广泛使用叠柱式(见图 4-11),拱券技术传入古希腊,马赛克艺术也达到很高水平。亚历山大大帝去世之后,帝国分裂为一些小国家,但继续保持着希腊文化的强大影响力,并继续促进了地中海各地和西亚北非的经济、文化和科学技术的大交流和大融合。

由于长期的对外征战,希腊本土的经济文化走向衰退,规模大不如前,风格也走向庸俗化,建筑趋向纤巧,追求新颖别致,但再没有古典盛期的宏伟气概。希腊化时期公共建筑最大的成就是露天剧场和室内会堂。城邦瓦解后,庙宇不再是城市中心,而代之以市场,市场敞廊得到了发展。这一时期还发展出了集中式纪念性建筑物,如奖杯亭和纪念陵墓。

古希腊晚期的建筑成就由古罗马直接继承,并由古罗马人在此基础上充分发挥其自身的聪明才智而发扬光大,走向世界奴隶制时代的建筑成就高峰。

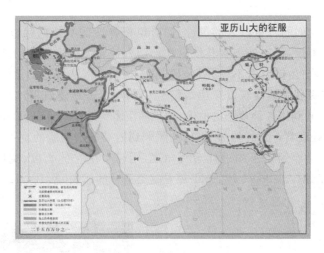

图 4-10　亚历山大时期的马其顿帝国地图

图 4-11　叠柱式

4.3　圣地建筑群

　　氏族时代，祭祀祖先是建筑的最重要核心，而在保护平民权益的共和制城邦里，民间的自然神、守护神崇拜代替了祖先崇拜，卫城也转变为自然神、守护神的圣地，在圣地上建造神庙以及相关建筑的建筑群。这些圣地在当时人们的生活中占有重要地位。

　　不管是自然神还是守护神的圣地，都极具活力。在圣地上最突出的地方建造中心建筑——神庙，成为公众欢聚、朝圣的中心；除了神庙之外，圣地还建造了如竞技场、旅舍、会堂、敞廊（休息用，兼作市场）等一系列公共建筑，为人们的节庆、体育运动、戏剧、诗歌、演说、比赛等活动提供场地。圣地内商贩云集，繁华热闹。建筑艺术在这种备受公众关切的氛围下快速发展。

古希腊人赋予他们的神祇以人的灵性，同时也把神性赋予他们赖以生存的环境。自然景观中高低起伏的山丘，每一处都有其地灵和神韵。神庙往往坐落在山地的显要处，强调自己是山体的一部分，与山体有着不可分割的联系。建筑群都从规划的角度从属于自然景观，往往没有人为痕迹明显的轴线来贯穿建筑群[①]。同样地，圣地建筑群追求良好的布局，不求平整对称，乐于顺应和利用各种复杂的地形，构成活泼多变的建筑景色，而由神庙来统率全局。它们既照顾到在远处观赏看到的外部形象，又照顾到内部各个位置的观赏。往往在进入圣地的道路上，第一眼就能看到庙宇的最佳透视角度，同时呈现它的长度、宽度和高度。德尔斐（Delphi）的阿波罗圣地（Apollo Holy Land）就是这类圣地的代表（见图 4-12 和图 4-13）。（参见教材（上）P40）

图 4-12　德尔斐的阿波罗圣地遗址（建于公元前 8 世纪）　　图 4-13　德尔斐的阿波罗圣地遗址鸟瞰

【**资料链接**】　古希腊神话：是原始氏族社会的精神产物，也是欧洲最早的文学形式，是口头或文字上一切有关古希腊人的神、英雄、自然和宇宙历史的神话。古希腊神话产生于公元前 8 世纪以前，是在希腊原始初民长期口头相传的基础上形成基本规模，后来在《荷马史诗》和赫西俄德（Hesiod）的《神谱》及古希腊的诗歌、戏剧、历史、哲学等著作中记录下来。后人将它们整理成现在的古希腊神话故事，分为神的故事和英雄传说两部分。

古希腊神话中，人不是神的创造物，而是以人的形象创造神，神是为人的利益而存在的，所以赞美神也就是赞美人自己，神是人的典型和提高，等于是最美、最健全、最有智慧和力量的人。因此，古希腊神话中的神与人同形同性，既有人的体态美，有家族谱系，也有人的七情六欲和喜怒哀乐，有人的弱点（如宙斯妻子赫拉的嫉妒心，刀枪不入的阿喀琉斯的致命弱点

---

　　① 　理解古希腊建筑仅仅看它的单体是不够的，应该要从建筑所在的自然环境和古希腊人建立的神话世界来整体把握。

是他的脚踵），是完全拟人化的。神与人的区别仅仅在于前者永生，无死亡期；后者生命有限，会生老病死。古希腊神话中的神个性鲜明，没有禁欲主义因素，也很少有神秘主义色彩。

古希腊神话的美丽就在于神虽然有超自然的力量，但却不能超脱于命运（如有恋母情结、杀父宿命的俄狄浦斯），依然会为情所困，为自己的利益做出坏事。古希腊的公共生活和个人生活是和宗教紧密结合在一起的（如四年一度的泛雅典娜节，各种献祭活动与城邦的公共活动合二为一）。古希腊神话不仅是古希腊所有艺术形式的土壤，而且对以后的欧洲文化有着深远的影响。

但是在保持氏族传统的城邦里的卫城，防卫森严，建筑物一律平行排列，不分主次，互不照应，死守大门朝东的陈规，布局与自然环境没有什么关联，带着专制政体沉闷、威压的气氛。西西里的赛林奴特（Selinut）和意大利中部的拜斯顿（Paestum）两处的卫城是这类建筑群的代表。

4.4 庙宇形制的演进

最初建造的庙宇只有一间圣堂，形制脱胎于爱琴文化时期氏族贵族府邸里的正室，如我们在克里特和迈锡尼文化遗址上所见。后来正室式庙宇独立出来成一幢，但也被贵族的住宅包围着，只展示出它们的正面。后来在民间自然神的圣地里，祭祀不再在贵族住宅里进行，庙宇作为公共纪念物，占据建筑群的高处，向四面八方展现，这就引起了它以后的各种变化。由此可见，建筑形制的变化是与它所处的位置、面向的人群和使用的方式密不可分的。

初期的庙宇，继承正室中已经形成的宗教仪式，以狭端为正面。起先，另一端常常是半圆形的，使用了陶瓦，屋顶采用两坡起脊的形式，平面取整齐的长方形为宜，并且在两端构成了三角形的山墙。早期神庙采用木构架和土坯建造，为了保护墙面，常沿边搭一圈棚子遮雨，形成了柱廊。因为圣地里的各种活动都在露天进行，庙宇处在活动的中心，所以它的外观相较爱琴文化时期和贵族制城邦卫城时期，重要性大大增强了。

在长期的实践过程中，庙宇外一圈柱廊的艺术作用被认识到了：①使庙宇四个立面连续统一，符合庙宇处于建筑群中心这一位置的要求；②造成了丰富的光影和虚实的变化，消除了封闭的墙面的沉闷之感；③使庙宇同自然相互渗透，关系和谐，形象适合于古希腊"神在人间"的宗教精神，适合圣地上的世俗节庆活动，为活动提供了全天候的休憩空间。相反，庙宇内部空间的重要性倒是降低了。公元前 6 世纪之后，重要的民间圣地庙宇普遍采用了围廊式的形制，而且已经是用石头造的了（见图 4-13）。（参见教材（上）P40）

常见的几种神庙平面有（见图 4-14）：

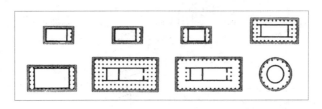

图 4-14　神庙的主要平面形式

端柱式——即"美加仑"，最初起源于克诺索斯的米诺斯王宫，是其他神庙平面形式的母型。门口设两个柱子，并在窄边的两端构成三角形的山墙；

列柱式——在端柱式的基础上发展而来,在一端或两端设一列柱(四或六根);

列柱围廊式——在神庙四周设一圈柱廊;

假列柱围廊式——将柱演变为壁柱;

双列柱围廊式——内部为壁柱,外围设一圈柱廊。

4.5 柱式的演进

和探索庙宇形制同时,公元前8—前6世纪,古希腊人也探索着庙宇各部分的艺术形式。在形式大致定型之后,还有一个漫长的、点点滴滴的切磋琢磨过程,才达到古希腊建筑艺术的最高峰。在这个过程中,柱式的演进是一个重要的、标志性的内容。

4.5.1 木建筑向石建筑的过渡

前面说过,古希腊早期的庙宇是木构架的,易于腐朽和失火。古希腊的制陶业发展很早,技术很高,于是古希腊人就想到利用陶器来保护木构架。

从公元前7世纪起,屋顶开始使用陶瓦。接着,在柱廊的额枋以上部分(即檐部)用陶片贴面。陶片在成坯过程中便于作装饰线脚,从而把线脚引进了希腊建筑。同时,也把日用陶器中的彩绘引进了建筑,使檐部覆满了色彩鲜艳的装饰。因此,木结构的外形通过这一过程清晰地转移到这些陶片上。陶片是预制的,成批地用模具成形,要求它减少规格和形式。这样,陶片制作工艺的要求反过来促进了建筑构件位置和形式的定型化与规格化。到公元前7世纪中叶,陶片贴面的檐部形式已经很稳定了。额枋、檐壁、檐口三部分大致定型,并且具有一定的模数关系。同时,瓦当和山墙尖端上的纯装饰性构件也产生了(见图4-15)。

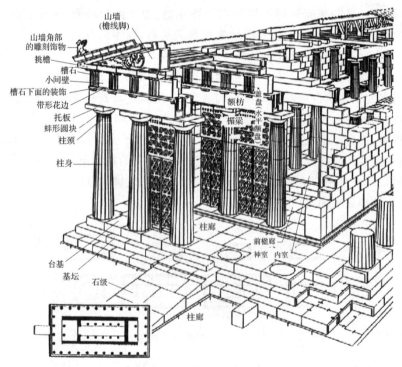

图 4-15 神庙的组成

后来,石材代替木材,成为神庙建筑的主要用材,而陶片贴面所形成的稳定的檐部形式,很容易转换到石质建筑上。直到公元前 6 世纪初,西西里还有一些石造的庙宇,仍然在檐部用陶片贴面,这是因为当地石质粗糙,不易加工和着色,所以用陶片作装饰。经过陶片贴面对木构架建筑外形的传递,以后的石质庙宇也就自然地保留了木结构的明显痕迹。这一过程也被称为"石化木工"。从木建筑到石建筑的过渡,对古希腊纪念性建筑的形式演化有很重要的意义。

石材先用来做柱子,这比较容易。起初是整块石头的,后来分成许多段砌筑,每段的中心有一个梢子(这样可以用小料砌成大的柱子,节省石材)。在檐部,先把石材用于檐壁等充填部位,后来才用于额枋,因为这在技术上是最难的。到公元前 7 世纪末,有些庙宇,除了屋架之外,已经全部用石材建造了。

木构件和陶片上常用的平面性的彩绘因为不适合于石质的建筑物,被淘汰了。先代之以陶塑,后来为了与结构用材统一,采用石头雕刻,但仍按传统敷以浓烈的色彩。敷彩的办法是:粗质的石材上,先涂一层薄薄的白大理石粉,白大理石粉上烫蜡,蜡里熔有矿物颜料。(参见教材(上)P42—43)

4.5.2　两种柱式

石造的大型庙宇的典型形制是围廊式,因此,柱子、额枋和檐部的艺术处理基本上决定了庙宇的面貌。长时期里,古希腊建筑艺术的种种改进,都集中在这些构件的形式、比例和相互组合上。公元前 6 世纪,它们已经相当稳定,形成了成套的做法,这套做法被古希腊之后的古罗马人称为"柱式"(Ordo),后来成为西方古典建筑的特定术语,而以组合形式出现的柱式也成为古希腊乃至整个西方建筑中最为重要的建筑构件。

当时有两种柱式同时在演进。一种是流行于小亚细亚先进共和城邦里的爱奥尼柱式(Ionic)(见图 4-16),因那里主要住着爱奥尼族人而得名。另一种是意大利、西西里一带寡头制城邦里的多立克柱式(Doric),因那里主要住着多立克人而得名。这两大柱式都有着自己明确、清晰的特色,分别表现了清秀华美和刚劲雄浑两种鲜明的性格。爱奥尼柱式比较秀美华丽,开间宽阔,反映着从事手工业和商业的平民们的艺术趣味。西西里一带的多立克柱式则沉重、粗笨,反映着寡头贵族的艺术趣味。

但是,柱式也不是一开始就形成一个相对固定的形式,而是经历了一个漫长的改进过程。伯罗奔尼撒的民间圣地里,庙宇虽然也用多立克柱式,但石质柱子一开始仿照木柱,非常细巧,收分十分显著,可是不适合石材结构和材料的特性,不得不改得粗壮一些。起初又太粗了一些(见图 4-17)。在公元前 6 世纪里,多立克柱式的变化过程是:檐部的高度相对地逐渐缩小到与柱子相适应,承重构件(柱子)与被负荷构件(檐部)趋向平衡;柱子的细长比逐渐增大,柱身的收分愈来愈少,柱子显得刚劲,也利于石材的加工;柱头逐渐加厚而挑出则减少,轮廓也由很大的弧线渐趋挺直,克服了初期的柔弱。为了摆脱石质材料的僵硬枯燥,追求有生命的弹性和丰盈,先在柱身上做卷杀,后来又把台基上沿做成略微隆起的弧线。缩小了角开间,加粗了角柱,使立面更加强劲稳重。同时,确定了各部分的规定做法和它们之间的搭配关系,并形成了大致的模数制(见图 4-18)。(参见教材(上)P43)

这些艺术上的摸索,精心、顽强地进行着,体现出古希腊艺术追求完美的特点。由于波斯帝国对古希腊多次发动侵略,摧毁了以弗所、米利都这些小亚细亚爱琴海沿岸繁荣发达的

图 4-16　典型的爱奥尼柱式建筑——雅典卫城胜利神庙

图 4-17　早期的多立克柱式

共和城邦,从而阻滞了爱奥尼柱式的发展,它成熟得晚一些。直到公元前 5 世纪中叶,两种柱式都还没有完全成熟。多立克柱式的檐部稍觉沉重,柱头不够坚挺有力,柱身收分太大,卷杀过软,角柱、角开间和相檐壁的三陇板的处理都不完善。爱奥尼柱式的各部分的做法还没有定型,例如有些不做檐壁;柱头的涡卷过于肥大松坠;盾剑花饰刻得太深;柱身凹槽过多,而且相交成尖棱,风格不统一;有些柱子下部作浮雕,破坏了柱子的完整性;等等。两种柱式的山墙面的柱廊,都有中央开间比较大、柱子比较粗,且向两侧递减的做法,削弱了立面的统一。(参见教材(上)P44)

图 4-18　成熟的多立克柱式

图 4-19　多立克柱式檐壁的三陇板

【名词解释】　三陇板,石化木作过程的产物。木造神庙屋顶的木梁搁置在额枋的上面,木梁的端部容易腐烂、渗水,所以拿陶片将它盖住,因表面刻有三条竖向的陇而得名。后来转化成石头结构,石梁的梁头不再需要陶片遮盖端部,原来的功能意义不存在了,但是这个形式还是延续下来,只不过将陶片转换成了石质雕刻的三垅板,成为多立克柱式的显著特征(见图 4-19)。

4.5.3　风格的成熟

一个成熟的风格,总会具备三点特征:第一,独特性,就是它有易于辨识的鲜明的特色,一眼之下就能将它识别出来;第二,一贯性,就是它的特色贯穿它的整体和局部,直至细枝末节,少有芜杂的、与整体格格不入的部分;第三,稳定性,就是它的特色不只是表现在几个建筑物上,而是表现在一个延续时期内的一整批建筑物上,尽管这些建筑物的类型可能不尽相同。古典时代成熟的多立克柱式和爱奥尼柱式就具备了这三点。

多立克柱式具有以下特色:柱身长细比为 1:5.5～1:5.75;开间为 1.2～1.5 个柱底径;柱头是简单刚挺的倒圆锥台;檐部较重,约为柱高的三分之一;柱身凹槽相交成锋利的棱角,一般为 20 个;柱子没有柱础,柱身从基面上直接竖起;柱子的收分和卷杀都较明显。采用多立克柱式的建筑,台基一般很朴素,没有线脚,雕刻装饰是高浮雕式,体积感很强(见图 4-20)。

图 4-20　多立克柱身仰视

图 4-21　爱奥尼柱身仰视

与之相对应,爱奥尼柱式也有鲜明的特色:柱身长细比为 1:9～1:10;开间为两个柱底径左右;柱头是精巧柔和的涡卷;檐部为柱高的 1/4 以下;柱身凹槽相交成圆弧面的棱,一般为 24 个;柱子有复杂的、富有曲线美感的柱础,柱身的收分和卷杀不明显。采用爱奥尼柱式的建筑,台基的侧面上下都有线脚,且是复合曲面的线脚,建筑的雕刻装饰为浅薄浮雕,强调线条的美感(见图 4-21)。

我们对比一下古埃及的那些庞大神殿就可以发现,古希腊人的独特贡献,在于给神殿加进了一种人的"明朗和愉快的情绪",这种情绪的体现者就是融入了男人和女人体态与气质的柱式。总体说来,两种柱式可以说是典型地概括了男性和女性的体态和性格,但却并不是简单地模仿男体和女体的比例,而是一种综合的表现。多立克柱式典型地表现了男性的特点,刚劲而有弹性,在台基面、额枋上都做出弧形隆起,如男性肌体般具有力量和活力。而爱奥尼柱式则浓缩抽象地体现了女性特点,柔和优雅,美丽多姿。但成熟的柱式在装饰上是很有节制的,精美而不堆砌。

柱式不仅具有良好的象征性,而且具有严谨的逻辑性,承重构件与装饰构件清晰井然、层次明了。柱头是垂直构件和水平构件的交接点,是长方形构件和圆柱形构件的交接点,处理得尤其精心。多立克柱头:倒圆锥台外张,是垂直构件和水平构件之间的过渡;正方形的顶板是长方形的额枋同圆柱之间的过渡。它们都兼备两种构件的形式特点。顶板同倒圆锥台相切,使方的圆的、横的竖的两个构件在交接点上彼此渗透(见图 4-22)。爱奥尼柱头也是通过两种因素的渗透而完成交接任务的:两对涡卷,平面投影是方的,却以圆形螺线为母题,它们上有正方形的顶板,下与柱身上端一圈盾剑饰相切(见图 4-23)。(参见教材(上)P47)

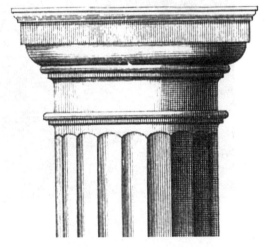 

图 4-22　多立克柱头　　　　　　　　　图 4-23　爱奥尼柱头

两种柱式都生机蓬勃而不枯燥僵硬,它们下粗上细、下重上轻、下面质朴分划少而上面华丽分划多,这使它们表现出向上生长的姿态。两种柱式虽然规矩严格、形制完整,但并不僵化,可以根据建筑的性质、大小和环境的变化而作出相应的调整。特别是爱奥尼柱式,形式华美而亲和,广受喜爱,其对建筑的适应性很强,因此被普遍地应用于庙宇、公共建筑、住宅等不同建筑之上。

　　【观点】　柱式体现着严谨的构造逻辑,条理井然。每一种构件的形式完整,适合它的作用。承重构件和被负荷构件可以从外观上被识别且互相均衡。垂直构件做垂直线脚或凹槽,而水平构架做水平线脚;承重构件质朴无华,而把装饰雕刻集中在充填部分或被负荷构件上,连接处的颜色也刻意把承重构件和被负荷构件区分开来。所以,柱式建筑的受力体系在外形上脉络分明,在外观上具有很强的自明性。(参见教材(上)P47)

古典时期,还产生了第三种柱式——科林斯柱式(Corinthian)。它的柱头由忍冬草叶片形式构成,状如花篮,其余部分沿用爱奥尼柱式的,还没有自己的特色。直到古希腊晚期,才形成独特的风格。忍冬草是希腊、意大利等地的特产,在草木凋零的严冬生长得特别苗壮,浓绿而茂盛。它作为顽强生命力的象征受到古希腊人和古罗马人特殊的喜爱,成为建筑的重要装饰题材(见图 4-24 和图 4-25)。

关于科林斯柱式的产生有一个美丽的传说:一名少女婚期已近却因病而亡,葬礼后,母亲把少女生前钟爱的东西聚拢在篮子里,拿一块石瓦作为盖子,放在忍冬草根上。被重量压住的忍冬草根到了春季就从篮子当中伸出茎叶,并沿着篮子的侧边成长起来。由于中间被

图 4-24 科林斯柱头

图 4-25 科林斯柱头实物

瓦压住,于是沿篮子周边形成涡卷形的曲线。后雕刻家用这种造型替换了爱奥尼柱式的柱头,更显华丽、细长,体现了青春少女的窈窕身姿。

古希腊的柱式后来被古罗马人继承,随罗马建筑而影响全欧洲乃至全世界的建筑。

【观点】 柱式是西方建筑里很灵魂的一块,类似于中国古建筑里斗栱梁柱的体系,但又有很不一样的概念在里面。斗栱梁柱体系主要强调由结构系统发展而来的一种逻辑性,而西方古典柱式是基于建造的逻辑,由建造又发展成为形式秩序中最重要的元素。所以,柱式(ordo)更应该被理解成是秩序,这种柱式意味着建造有内在的关系,并且由这种秩序形成建筑的美,这是西方建筑里最核心的问题。关于西方古典建筑建造法则和构图原则的解释,请参阅《古典主义建筑:秩序的美学》([荷]亚历山大·仲尼斯等著,何可人译,中国建筑工业出版社,2008)。

4.6 雅典卫城

古典时期最具代表性的一组建筑是雅典卫城(Acropolis,Athens)。它原来是公元前5世纪雅典奴隶主民主政治时期的宗教活动中心,盘踞着贵族寡头。公元前480年波希战争中波斯侵略军毁坏了全部建筑物,包括卫城正中的一座雅典娜庙。在波希战争中雅典联合各城邦战胜波斯后,在雅典的最高执政官、将军伯利克里(Pericles)的领导下,雅典建成了古代最彻底的自由民主制度。雅典卫城被视为国家象征,被当作城邦守护神雅典娜(Athena)的圣地,因此把贵族寡头从卫城中逐出,建造了一个新的雅典卫城。新的卫城的建造是为了盛赞雅典,建立一个全希腊宗教和文化的中心,所以雅典卫城集结了古希腊的圣地建筑群、庙宇和柱式,达到了最高水平。

4.6.1　卫城布局

雅典卫城建立在雅典城中央一个孤立的山冈上,山顶石灰岩裸露,大致平坦,高于四周平地 70～80 米。东西长约 280 米,南北最宽处约 130 米。山势陡峭,只在西南面有一通道可以盘旋而上。新的卫城建筑群的一个重要革新是,雅典作为全希腊的盟主,突破小小城邦国家和地域的局限性,综合了原来分别流行于大希腊和小亚细亚的多立克艺术和爱奥尼艺术。这是和雅典当时作为全希腊的政治、文化中心的地位相适应的。两种柱式的建筑物共处,丰富了建筑群,而且又能够很好地统一,因为它们本来就具有柱式的共性,基本格局是一致的。为了反映经济发达的、共和政体的城邦里手工业者和商人们的审美趣味,卫城的多立克柱式向爱奥尼式有所靠拢,开间较前期宽一些,柱子也修长一些,甚至在多立克式建筑物中安置了爱奥尼式柱子,因此两者更容易协调,但多立克式建筑仍不失自身强烈的特色。所有的建筑物都用白色大理石砌筑,也有利于统一(见图 4-26)。(参见教材(上)P49—50)

图 4-26　雅典卫城遗址

卫城发展了民间自然神圣地自由活泼的布局方式,建筑物的安排顺应地势。因为山势陡峭,游行队伍必须绕过卫城北、东、南三面再从西南方向唯一的通道上去,所以主要建筑物贴近西、北、南三个边沿建造,便于山上山下的观赏。供奉雅典娜的帕提农神庙(The Pathenon)从前在山顶中央,重建时移到南边,人工垫高了它的地坪(见图 4-27)。

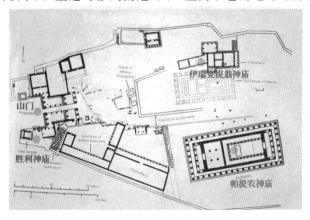

图 4-27 · 雅典卫城平面图

每年在雅典娜的诞辰祭祀一次雅典娜,每四年举行一次大型的雅典娜节,历时数日。游行的队伍清晨从位于卫城西北方的陶匠区广场(the Agora, Athens)出发,穿过市场广场,向南经卫城西侧,绕过西南角,开始登山(见图4-28)。卫城中心是雅典城的保护神雅典娜·帕提农的铜像,主要的建筑有帕提农神庙、伊瑞克提翁神庙、胜利神庙以及卫城山门。这些建筑高低错落、主次分明。帕提农神庙位于卫城最高点,造型端庄,体量庞大,其他建筑则处于陪衬地位。卫城南坡是平民活动中心,有露天剧场和敞廊。(关于卫城在雅典城的地位和意义以及游行队伍从古希腊各城邦进入卫城的路径,请参阅《城市设计(国外城市规划与设计理论译丛)》中的《希腊城市的成长》([美]埃德蒙·N.培根著,黄富厢译,中国建筑工业出版社,2003)。

图4-28 古希腊雅典城全景绘画

雅典卫城为非对称布局,以行进路线来组织,在运动中展开和深入。从卫城西南通道登山,依次见到的是:胜利神庙→山门→雅典娜铜像→帕提农神庙→伊瑞克提翁神庙。游行队伍先在山门前绕一个小弯,上山后又几乎穿过整个卫城。建筑群是根据动态观赏条件布局的,人们在每一段路程中都能看到优美的建筑景象,它们相继出现,前后呼应,构图作大幅度的变化,建筑物和雕刻交替成为画面的中心。建筑物有形制、形式和大小的变化,有两种柱式的交替;雕刻的材料、体裁、风格、构图和位置也都不一样。朝拜者在行进过程中见到的卫城景观画面不对称,但主次分明,条理井然,很完整。为了构成这些画面,建筑物的朝向不死板,面向游行队伍展示出最好的角度。同时,建筑群因为帕提农神庙的统率作用而成为整

图4-29 雅典卫城模型

体,它位置最高、体积最大、形制最庄严、雕刻最丰富、色彩最华丽、风格最雄伟。其他的建筑物,装饰性强于纪念性,起着陪衬烘托的作用。建筑群的布局体现了对立统一的构图原则(见图 4-29 和图 4-30)。

图 4-30　泛雅典娜节的节日盛况

【观点】　古希腊建筑雕刻性产生的背景:雅典卫城建筑群建设的总负责人是雕刻家费地。他有一句名言:"再没有比人类形体更完美的了,因此我们把人的形体赋予我们的神灵。"事实上,雅典卫城处处有雕刻,建筑本身也类同于大的雕刻作品。古希腊人看待建筑更多的是将它看作雕刻,这与希腊独特的气候也是密切相关的。希腊属于亚热带的国家,平均温差不超过 17℃,4 月至 10 月间很少下雨,很适宜户外活动。希腊地中海的阳光具有独一无二的纯净、清澈,投射出强烈的阴影效果,使得景观的营造倾向于线条利落、深刻的原则,强调建筑外部的使用和观看,相对来说室内空间不是很发达。再加上希腊特产的细腻洁白的大理石,因此就不难理解古希腊建筑的雕刻性产生的原因,也不难理解为什么卫城的总负责人是雕刻家了。

4.6.2　胜利神庙(Temple of Athena Nike)

胜利神庙位于雅典卫城山冈西南侧高 8.6 米的基墙上,人们登山时可以最先见到。为了突出在波希战争中胜利的主题,神庙特意探出山顶边缘,基墙也是为此目的而造的。胜利神庙不大,台基面积为 5.38 米×8.15 米,前后各四根柱子,为爱奥尼柱式。大约为了适合于它所奉的神灵,也为了同多立克式的山门相协调,柱子比较粗壮(长细比为 1∶7.68),是爱奥尼柱式中少有的。檐壁上一圈全长 26 米、高 43 厘米的浮雕和基墙上沿高 1 米的女儿墙外侧的浮雕,题材都是反映波希战争胜利的主题。胜利神庙的朝向向山门略略偏一点,同山门呼应,使卫城西面的构图很完整(见图 4-31)。

4.6.3　雅典卫城山门

山门是卫城唯一的入口,位于陡峭的西端。为了对山下显得形象更完整,更有气势,它突出于山顶西端,但地面没有刻意取平,而外部的西半边比内部的东半边低 1.43 米。屋顶也同样断开,这样就保持了前后两个立面各自合宜的比例。山门的北翼是绘画陈列馆,南翼是个敞廊,它们掩蔽了山门的侧面,所以山门屋顶的两段错落不易被发现。高低两部分之间

图 4-31　胜利神庙（公元前 449—前 421 年）

在内部用墙隔开，墙上开 5 个门洞，基本形制是源于克诺索斯宫殿建筑群工字形平面的大门。中央门洞前设坡道，以便通过马匹和车辆，其余门洞前设踏步（见图 4-32）。

图 4-32　雅典卫城山门遗址（公元前 437—前 432 年）

　　山门是多立克柱式的,前后面上各有 6 根柱子,细长比大约为 1∶5.5,檐部高与柱高之比为 1∶3.12。这一套比例已经完全摆脱了前一时期多立克柱式的沉重之感。额枋微呈弧形,中央隆起 4 厘米。柱身卷杀也已经减弱,显得刚挺。(参见教材(上)P51)

　　为了通过献祭的车辆和牲畜,中央开间特别大,柱子中线距是 5.43 米,净空距是 3.85 米。上面的石梁重达 11 吨,显示出当时已经具有了很高的起重能力。加大中央开间的做法,除了实际的功用之外,也能更好地表现出山门的建筑性质(见图 4-33)。

图 4-33　从山门里望向卫城内部

　　门的内部沿中央的道路两侧,有 3 对爱奥尼式柱子。在多立克式建筑物里采用爱奥尼式柱子,是首创。采用的原因大概是因为这些柱子比立面上的高(高 10.25 米,而立面的柱子为 8.5 米高),如果用多立克式柱子就会比立面的柱子粗(按比例推算柱径为 1.8 米),很不美观和合理,而用爱奥尼式柱子则能细得多(柱径为 1.035 米)。加之爱奥尼式柱子柔和雅致,比多立克式柱子更适合于用在室内。由于多立克式柱子用在外部,处于强有力的优势地位,爱奥尼式柱子只用在内部,所以,两者在山门一个建筑里的合用,没有显著的不协调,也不会影响山门建筑整体多立克式的风格(见图 4-34)。

　　站在山门西柱廊前,可以望见 11 公里外的海洋;在东柱廊前,则可以望见建筑群后十几公里外的潘特里克山(Mt. Pentelikon),雅典卫城建筑群就是用那里又白又细的大理石建造的。

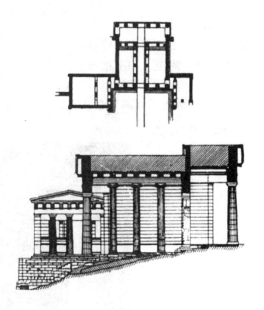

图 4-34　雅典卫城山门平、立剖面

4.6.4　帕提农神庙(The Pathenon)

　　帕提农原意为"处女宫",是守护神雅典娜的庙,雅典卫城的主题建筑物。作为建筑群的中心,卫城的设计从几个方面去突出它。第一,把它放在卫城的最高处,距山门 80 米左右,一进山门,就是很好的观赏距离;第二,它是希腊本土最大的多立克式庙宇,共 8×17 柱,台基面 30.89 米×69.54 米,柱高 10.43 米①,底径 1.905 米;第三,它是卫城上唯一采用围廊式的庙宇,建筑形制最隆重;第四,它是卫城上最华丽的建筑物,全用白大理石砌成,铜门镀金,山墙尖上的装饰也是金的,陇间板、山花和圣堂墙垣的外檐壁上满是雕刻,红蓝为主的浓重色调中夹杂着金箔,艺术品质精美、高超,是古希腊最伟大的雕刻杰作的一部分。帕提农的风格肃穆而庄重,它定下了该建筑群的基调(见图 4-35)。

图 4-35　帕提农神庙遗址(公元前 447—前 431 年)

它的内部分成两半。朝东的一半是圣堂,圣堂内部的南、北、西三面都有列柱,是多立克式的。为了使它们细一些,尺度小一些,以反衬出神像的高大和内部的宽阔,这些列柱做成上下重叠的两层。如果用通高的柱子,柱径会因为柱高的放大而做得很粗,内部将拥挤不堪,而且尺度过大,神像也会受到柱子体量的压制。朝西的一半是存放国家财务和档案的方厅,里面 4 根柱子用爱奥尼式,构思大约同山门内部柱子一样,也是为了要细一点、柔和一点(见图 4-36)。

图 4-36　帕提农神庙内部

---

①　每根柱子由多段"柱鼓"组成,每段柱鼓重约 5~10 吨,约需一个车夫赶着 33 头骡子夹着车从采石场运到工地,可见整个庙宇工程之浩大。

帕提农神庙代表着古希腊多立克柱式的最高成就。它比例匀称,风格高贵典雅、刚劲雄健而全然没有重拙之感。它可能采用了一个重复使用的比数——4:9,即台基的宽比长,柱子的底径比柱中线距,正面水平檐口的高比宽,大体都是4:9,从而使它的构图显得有条不紊。(参见教材(上)P53—54)

帕提农神庙还使用了一系列的"视差校正法",以通过精致细微的处理使庙宇的外观看起来更加稳定,更加丰满有生气。具体做法有:加粗角柱(底径1.944米,相较于中间1.905米的柱径);缩小角开间(净空1.78米,相较于中间2.40米的柱间净空);所有柱子均略向后倾约7厘米,同时它们又向各个立面的中央微有倾侧,越靠外的倾侧越多,所有柱子的延长线大约相交于3.2公里的上空;柱子有卷杀但不显著,柱高2/5处外廓突出于上下直径两端连线最多,不过也只有1.7厘米左右,柱子因此却显得既有弹性又硬朗;台基上沿和额枋都有呈中央隆起的曲线,在短边隆起7厘米,在长边隆起11厘米;墙垣都有收分,内壁垂直而外壁微向后倾。因为上述所有这些曲线和倾侧会带来的精密变化,所以组成帕提农神庙外立面的每块石头几乎都不一样,而且都不是简单的几何形,但组砌在一起却能构成完整、统一、精妙的外形,使整个工程完成得精细完美、无懈可击。这不仅要求很熟练的石作技巧,而且要求很严谨的作风和严密的工程组织、协调工作,以及高昂的工作热情(见图4-37和图4-38)。

【名词解释】 "视差校正法":古希腊人已经发现,眼睛所感受到的尺度的精美关系,和真正造的时候的数的关系之间是不一样的,换句话

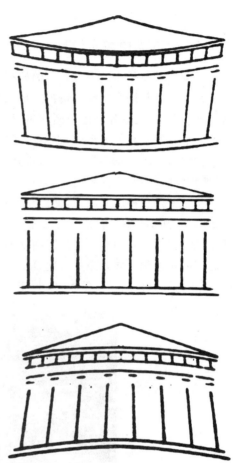

图 4-37　帕提农神庙的视差校正法示意图

图 4-38　帕提农神庙正立面

说,人对看到的对象和实际物象之间是有一个视觉差的,通过一个精微的数的关系的校正,可以使人的视觉感受更完美。比如说,额枋真正水平的建造,看起来却会觉得水平线呈中间下垂的倒圆弧形;立面端部的一跨,因为后面没有遮挡,透出天空的亮,看上去比实际的宽,所以缩小角开间会使它看上去反而和其他开间均衡。古希腊人对于完美精确的追求,以及对于人的视觉与数值之间关系的发现,是古希腊人对于西方建筑艺术的伟大贡献。

4.6.5 伊瑞克提翁庙(The Erechtheion)

伊瑞克提翁是传说中雅典人的始祖。伊瑞克提翁庙是爱奥尼柱式的庙宇,位于帕提农北面约 40 米,基址本身是一块神迹地,有东西向和南北向的断坎相交成直角,庙宇就坐落在这断坎之上,并巧妙地将这块断坎组织进了整个建筑的构思当中。因此,伊瑞克提翁庙有着复杂的平面关系和外观形体,它由中间连成一体的三个小神殿、朝北和朝东的两个门廊和一个女神柱廊组成。东面是主入口,是高高的爱奥尼柱式的六柱门廊;西立面由于位于断坎之下,地势较低,因此将柱廊高度缩短,在其下面建了一间地下室;北面的门廊规模最大,看过去像是一个独立神庙的门廊,突出于神庙的西端;南面的门廊较小,面阔三间,进深二间,用 6 个 2.10 米高的端丽娴雅的女郎雕像作柱廊,使落在断坎下的西部圣堂与断坎上沿搭接,巧妙地克服了西立面和南立面因断坎造成的构图上的脱节。女像柱廊与圣堂南墙的大片石墙之间的光影和形体的强烈对比,使石墙不再沉闷枯燥,也使女郎雕像得到明确的衬托(见图 4-39 至图 4-41)。(参见教材(上)P55)

图 4-39 伊瑞克提翁庙(公元前 421—前 406)

伊瑞克提翁庙的各个立面变化很大,体形复杂,但却构图完整均衡,各立面之间互相呼应,交接妥善,圆转统一,而且从每一个方向都能看到优雅的门廊,从西面甚至可以同时看到三个门廊。在整个古典时代,它的形式都是最独特的,前无古人(见图 4-42)。

伊瑞克提翁庙这样的安排在雅典卫城的整个建筑群构思当中有着重要的意义。体积不大的伊瑞克提翁庙(圣堂基底为 11.63 米×23.5 米)离高大的帕提农神庙只有 40 米,如果不采取积极的设计策略,而只是作一个常规的矩形体,它就会被帕提农神庙压倒,显得像个侏儒。因此,伊瑞克提翁庙采取了强烈的对比手法:用爱奥尼柱式同帕提农神庙的多立克柱式在风格上对比;用不对称的、复合的形体同帕提农神庙对称的、单纯长方体对比;用活泼轻巧对比帕提农神庙的凝重端庄;它的装饰虽然繁复,但色彩淡雅,对比出帕提农神庙的金碧

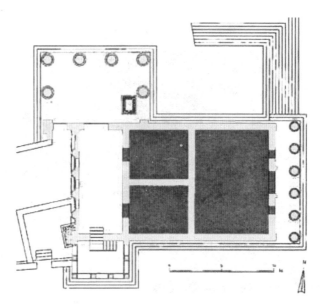

图 4-40　伊瑞克提翁庙平面图

图 4-41　伊瑞克提翁庙女神柱廊

辉煌；它以朝南的白大理石墙对比帕提农神庙朝北的柱廊，南墙上的石块经过刻意的磨光，也许有意用它反射阳光给帕提农神庙的北廊。这些对比的处理，不仅避免了重复的体形和样式，使建筑群丰富生动，而且在对比之下，伊瑞克提翁庙在建筑群中起到了十分重要的活跃作用，而免于沦为完全的配角。（参见教材（上）P55—56）

　　伊瑞克提翁庙建造于雅典与斯巴达的伯罗奔尼撒战争之后，这时的雅典已经走向衰落，伊瑞克提翁庙是希腊古典盛期的最后一个作品。

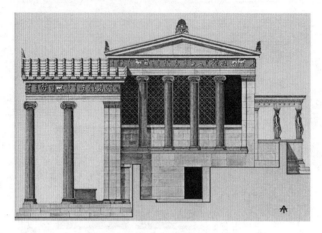

图 4-42　伊瑞克提翁庙剖面图

4.7　希腊化时期出现的新建筑类型

公元前 4 世纪后半叶,奴隶制经济的发展突破了城邦的限制,马其顿的腓力于公元前 338 年统一了希腊,随后他的儿子亚历山大大帝建立了版图包括希腊、小亚细亚、埃及、叙利亚、两河流域和波斯的大帝国,公元前 323 年之后又分裂成几个中央集权的君主国。直到公元前 31 年罗马人统一地中海地区,这个时期,叫作希腊化时期或希腊晚期。

在这一广大区域内,东西方经济文化大交流,手工业和商业达到空前水平,建筑也发生了相应的变化,建筑的领域扩大了,公共建筑物类型随之增多,诸如会堂、剧场、市场、浴室、旅馆、俱乐部等,其中一些功能性建筑形成了相应的成熟形制,艺术手法也随之丰富了。广泛使用了叠柱式和壁柱,科林斯柱式形成了自己的特点,纪念性建筑中流行起集中式的构图形制。

4.7.1　剧场和会堂

希腊化时期最大的成就是露天剧场和室内会堂。比较成熟的形制是:观众席作半圆形,利用山坡建造,逐排升高,以放射形的纵过道为主,顺圆弧的横过道为辅,出入方便,对观众视线的妨碍有限,视线和交通的综合处理很合理。表演区本来是一块圆形平地,供合唱队使用,在剧场的中心,后面有一座小屋,里面是化妆室和道具室等。公元前 4 世纪—前 3 世纪,随着戏剧本身的变化,演员的数量增多,重要性超过了合唱队,小屋扩大,并且开始使用舞台,小屋的外墙面即充作舞台的背景。原来的圆形表演区被切去了一部分,改成了伴奏乐队的乐池,小屋两端向前凸出,形成了初具雏形的舞台台口。古希腊形成的剧场基本形制一直沿用至今。

这一时期最著名的半圆剧场有埃比道鲁斯剧场(Epidauros Theater)(见图 4-43)和雅典卫城南麓的酒神剧场(Dionysos Theater)(见图 4-44)。有些剧场的规模很大,为了开全体公民大会,能容纳几万人,如麦迦洛波里斯(Megalopolis)的剧场(公元前 350 年),直径达 140 米。

据古罗马时期的军事工程师维特鲁威记载,剧场观众席的座位下面每隔一定距离安一个铜瓮,起共鸣作用,以改善音质。

图 4-43　埃比道鲁斯剧场

图 4-44　雅典卫城的酒神剧场

在麦迦洛波里斯剧场舞台化妆室小屋的后面,造了一个大会堂,平面是矩形的,66 米×52 米,大约能容纳 1 万人。座位沿三面排列,逐排升起。最巧妙的是室内的柱子都按以讲台为中心的放射线排列,使柱子不致遮挡讲台的视线。

从剧场和会堂来看,希腊化时期的公共建筑物在功能方面的推敲已经相当深入,对建筑声学也有了初步的认识,会堂的内部空间比较宽敞。这些都很有进步意义。

4.7.2　集中式纪念性建筑物

集中式纪念性建筑物是希腊化时期新出现的建筑形制。代表作是雅典的奖杯亭(Choragic Monument of Lysikrates)(见图 4-45)。奖杯亭在雅典卫城东面不远,是早期科林斯柱式的代表作。圆形的亭子高 3.86 米,立在 4.77 米高的方形基座上。亭子是实心的,6 根科林斯柱式的倚柱环绕在圆形石墙上。它的构图手法是:第一,基座和亭子各有一套完整的台基和檐部,构图独立,然后再谋求两者的协调统一。这是当时成熟的多层建筑组合普遍遵守的法则。第二,圆亭和方基座相切,这是圆形和方形体积间常用的交接法。第三,下部简洁厚重,越往上越轻快华丽,分划越细:下部用深灰色粗石灰石,表面处理比较粗糙,砖缝清晰,上部用白大理石,表面光滑,不露砌缝。这种处理,使它显得稳重而有树木般向上生

图 4-45 奖杯亭

长的态势。这是包括叠柱式、塔等在内的多层建筑物构图的一般手法,而且西方和东方不约而同地认识到了这种构图手法在高耸式纪念性建筑物上表达纪念性的作用(比较中国古代的塔,包括楼阁式塔和密檐式塔)。

【释义】 倚柱、壁柱的异同点:都是贴着墙面主要起装饰作用的柱子。倚柱保留圆柱的几何特征,凸出墙面在 1/2 以上;壁柱则是扁平地贴在墙身表面,凸出墙面不多。

4.7.3 市场敞廊和叠柱式

早在古典时期,城市中心的广场(Agora)除了庙宇、平准所、旅舍等之外,还会有敞廊(Stoa)。敞廊以长条形的居多,偶然有两端向外凸出的。城邦瓦解后,庙宇不再是城市中心,而代之以市场,市场敞廊得到了发展。它沿市场的一面或几面,长条形居多,开间一致,形象完整。敞廊多用于商业活动,也是法令颁布的地方。许多敞廊采用两层叠柱式,即下层用比例粗壮、风格质朴的多立克柱式,上层用比例颀长、风格华丽的爱奥尼柱式,上层柱子的底径等于或稍小于下层柱子的上径。上下柱都具备柱子、额枋、檐部完整的三部分,完备而规矩,不因叠置而省略或简化。叠柱的做法已是柱式运用于多层建筑的成熟手法(见图 4-46 和图 4-47)。

图 4-46　阿塔洛斯二世敞廊

图 4-47　阿塔洛斯二世敞廊底层内部

思考题

1. 分析思考古希腊圣地建筑群与中国传统园林设计思想的异同。
2. 分析思考古希腊神庙形制形成的过程及原因。
3. 总结古希腊三种主要柱式的特征。
4. 归纳"视觉校正法"的概念及主要做法。
5. 绘制雅典卫城的总平面示意图,并标注主要建筑。
6. 绘制伊瑞克提翁神庙的平面图,并分析这一建筑的主要特点。
7. 奖杯亭的造型特点是什么? 为何如此处理?

第 5 章　古罗马的建筑

（公元前 800—前 500 年）

"光荣属于希腊,伟大归于罗马。"

——欧洲谚语

"罗马人的建筑自始至终就是一种围绕仪式塑造空间的艺术。"（an art of shaping space around ritual.）

——Frank E. Brown

古希腊创造了它的神的世界引领他们生活,古希腊的各城邦有共同的神,有各种交流,但从来没有统一过。古罗马则强调帝国的统治,后期形成了强大的中央集权帝国制的国家。

古罗马建筑源自古希腊,但除此之外还有很复杂的渊源。相较古希腊而言,古罗马人吸收的前人文明更加广泛,一个明显的证据就是古希腊人尽管和西亚有文化交流,但一直没有把拱券穹窿的建造技术用在他们的建筑里。考古研究发现在罗马附近,古罗马最中心的区域留存有罗马的早期文化——伊特鲁里亚文化。

如果说希腊是欧洲文化,尤其是欧洲艺术的充分展示,还带有极强的感性发挥,那么罗马则更像欧洲古典文化的理性总结。[①] 拱券技术的突破和巨大帝国创造的财力,使它能够在平地上建立起巨大的石头纪念碑群——体量庞大的公共建筑,不但在此后近千年的时间里,一直影响着欧洲大陆(从作为采石场到作为临摹的范本),而且直到今天,每一个有幸亲临它遗址的人们,还是被它的宏大气氛所震撼,从中能深深地体会到西方古典文明所达到的不可逾越的高峰。

5.1　历史背景和地域特点

5.1.1　自然条件

罗马发祥于意大利半岛,狭长的半岛三面环海,水源丰富,中间矗立着纵贯南北的亚宁山脉。半岛气候温和,雨量充沛。东部多山,适于畜牧;西部有肥沃的平原,宜于种植橄榄、葡萄和农作物。由于海上交通方便,因此居民很早就与外界来往。

同希腊半岛相比,意大利半岛海岸平直,天然良港不多,海岸线上也缺乏岛屿。因此,意大

[①]　随着艺术史的研究和考古学的发展,历史研究上比较清晰地认识到古罗马建筑与古希腊建筑的区别是从 18 世纪后半叶才开始的,德国考古学家和艺术学家温克尔曼(J. J. Winckelmann)最大的贡献就是从艺术特征上把古希腊的建筑和古罗马的建筑区分开来,或者说把古典建筑的形成和演变从艺术特征的角度分出不同的时期。

利半岛不像希腊半岛那样被分隔成相对闭塞的小城邦,而是易于形成统一的国家(见图 5-1)。

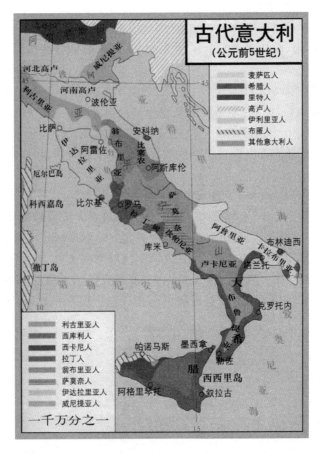

图 5-1　古代意大利半岛地图

　　意大利的地质成分与希腊也不同。希腊重要的建筑材料是大理石和陶土,而罗马除大理石和陶土外,尚有一般的石料、砖料、沙子及小卵石等,都是上等的建筑材料。特别重要的是意大利的火山灰,是一种最早的天然水泥,用它可以调成灰浆和混凝土。它的使用是一场革命,完全改变了建筑结构系统,从而改变了建筑面貌,使得罗马有可能建造体量轻、跨度大的建筑。

5.1.2　社会背景及年代分期

1. 罗马的兴起

　　公元前 2000 年,一批印欧人从东北方向进入意大利半岛,其中有一支为拉丁人,定居在中部的拉丁平原,在这里发展起农业生产,建立起一些城市,其中最重要的是罗马。

　　罗马城是以台伯河(Tiber River)边距离西海岸不远的七座山丘上的村落为起点发展起来的。公元前 1000 年,山丘上陆续出现了原始村落,这些村落为后来的罗马城奠定了基础,因此罗马又被称为"七丘之城"。

2. 公元前 8 世纪—前 6 世纪,伊特鲁里亚时期(Etruscan)

　　公元前 7 世纪末,伊特鲁里亚人逐渐占据了拉丁平原,包括罗马的所在地,并在这一带周围筑起城墙,把它建成了一座城市。

罗马的早期文化主要来自两个方面,一个是伊特鲁里亚人,一个是希腊人。现在的历史学家,大多认同伊特鲁里亚人来自小亚细亚,是他们把拱券技术带到了罗马。希腊人则通过在意大利建立的殖民地,向拉丁人贡献了字母表、若干艺术(包括建筑)和神话等。

3."王政时期"

根据传统的说法,罗马最初经历了一个"王政时期",先后有 7 个王统治罗马,其中最后 3 个王是伊特鲁里亚人。这一时期是罗马从原始公社制向阶级社会过渡的阶段。传说最初的罗马有 300 个氏族,10 个氏族组成一个胞族,称为库里亚。由氏族长组成的元老院有权处理公共事物,有权批准或否决库里亚会议的决议。库里亚大会通过和否决一切法律,选举一切高级公职人员。

4.公元前 6 世纪—前 30 年,罗马奴隶制共和国时期

由于暴政,公元前 509 年,罗马爆发了反对伊特鲁里亚人统治的斗争,废除了罗马的王,建立了独立的城邦。与希腊城邦制不同的是,贵族始终是罗马城邦统治的主体。

罗马人似乎更关注军事。依靠强大的"罗马军团",罗马人在公元前 3 世纪统一了意大利半岛,并且不断向外扩张。到公元前 1 世纪末,罗马人统治了东起小亚细亚和叙利亚,西至西班牙和不列颠的广阔地区,北面包括高卢①,南面包括埃及和北非(见图 5-2)。

图 5-2　古罗马极盛时期版图(公元前 1 世纪—公元 2 世纪)

也许正是由于军事战争的需要,罗马人对技术的热衷远胜于艺术,最初的建筑成就也体现在市政设施上。

统一意大利后,罗马开始向外扩张,到公元前 2 世纪,罗马在地中海确立了霸权地位。

罗马共和国从建立初起的近 500 年时间里,不断地进行战争与侵略,客观上促进了罗马与其他地区的文化交流。尤其是希腊,成为统治阶级学习的对象,为奴隶主服务的教师、医生、乐师、演员、艺术家和奴仆,包括建筑师,几乎全部换成了希腊人,罗马的生活和文化迅速希腊化。

---

① 高卢,相当于现在的法国、瑞士的大部分以及德国和比利时的一部分。

5. 公元前 30 年—公元 476 年,罗马帝国时期

公元前 30 年屋大维(Octavianus)战胜安东尼,结束了罗马长期的内战,也结束了罗马共和国的历史,成为罗马唯一的统治者。公元前 27 年,屋大维确定了绝对专制的元首制度,元老院授给他"奥古斯都"的称号(意为至尊至圣),罗马历史进入奴隶制帝国时期(见图 5-3)。

图 5-3　屋大维雕像

由于控制了强大的军队,建立了有效的行政管理体制,加之理性的法律(罗马制定了人类最早的国际法——《万国法》),从屋大维开始的大约 200 年里,罗马帝国维持了比较稳定的统治,经历了它的极盛时期,这在历史上称为"罗马的和平"。

巨大的财富,使罗马人把城市文化发挥到了极点,大量的人口涌入罗马城,大型的娱乐建筑不断出现。暴戾的奴隶主把体力劳动和文化教育工作都交给奴隶去做,自己尽情享受,竞相豪华。罗马城内许多著名建筑也是这时开始修建的(见图 5-4)。

图 5-4　古罗马鼎盛时期罗马城的模型

【电影】《埃及艳后》:美国电影(1963 年),通过古埃及皇后克娄帕特拉与两个情人之

间的爱情故事,再现了古罗马时期埃及与罗马两大帝国之间的政权与爱恨纠葛。在上集中,野心勃勃的埃及女王为了政治目的,以美色诱惑罗马帝国的恺撒大帝,以便借助他的力量从弟弟手中夺回王位;下集中,恺撒被行刺,她又将目标转向大将军马克·安东尼。

《角斗士》:美国电影(2000 年),以古罗马为背景的历史大片。剧中的主人公马克西默斯是一位战功赫赫的罗马帝国将军,麾下的帝国军团无坚不摧。行将作古的帝国皇帝马库斯·奥里利乌斯有意选择他继承皇位,招致康默迪乌斯的极度妒恨。他谋夺了皇位之后便下令处死马克西默斯和他的家人。虽然马克西默斯最终免于一死,但还是被贬为奴,进而被训练成一名角斗士,为嗜血的人们表演一幕幕你死我活的搏杀。最后,马克西默斯终于有机会与康默迪乌斯面对面地站在罗马城的大角斗场上,进行一场生死决斗。

6.基督教的兴起

基督教于公元 1 世纪时产生于罗马帝国统治下的犹太民族所居住的巴勒斯坦地区,犹太教的宗教背景和罗马帝国的社会历史事件,推动了基督教的产生。

犹太民族长期生活在动荡灾难中。同其他任何宗教一样,犹太教在发展过程中也不断受到其他文化的影响(尤其是希腊哲学和东方神秘主义宗教),产生了不同派别之间对教义的争论。

公元 1 世纪时,耶稣开始了自己的传道活动,传扬上帝要在世上建立天国的福音。他教导世人承认自己有罪,悔改方能得救;他对一切被传统律法和统治阶层认为有罪的人、贫困下贱的人说,只要他们信从他的教训表示悔罪,都将得到上帝的救赎,进入天国。虽然耶稣仍信仰犹太人的那个上帝,但其内容已经有了改变。耶稣宗教思想的最大特点,是他认为上帝是父亲而邻人是兄弟。在此基础上,他更强调上帝对人类的爱和人对上帝的爱,以及人与人之间的兄弟之爱。因而他把对传统律法的被动性遵从变为一种主动承担的道德义务和道德责任,这显然具有一种反传统的新宗教思想。另外,耶稣关于"天国近了"、悔罪得救的宣传也迎合了犹太人久已盼望的在上帝派来的救世主的帮助下摆脱苦难、建立千年王国的希望。

耶稣在传播福音时,还施行各种超自然奇迹,为人解急救难,赶鬼治病。并不顾个人危险,到犹太圣地耶路撒冷圣殿公开传道,以自己的死见证了旧约先知的预言:上帝将派其子作为救世的"弥赛亚",即救世主。从此,他的门徒深信耶稣就是犹太人世代期待的救世主,即基督(希腊语中称"救世主"为基督),他们继续在各地宣扬他的教诲和上帝的福音,形成初期的基督教和基督教会(见图 5-5)。

产生于古罗马的基督教对后世欧洲的历史和文化产生了极为重要的影响。

7.罗马帝国的衰落

落后的奴隶制限制了技术的进步,在经历了近 200 年的辉煌后,庞大的帝国终于无法应付政治上和经济上的重重危机,从 3 世纪起罗马帝国开始衰落。虽然戴克里先皇帝和君士坦丁皇帝(见图 5-6)采取了高压政策和分区治理(即将国土分成东西两部分,设共同皇帝分管),但奴隶制末期的阶级矛盾仍得不到解决。

由于罗马帝国西部历经战乱,日益走向衰落;东部比较富裕,文化发达,又便于对东方领土进行控制,因此君士坦丁在其当政期间,在希腊旧城拜占庭建立了新都,定名为君士坦丁堡。

由于奴隶起义、罗马帝国北部疆界外日耳曼人的不断强大与入侵,以及西哥特人的起义(与匈奴入侵欧洲有关),加之统治阶级内部争夺权利,罗马帝国在 395 年正式分裂为东、西两部分(见图 5-7),西罗马帝国仍然以罗马为都城,东罗马帝国建都在君士坦丁堡(见图 5-8)。

图 5-5　弥赛亚(基督)的画像

图 5-6　君士坦丁皇帝雕像

图 5-7　东、西罗马帝国疆域地图

图 5-8　君士坦丁堡

公元476年,日耳曼雇佣军的将领奥多亚塞(Odoacer)废除了西罗马的最后一个皇帝慕洛,西罗马帝国灭亡,西欧的奴隶制也随之崩溃。

5.2 古罗马建筑的成就及其原因

公元1—3世纪是古罗马帝国最强大的时期,也是建筑最繁荣的时期。古罗马把希腊的文明带到欧洲,特别是带到欧洲西部(西欧在罗马人统治之前还是原始的部落文化),真正奠定了西方文明的基础。当时,重大的建筑活动遍及帝国各地,不列颠、高卢、巴尔干、小亚细亚、西亚、西班牙、北非,都有大量水平很高的城市建设和大型建筑,尤其是它们的一些驻防军的营垒城市。最重要的建筑成就集中在罗马本城。古罗马建筑规模之大,质量之高,数量之多,分布之广,类型之丰富,结构水平之高,形制之成熟以及艺术形式和手法之多样,旷古未有。在古希腊建筑的基础上,古罗马极大地发展了建筑技术、丰富了建筑类型和扩大了建筑规模,初步建立了建筑的科学理论,对后世欧洲的建筑,甚至全世界的建筑,产生了巨大的影响。

古罗马建筑繁荣的原因主要有以下几个:

(1)它统一了地中海沿岸最先进、富饶的地区。这一地区里本来就有一些文化和建筑相当发达的国家,尤其是分布于意大利半岛南部、希腊、小亚细亚、叙利亚、埃及等地的各个希腊化国家以及古老的伊特鲁里亚。这一广大的地区统一于罗马之后,它们的文化和建筑交流融合,促进了新的高涨。古罗马建筑的伟大成就,是这个地区人民共同的成果,其中最重要的是希腊的建筑形制和造型,其次是伊特鲁里亚人(Etruria)以拱券为主要特征的工程技术(见图5-9)。罗马城的大规模建筑活动,就有大量希腊人和伊特鲁里亚人参加,其中许多是身为奴隶的有很高技艺的工匠,甚至是建筑师。

图5-9 拱券结构

（2）公元前 2 世纪到公元 2 世纪,是古罗马奴隶制度的极盛时期,生产力达到了古代世界的最高水平,经济发达,技术空前进步。

（3）古罗马建筑都是为现实的世俗生活服务的。古罗马现实的世俗生活极其发达,因此古罗马建筑创作领域广阔,建筑类型多,大量的实践开拓了人们的思路,建筑形制推敲得很深入、特化而成熟,从而使得古罗马建筑的功能适应性很强。

【观点】 由于拱券结构的大力发展和在建筑中的普遍使用,古罗马建筑与古代任何其他国家的建筑,包括各希腊化国家的建筑,都大不相同(古西亚虽然也大量使用拱券,但主要应用于城墙和大门等处,建筑内部还是普遍采用梁柱式结构)。古罗马建筑内部空间发达,可以满足各种复杂的要求,适应性很强,并且发展了建筑的内部空间艺术,也完善了柱式和拱券相结合的艺术手法。

5.3 古罗马建筑的历史分期

古罗马的建筑分为三个时期,分别为伊特鲁里亚时期、罗马共和国盛期和罗马帝国时期。

（1）伊特鲁里亚时期(公元前 8 世纪—前 2 世纪),吸收了西亚拱券和穹窿的经验,也在很大程度上吸收了古希腊人的文化[①],其建筑在石工、陶瓷构件、拱券结构等方面成就突出。

（2）罗马共和国盛期(公元前 2 世纪—前 30 年),在公路、桥梁、街道、输水道等城市建设方面成就非凡,同时继承了大量希腊和小亚细亚的文化,公共建筑建设十分活跃,并建造了罗马大角斗场(见图 5-10)。

图 5-10 罗马大角斗场(建于公元 72—80 年)

---

① 有人说伊特鲁里亚文化可以看作是古希腊文明的一种,但它有着自己的地域性特征。

(3)罗马帝国时期(公元前 30 年—公元 476 年),前期是帝国歌颂权力、炫耀财富、表彰功绩的时期,建造了雄伟的凯旋门、纪功柱、广场、神庙等,剧场、浴场等公共建筑也日趋宏大豪华。帝国分裂继而东罗马迁都拜占庭(公元 395 年)后,西罗马的建筑活动进入低迷期,直到公元 476 年灭亡。

5.4　天然混凝土

支持古罗马城市巨大的建筑规模、大大促进古罗马拱券结构发展的是良好的天然混凝土。它的主要成分是一种活性火山灰,加上石灰和碎石之后,凝结力强,坚固,不透水。它与现代意义上的混凝土最大的区别就在于它使用的凝结材料是活性火山灰,而现代混凝土使用的是水泥[①]。起初用天然混凝土来填充石砌的基础、台基和墙垣砌体里的空隙,大约在公元前 2 世纪开始成为独立的建筑材料。到公元前 1 世纪中叶,天然混凝土在拱券结构中几乎完全代替了石块,从墙脚到拱顶均是天然混凝土。

天然混凝土在古罗马迅速发展的条件是:①它的原料的开采和运输都比大块石材廉价、方便;②它可以用浮石或其他轻质石材的碎石作骨料,节约石材;③除了砌券等少数工序需要熟练工匠外,它可以大量使用没有技术的奴隶,降低了对高水平技术工匠的需求,减少了劳动力成本。(参见教材(上)P67)

公元前 2—3 世纪,混凝土拱顶和穹顶在技术上采取了一项革新:在浇筑筒形拱前,每隔 60 厘米左右,先用砖砌券,两券之间用若干砖带连接,从而把拱顶划分为许多小格,混凝土浇进小格里,同砖券等凝结成一个整体。这种做法的好处是:①混凝土在浇筑过程中有砖格收束,不至于在拱的两侧向下流动;②混凝土收缩均匀,不至于产生裂缝;③可以分段浇筑;④砖券承重,可以使用较薄的模板,节约木材(见图 5-11)。材料和施工技术的进步,使得古罗马大规模的公共建筑得以迅速发展。如罗马城里帕拉丁山(Palatine)皇宫里有一座大殿,面积是 29.3 米×35.4 米,用一个筒形拱覆盖(见图 5-12);罗马城里的万神庙(Pantheon)的穹顶,直径达 43.3 米(见图 5-13)。它们不仅是整个古代世界里最大的拱顶和穹顶,而且一直保持着拱顶和穹顶的最高世界纪录。

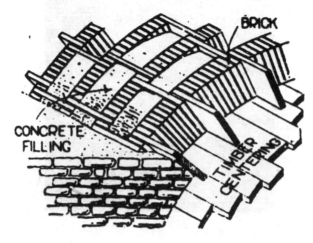

图 5-11　肋架拱

[①]　世界上最早的水泥是 1824 年英国发明生产的"波特兰水泥"。比古罗马使用活性火山灰晚了 2100 年。

图 5-12　帕拉丁山皇宫遗址

图 5-13　古罗马万神庙内景(建于公元前 25—前 27 年)

5.5　拱券技术的发展

　　从古西亚开始,拱券技术的优势是以小的材料来获得建筑的大跨度与大空间(梁柱系统的跨度一定要依靠建造梁的石材的尺度,超越材料的极限就没法建造)。古罗马人将其发展得非常丰富。筒形的拱可以获得长条的空间,而且还发展为十字交叉拱,四面都可以开放,获得更灵活的开敞空间(见图 5-14)。可以说,有卓越的拱券技术才有了宏丽的罗马建筑。罗马建筑典型的布局方法、空间组合、艺术形式和风格,以及某些建筑的功能和规模等都同拱券结构有密切的联系。甚至,罗马的城市选址、人口规模、格局和大型公共建筑的分布等也都与混凝土的拱券结构技术密不可分。早在公元前 4 世纪,罗马城的下水道已有发券;公元前 2 世纪,陵墓、桥梁、城门、输水道等工程开始广泛使用拱券,技术水平已经相当高。

　　【观点】　古罗马人虽然大量继承了古希腊的建筑遗产,如柱式,如神庙、会堂等公共建筑的形制,但古罗马人并没有依赖古希腊的柱梁结构,它继承的遗产都经过拱券技术的改造,改变了建筑的形制、形式和风格。古希腊的柱式也是在古罗马时期和拱券技术结合之后大大扩充了它的艺术手法,拓宽了它的适应性,从而增加了生命力。正是拱券技术保证了古

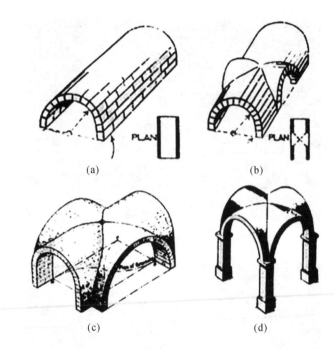

图 5-14　筒拱—十字拱的发展

罗马人不会成为希腊的简单模仿者。

5.5.1　叠涩拱(假拱)与真拱

　　叠涩拱是用砖石层层堆叠向内收最终在中线合拢成的拱,利用的是砖块的悬挑受力功能。古埃及最早使用了叠涩拱,但最著名的还是爱琴文化时期迈锡尼卫城的狮子门。真拱是由楔形石块沿拱的圆弧相互挤紧,共同承受来自上部墙体的荷载。

　　与叠涩拱相比,真拱出现得较晚,也更加复杂。叠涩拱的轮廓线是一段曲曲折折的线,而真拱则是一段弧线,而且构成真拱的黏合线不像叠涩拱那样是平行线,而是放射线。组成真拱的砖甚至根本不用黏合,因为建筑本身的重量已经将这些砖紧紧地压在了一起,最终将它上面的重量沿弧形传递到最下面的两块砖上(见图 5-15)。拱券施工时先用一个临时支架(即"拱模",通常是木质的)或利用土丘辅助,建成之后拆除。

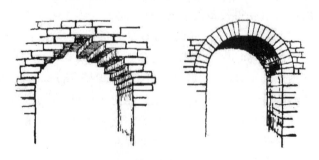

图 5-15　叠涩拱(假拱)与真拱

5.5.2 拱—筒拱—十字拱—拱顶体系—肋架拱

在隧道形的模上发券形成一系列的拱,便组成了筒形拱顶。虽然筒拱有许多优点,但因为体形大、分量重,又需要有连续的承重墙负荷,因此对建筑造成了很大的束缚。为了突破这种限制,古罗马人做了许多创新和尝试,最有效的方法是始于 1 世纪中叶的十字拱,即两个筒形拱顶直角正向相交组成交叉拱顶。十字拱覆盖在方形的"间"上,只需要四角有支柱用以承重,而不必连续的承重墙来支撑,且十字拱便于开侧窗,有利于大型建筑物内部的采光。

虽然摆脱了承重墙,将拱顶架在四个支柱上,但是十字拱需要新的方法来平衡它的侧推力。公元 2—3 世纪,出现了多拱组合的方式。具体方法是:一列十字拱串联互相平衡纵向的侧推力,而横向的则由两侧的几个筒形拱抵住侧推力,筒形拱的纵轴同这一列十字拱的纵轴相垂直,它们本身的横推力互相抵消,只在最外侧才需要厚厚的墙体抵住。这是古罗马又一个极有意义的创造。在这套复杂的拱顶体系下,建筑获得了宏大开阔、流转贯通的内部空间,初步形成了有轴线的内部空间序列(见图 5-16)。

图 5-16　十字拱顶体系

从单个的拱到连续的筒形拱,再到解放了连续承重墙、空间开放、便于组合的十字拱,最后形成灵活变通的拱顶体系,古罗马人将拱券技术大大向前推进,使得大型公共建筑所需要的空间序列可以形成。这是古罗马人在继承的拱券技术上所作的突破性进步。

公元 4 世纪后,奴隶制已近末期,奴隶数目急剧减少,普通工匠大量替代了奴隶,劳动力比奴隶贵得多,但技术水平和积极性则比奴隶高,因此工程建造上希望用更高明的技术来减轻结构,节约石材和模架,出现了一个拱顶的新做法:先筑一系列发券,然后在它们之上架设石板。这种新做法称为肋架拱（Ribbed Vault），其基本原理是将拱顶区分为承重部分和围护部分，从而大大减轻拱顶，并且把荷载集中在券上以摆脱承重墙，也能节约模架。但当时古罗马已经很没落，建设规模小，这类新技术没有得到很好的推广和改进。直到中世纪肋架拱才得到了大大发扬。

5.6 柱式的发展与定型

古罗马人继承了古希腊的柱式，并在新的条件下将它大大地加以发展。公元前 4 世纪，受意大利境内希腊城邦的影响，古罗马人开始使用柱式，并创造了一种最简单的柱式——塔司干柱式（Toscan Ordre）。古罗马吞并古希腊后，继承了古希腊的三种柱式并加以发展，形成了塔司干、多立克、爱奥尼、科林斯及组合式[①]五种柱式，与希腊的三种柱式并称"古典柱式"（见图 5-17）。

图 5-17 古罗马五种"古典柱式"

工匠们为了解决柱式同古罗马建筑的矛盾，必须解决以下三个方面的问题：

第一个要解决的是柱式同拱券结构的矛盾。古罗马大型建筑多用拱券结构，并使用天然混凝土材料，规模巨大，且视觉上给人以粗糙生硬之感。支承拱券的墙和墩子又大又重，必须进行装饰，同时又必须使它们能和同时流行着的梁柱结构的柱式艺术风格相协调。古罗马人想到用柱式去装饰粗笨的拱券结构，长期的实践结果后，产生了后来被称为"券柱式"

---

① 塔司干柱式也称伊特鲁里亚式，是由多立克柱式变粗变短而成的，柱身没有凹槽，下有柱础。组合柱式由爱奥尼柱式和科林斯柱式组合而成，柱头是两种柱式柱头的叠加，科林斯柱头在上，装饰线脚更为细密丰富。

的组合。券柱式是在墙上或墩子上贴装饰性的柱式,从柱础到檐口,一一具备,把券洞套在柱式的开间里,券脚和券面都用柱式的线脚装饰,取得细节的一致,以协调风格。柱子和檐部等保持原有的比例,但开间放大。柱子凸出于墙面大约 3/4 个柱径(见图 5-18)。

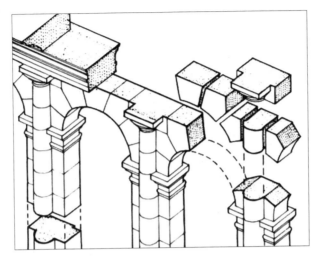

图 5-18 券柱式

这种券柱式的构图很成功。方的墙墩同圆柱对比着,方的开间同圆券对比着,富有变化,但又十分契合:圆券同梁柱相切,有龙门石和券脚的线脚加强它们之间的联系,加上一致的装饰细节,所以很统一。这样一来,柱式成了拱券建筑单纯的装饰品[①],柱子倚在墙墩上,轮廓的重要性降低了,失去了希腊柱子那种精致的敏感性,虽然有损于结构逻辑的明确性,但使得柱式同古罗马的巨型建筑相结合,柱式的使用方式变得更灵活。后来到文艺复兴时期、巴洛克时期一直到近代的上海外滩,一直沿用这种灵活的方式来使用柱式,形成西方建筑艺术特征最重要的一个元素。

另一种拱券和柱式的结合方法是把券脚直接落在柱式柱子上,中间交接的地方垫一小段檐部。这种做法称为“连续券”,只适用于很轻的结构(见图 5-19)。

第二个要解决的是柱式和多层建筑物之间的矛盾。最常用的办法是将希腊化时期的叠柱式向前推进一步,底层用塔司干柱式或新的罗马式多立克柱式,二层用爱奥尼柱式,三层用科林斯柱式,如果还有第四层,则用科林斯式壁柱。罗马的叠柱式还有新的法则:上层柱子的轴线比下层的略向后退,显得稳定,而且在古罗马,极少有纯柱式的叠加,几乎都是券柱式的叠加(见图 5-20)。叠柱式的构图尺度比较准确,但局限于水平分划,变化少,不易突出重点。因此,有另一种做法,就是一个柱式贯穿二层或三层,名为巨柱式。这种做法能突破水平分划的单调,同叠柱式合用,能突出重点。但缺点是巨柱的尺度失真。

第三个要解决的是柱式和古罗马建筑巨大体积之间的矛盾。古罗马建筑远比古希腊的高大,而柱式却不宜于简单地等比例放大,否则会显得笨拙、空疏,失去正常的尺度感。所以就必须使柱式更富有细节,因而采用复合线脚代替简单线脚,并用雕饰来丰富柱式。因此,

① 在希腊梁柱结构中,柱式是作为承重结构的梁柱自身的直接表现形式,与古罗马贴在外表皮的柱式在结构上有着本质的不同。

图 5-19　西班牙塞哥维亚城古罗马输水渠的连续券

装饰复杂的科林斯柱式受到重用,并且还流行一种新的复合柱式,就是在科林斯柱头之上再加一对爱奥尼式的涡卷。塔司干柱式和新的多立克柱式基本不在庙宇和公共建筑中单独使用,而是大多用于叠柱式的下层。古罗马柱式这种华丽、细密的趋向使它慢慢失去了希腊柱式的典雅和端庄;而且,柱式到了罗马时代,多数已经不是结构构件,也不再是建筑风格的赋予者,而仅仅是粗大拱券建筑的一种装饰品,因此比古希腊柱式退步了。(参见教材(上)P71—72)

　　但是,罗马柱式的规范化程度很高,柱式被当作建筑艺术的最基本要素进行了深入的研究,厘定了详尽的规则。奥古斯都时代的军事工程师维特鲁威(Marius Vitravii Pollinis)写的《建筑十书》就用很大的篇幅研究了柱式。

5.7　维特鲁威与《建筑十书》

　　维特鲁威早年先后在恺撒和屋大维(公元前 31 年称帝后号"奥古斯都")麾下从军,从事军事工程建设。他又是一位"希腊学"的学者,读过一些古希腊的著作。

　　《建筑十书》书分十卷,因而得名。其主要内容有:建筑师的修养和教育,建筑构图的一般法则,柱式,城市规划原理,市政设施,庙宇、公共建筑和住宅的设计原理,建筑材料的性

图 5-20　古罗马大角斗场的叠柱式

质、生产和使用,建筑构造做法,施工和操作,装修、水文和供水,施工机械和设备等,内容十分完备(见图 5-21)。

　　古罗马的建筑事业发达,因而建筑著作也应运而生,不过流传下来的却只有维特鲁威的《建筑十书》。虽然在中世纪仍然有许多其他建筑著作的抄本传世,但影响不大。文艺复兴时期(1482 年)印刷出版后,《建筑十书》成了欧洲建筑师的基本教材,奠定了学院派建筑教育的基本框架,在全世界建筑学史上的地位独一无二,文艺复兴时期的许多建筑学著作都是模仿它的。

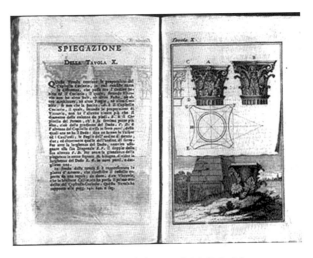

图 5-21　维特鲁威撰写的《建筑十书》

《建筑十书》的第一个成就是奠定了欧洲建筑科学的基本体系。这个体系很全面，2000年来，虽然建筑科学取得了巨大的进步，但它奠定的体系依然有效。

它的第二个成就是十分系统地总结了古希腊和早期古罗马建筑的实践经验，态度是科学的、客观的、求实的，基本上没有玄学或神学气息。例如，关于建筑选址，他探讨了建筑物的性质、它同城市的关系、地段四周的现状、道路、地形、朝向、风向、阳光、水质污染等；讲解抹灰时，不但详细叙述了从消化生石灰、制砂浆、打底子直到刷最后一道罩面的颜色浆的全部工序和操作方法，而且说明了为什么灰浆中不能有未消化的生石灰颗粒，还提出了在潮湿的地方保证抹灰层耐久的办法和灰浆成分。

第三个成就是相当全面地建立了城市规划和建筑设计的基本原理，以及各类建筑物的设计原理。他指出"一切建筑物都应当恰如其分地考虑到坚固耐久、便利实用、美丽悦目"，并把这一主张贯彻进了全书的各个方面中。他总结的建筑类型很广泛，对于住宅、剧场等设计原理的探讨，深入而周密。

第四个成就是把理性原则和直观感受结合起来，把理想化的美和现实生活中的美结合起来，论述了一些基本的建筑艺术原理。它强调建筑物整体、局部以及各个局部之间、局部与整体之间的比例关系，强调它们必须有一个共同的量度单位，以此出发，详尽地总结了古希腊晚期和罗马共和时期的柱式经验，并根据男女人体的比例阐明了多立克柱式和爱奥尼柱式的不同的艺术风格，把以数的和谐为基础的毕达哥拉斯学派的理性主义同以人体美为依据的古希腊人文主义思想统一起来，认为最和谐的比例存在于人体。他对建筑美的研究，始终联系着建筑物的性质、位置、环境、大小、观赏条件以及实用、经济等，并注意根据各种情况修正规则。（参见教材（上）P73—74）

当然，《建筑十书》也存在缺点。除了当时科学发展水平的历史局限之外，主要反映为三点：①为迎合奥古斯都皇帝的复古政策，有意忽视共和末期以来拱券技术和天然火山灰混凝土的重大成就，贬低它们的质量；②对柱式和一般的比例规则，作了过于苛刻的数字规定；③文字有些晦涩，有些地方语焉不详，以致文艺复兴以来有些人通过钻空子对其文字随意进行解释。

5.8　广场的演变

古罗马的城市里，一般都有中心广场（Forum）。罗马城[①]从共和时期到帝国时期，在帕拉丁山、卡比多山和基里纳尔山之间的低地里，先后造了许多广场，形成了广场群。这些广场的演变鲜明地表现出建筑形制同政治体制的密切关系，表现出从共和制到帝制，皇权被强化的变化过程。

5.8.1　共和时期的广场

罗马共和时期（公元前509—前30年）的广场继承古希腊晚期的传统，是城市的社会、政治和经济活动中心，有时也用作角斗场，是开放的广场形式。周围散布着庙宇、政府大厦、演讲台、平准所、商场、牲口市、作坊和小店，以及作为法庭和会议厅的巴西利卡（Basilica）。

---

①　根据大量的考古发掘发现，现在的罗马城经历了历史上许多"层"的发展，在古罗马之后又经历了中世纪、文艺复兴、巴洛克等辉煌的时代，有很伟大的建造。

没有事先的统一规划,每幢都是独立
的,有自己的面貌。稍晚一点的庞贝
城(Pompeii)的广场,在周围造了一圈
两层的柱廊,使广场的面貌完整了一
些(见图 5-22)。

　　罗马共和时期广场的典型是帕拉
丁山和卡比多山山脚下的罗曼努姆广
场(Forum Romanum)。广场大体呈
梯形,但并不是很规整,长约 115 米,
宽约 57 米。它完全开放,城市干道从
中穿过。广场周围有元老院(类似于
现在西方国家的上议院),有罗马最重
要的巴西利卡如艾米利巴西利卡

图 5-22　庞贝城的广场复原图

(Basilica Aemilia,大厅为 70 米×29 米)和珊普洛尼亚巴西利卡(Basilica Sempronia,帝国时
期改建为尤利亚巴西利卡 Basilica Julia,大厅为 101 米×49 米),还有庙宇,以及商业性房屋
和政府大厦。罗曼努姆广场的构成和布局鲜明地反映了罗马共和制度的特色(见图 5-23 和
图 5-24)。

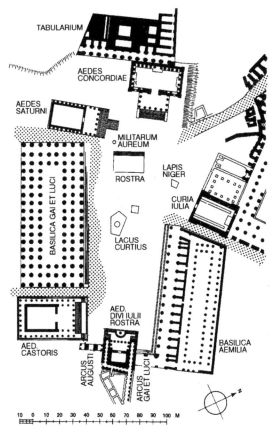

图 5-23　罗曼努姆广场平面图

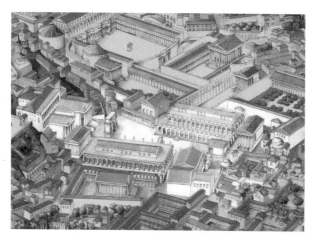

图 5-24　罗曼努姆广场复原图

5.8.2　帝国时期的广场

到了帝国时期,广场形制发生了变化,由原来的城市公共生活中心变成了国王炫耀功绩的场所,由开放变得越来越封闭和具有纪念性,强调人工秩序的安排、人工环境的控制,也彰显着帝国的统治力量。恺撒广场(Forum Caesar)是一个过渡,到奥古斯都广场和图拉真广场已完全变成宣扬皇帝个人功绩的场所。

(1)恺撒广场。恺撒广场在罗曼努姆广场边上,是一个封闭的、按完整的规划建造的广场。小店和作坊没有了,只在两侧保留了钱庄和讲演的敞廊。恺撒广场第一个定下了封闭的、轴线对称的、以一个庙宇为主体的广场的新形制。广场上各个建筑物失去了罗马共和时期广场上那样的独立性,被统一在一个构图形式当中。广场总面积是 160 米×75 米,立在后半部的是围廊式的维纳斯庙,前廊有 8 根柱子,进深 3 跨,广场成了庙宇的前院。维纳斯是恺撒家族的保护神,因此,广场隐然是恺撒个人的纪念物。广场中间还立着镀金的恺撒骑马青铜像。这个广场宣告了罗马共和制的结束和帝国时代的来临(见图 5-25)。(参见教材(上)P77)

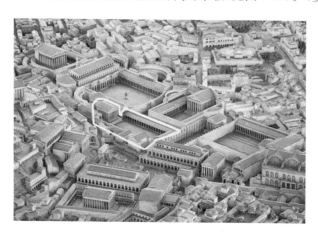

图 5-25　恺撒广场(公元前 54—前 46 年)

（2）奥古斯都广场。恺撒的继承人奥古斯都最终击败了共和派的反抗，建立了个人的独裁，成为古罗马的第一位皇帝，于是在恺撒广场旁边又造了一个奥古斯都广场（Forum Augustus）。广场总面积是 120 米×83 米，它比恺撒广场更进一步，纯为歌功颂德，连钱庄也没有立足之地了，只在两侧各造了一个半圆形的讲堂给雄辩家用，显示出一点罗马共和时代的残余。广场轴线底端的围廊式庙宇是献给奥古斯都的本神——战神的，庙宇面阔 35 米，前廊 8 根柱子，柱高 17.7 米，底径达 1.75 米，立在 3.55 米高的台基上，完全控制了广场。广场周边有一圈单层的柱廊，把庙宇衬托得很高峻（见图 5-26）。（参见教材（上）P78）

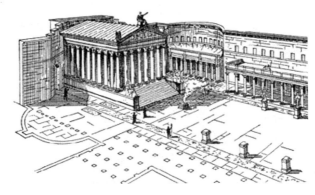

图 5-26　奥古斯都广场（公元前 42—公元 2 年）

（3）图拉真广场。帝制建立以后，古罗马皇帝渐渐汲取东方君主国的习俗，建立起一整套繁文缛节来崇奉皇帝，到真正统一了罗马全境的图拉真时期，竟至几乎要把皇帝崇拜宗教化了。奥古斯都广场旁边建造的图拉真广场（Forum Trajan）是罗马最宏大的广场。广场的形制参照了东方君主国建筑的特点，不仅中轴对称，而且作多层纵深布局，在沿轴线 300 米的深度里，布置了几进建筑物：正门三跨的凯旋门→进门 120 米×90 米的广场（广场纵横轴线交点上立着图拉真镀金骑马青铜像）→乌尔比亚巴西利卡（Basilica Ulpia，120 米×60 米，古罗马最大的巴西利卡之一）→立在 24 米×16 米小院子当中的图拉真纪功柱→围廊式的大院子→围廊式的图拉真庙（见图 5-27 和图 5-28）。

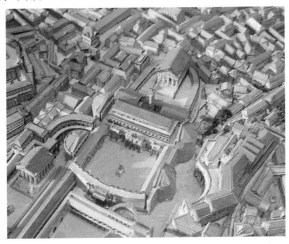

图 5-27　图拉真广场（公元 109—113 年）

图 5-28　乌尔比亚巴西利卡室内复原图

【观点】　图拉真广场的几进建筑物之间,不断进行着室内室外空间的交替,空间的纵横、大小、开阔、明暗交替,雕刻和建筑物的交替,有意识地利用这一系列的交替酝酿建筑艺术高潮——也是皇帝崇拜的高潮的到来。在运动中展开和深入,这是建筑艺术的重要特点,可以是沿轴线展开,也可以像古希腊圣地那样顺应自然地形、沿着游行队伍的路径展开。

纪功柱是古罗马多立克式的,高 29.55 米,连基座总高达 35.27 米,底径 3.70 米,形成了广场的垂直轴线。柱身全部由白色大理石砌成,分 18 段,里面是空的,循 185 级石级盘旋而登,可达柱头之上。柱身表面有全长 200 米以上的浮雕带,螺旋形绕柱 23 匝,刻着图拉真远征的战绩,柱头上立着图拉真的全身像。

纪功柱的构思是:其一,院子小,柱子高,尺度和体积的对比异常强烈,歌颂皇帝的巨大柱子从小小的院落升腾而起,使人对皇帝的崇拜之情油然而生;其二,柱身上的浮雕带渐上渐窄,下面宽 1.25 米,上面只有 0.89 米,进一步夸张了柱子的高度;其三,院子左右是图书馆,有楼梯可以登上屋顶,可以在那里观看上部的浮雕。此后,欧洲流行以单根的柱子作纪念柱(见图 5-29)。(参见教材(上)P79)

从罗曼努姆广场到图拉真广场,形制的演变,清晰地反映着从共和制过渡到帝制,然后皇权一步步加强直到神化的过程。在这个过程中,发展了沿轴线对称的纵深布局,认识到了它的艺术特质和力量,同时也掌握了建筑和室外院落空间统一构图的技巧,用它们为巩固帝制、神化皇权服务。

5.9　公共建筑

古罗马的建筑种类繁多,大体可分为市政建筑、宗教建筑、公共设施与娱乐建筑以及纪念性建筑四种类型。下面具体介绍后三种。

5.9.1　宗教建筑

古罗马人基本继承了古希腊的宗教,庙宇形制参照希腊传统,以矩形为主。但两者还是有着本质区别的。古希腊的神庙是一个地区的守护神的居所,四面都是面向自然景观的;而古罗马的神庙是和城市空间塑造联系的,所以古希腊神庙的列柱围廊形制到古罗马时,越来

图 5-29　图拉真纪功柱

越趋向于朝着一个围合的城市空间展示建筑的正面。列柱围廊开始变化，用很高的台阶呈现出神庙在城市建筑里的地位；前廊特别深，有的甚至深达 3 开间，这也符合古罗马人重视建筑内部空间的特点。除前廊之外，神庙其他三面以墙承重，圆柱仅作为墙的装饰，古希腊的列柱围廊式在这里成了假的列柱围廊式。

　　除此之外，古罗马还建有一些圆形神庙，其中最重要的是万神庙（Pantheon），意为献给"所有的神"。万神庙原是公元前 27 年为纪念奥古斯都打败安东尼和埃及女皇克娄帕特拉而（即"埃及艳后"）建造的一座传统的长方形庙宇，公元 80 年被焚毁。阿德良皇帝重建时采用了穹顶覆盖的集中式形制。新万神庙是件里程碑作品，它是古罗马穹顶、拱券结构与古希腊柱式的完美结合，代表了古罗马混凝土技术发展的最高成就，创造了古代世界最大的圆顶空间。它是单一空间、集中式构图的建筑物的代表，也是罗马穹顶技术的最高代表（见图 5-30）。

　　万神庙平面是圆形的，穹顶直径达 43.3 米，顶端高度也是 43.3 米。穹顶的材料为混凝土和砖，大概是先用砖沿球面砌几个大发券，然后才浇筑混凝土。发券可以使混凝土分段浇筑，还能防止混凝土在凝结前下滑，并防止混凝土收缩时出现裂缝。为减轻穹顶重量，穹顶

图 5-30　万神庙

越往上越薄,下部厚度 5.9 米,上部厚度只有 1.5 米,穹顶内面做 5 圈深深的凹格,每圈 28
格(见图 5-31)。

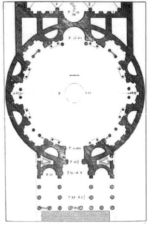

图 5-31　万神庙剖面图和平面图

　　万神庙内部的艺术处理很成功,围绕着表现"中心"这一概念,用了互相联系的多种艺术
手法:由于用连续的承重墙支承圆形穹顶,所以圆形的内部空间是单一的,浑成统一;顶部中
央开一个直径为 8.9 米的圆洞,穹顶在当时象征天宇,穹顶中央开洞可能寓意神的世界和人
的世界的某种联系。从圆洞进来的漫射光是神庙唯一的光源,柔和地照亮空阔的内部,多少

有一点朦胧,恰好渲染出一种人和神之间的距离感,有一种宗教的宁谧气息和神秘感。① 穹顶上的凹格划分了半球面,使它的尺度和墙面统一;凹格下宽上窄,人从中央看,基本上是等距离的收缩上去,在上部光线的作用下,鲜明地呈现出穹顶饱满的半球形状;凹格和墙面的划分形成水平的环,显得很安定。内部沿圆周发了 8 个大券,其中 7 个是壁龛,供奉神像,一个是大门,构图连续,不分主次(见图 5-32)。

图 5-32 万神庙内部

外墙面划分为 3 层,下层贴白色大理石,中间层抹灰,上层可能有薄柱作装饰。下两层是墙体,上层包住穹顶的下部,所以穹顶没有完整地表现出来。原因大概有:①穹顶技术上还不够自信,用墙体包住穹顶下部减少穹顶侧推力的影响;②把墙加高,形体上更加匀称;③当时还没有立面外观上处理饱满穹顶的艺术经验,也没有这样的审美习惯。西欧直到文艺复兴时期才有成熟的以穹顶为中心的艺术手法和审美经验。

【观点】 审美习惯是长期实践中积累形成的,绝不会是先验的。新的材料、结构和建筑处理,在初期,由于人们还没有完全掌握和利用,所以传统会表现出巨大的惯性。如果新的东西确乎是有生命力的,是建筑的合理发展所必需的,那么,它最后一定会突破传统势力的束缚,在反复的实践中形成新的审美习惯。人们往往认为大众是保守传统势力的主体,其实,传统的观念总是最凝聚在专业工作者身上。(参见教材(上)P86)

---

① 历史学家说古罗马人相信太阳在地中海的中心,也统治了地中海周围,光象征着太阳和中心,照着各个神。光有各种解释,是神圣的,而不是简单意义的采光口。

在圆形大厅前设有矩形的门廊,面阔 33 米,正面 8 根柱子,柱高 14.18 米,为科林斯柱式,采用整根的埃及灰色花岗岩。

5.9.2 公共设施与娱乐建筑

帝国时期古罗马奴隶制的发达、帝国庞大疆域对罗马城的支撑、罗马城的发展,使得公共设施与娱乐建筑发展迅速,数量和规模庞大。

1. 剧场

古希腊时期的剧场依托山体建在山坡自然形成的凹部,因此,通常建于城市的郊区,不存在外观立面。罗马共和时期,由于拱券技术的发展,剧场座席不再依赖山体而建,而是用一系列放射形排列的拱把观众席一层层架起来。放射拱一头大一头小,一头高一头低,施工相当复杂。这些拱在立面上开口,形成连续的券洞,有两层或三层。底层的券洞都是出入口,上层的是环廊的窗口,处理成券柱式的叠加,各开间重复同样的构图,不作重点处理,符合人流集散的实际情况。观众席里以纵过道为主。券洞有编号,便于观众寻找席位。从此,剧场的位置因摆脱地形的限制而自由了,可以建在城市当中了。相应地,剧场四周完全封闭,有了高大的立面和舞台建筑背景。剧场的功能、结构和艺术形式的相互关系很自然,它们的形制已经很特化,推敲得很深入,说明古罗马的建筑学已经达到相当高的水平。

著名实例有马采鲁斯剧场(Theatre of Marcellus),其观众席最大直径为 130 米,可以容纳 10000～14000 人,舞台面阔 80～90 米。建造时正逢奥古斯都提倡复兴古希腊文化,立面比较严谨、简洁,半圆形外观将古典柱式与拱券结合起来,柱式相当典雅。开间为层高的一半,约相当于 4 个柱径,还保持着梁柱结构的比例。上下共分三层,底层为多立克式,第二层为较轻灵的爱奥尼式,科林斯式位于最高一层。这样一种分层体系,是从罗马共和时期的建筑立面发展而来的,后来在著名的古罗马大角斗场上得到了最为辉煌的表现(见图 5-33)。

图 5-33　马采鲁斯剧场复原模型

2. 角斗场

角斗场始于罗马共和末期,专为奴隶主和市民看角斗(兽—兽角斗,人—兽角斗)而造,遍布古罗马各城市,在罗马城里就有好几座。从功能、规模、技术和艺术风格各方面来看,罗马城里的大角斗场(Colosseum,公元 72—80 年)是角斗场建筑的代表,也是古罗马建筑的代表作之一。

角斗场平面是椭圆形的,相当于两个剧场的观众席相对合一。大角斗场长轴 189 米,短轴 156 米,中央的表演区长轴 86 米,短轴 54 米。观众席大约有 60 排座位,逐排升起,分为五个区。从视觉感受上来看,圆形给人以和谐的感觉,而椭圆形更显辉煌、豪华;从功能上来看,椭圆形使用起来更为方便,便于人流的疏散(见图 5-34)。

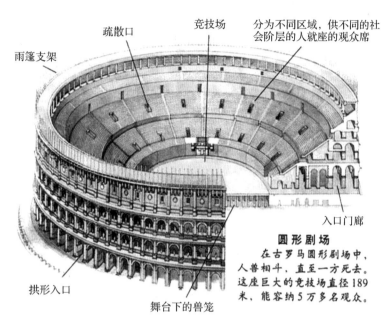

图 5-34 古罗马大角斗场轴剖面分析图

古罗马大角斗场的结构是真正的杰作。底层有 7 圈灰华石的墩子,每圈 80 个,外面 3 圈墩子之间是两道环廊,用环形的筒拱覆盖。向内,第四和第五、第六和第七圈墩子之间也是环廊,其余层墩子之间砌石墙,墙上架混凝土的拱,沿椭圆呈放射形排列。第二层靠外墙有两道环廊,第三层有一道环廊。整个庞大的观众席就架在这些环形拱和放射形拱上。这一整套拱,空间关系很复杂,但处理得井井有条,底层平面上,结构面积只占 1/6,在当时是很大的成就。(参见教材(上)P81)

材料的使用经济合理。基础的混凝土用坚硬的火山石为骨料,墙用凝灰岩和灰华石,拱顶混凝土的骨料则用浮石。墩子和外墙面的表面衬砌一层灰华石,柱子、楼梯、座位等用大理石饰面。各个部位根据其承重要求和装饰要求选择合适而经济的石材,力求美观、经济、实用。(请注意:整个巨大的角斗场没有一根钢筋!)

观众的人流聚散安排很妥帖。大角斗场共能容纳 8 万~9 万人,外圈环廊供后排观众交通和休息之用,内圈环廊供前排观众使用。楼梯在放射形的墙垣之间,分别通达观众席的各层各区,人流不相混杂。出入口和楼梯都有编号,观众按座位号找到对应的入口和楼梯,便很容易找到座位区和座位。

大角斗场的立面高 48.5 米,分为 4 层。下 3 层各 80 间的券柱式,第 4 层是实墙。立面上不分主次,适合人流均匀分散的实际情况。立面上存在着多种对比,方圆、明暗、凹凸与虚实的对比,使其虽周圈一律却并不单调;相反,这样的处理保持并充分展示了它几何形体的单纯性,叠柱式的水平划分更加强了这一效果和整体感(见图 5-35)。

大角斗场的结构、功能和形式三者和谐统一,形制十分完善,在现代体育建筑中仍然沿

图 5-35　古罗马大角斗场(公元 72—80 年)

用,并没有原则性的变化。这种空间和功能组织的类型一直延续到当代,哪怕 2008 年北京奥运会主体育场"鸟巢",其基本空间秩序和大角斗场也没有本质区别。大角斗场雄辩地证明着古罗马建筑所达到的高度。

3. 公共浴场

古罗马地下温泉丰富,对于古罗马人来说,公共浴场是一种生活方式,不可或缺。公共浴场不仅设有一系列凉水浴室、温水浴室、热水浴室、发汗室(桑拿室)和更衣室,还设有图书馆、餐厅、博物馆、音乐厅、商店和娱乐室等设施,甚至还有运动场和演讲厅,浴室周围有庭院和花园,形成一个集洗浴、社交、休闲和体育锻炼为一体的多功能场所。公元 2—3 世纪仅罗马城里就有 11 个可容纳上千人的大型浴场,小的更是有 800 个之多。

对大跨度的要求,使得浴场较早地抛弃了木屋架,成为公共建筑中最先使用拱顶的建筑物。这一时期,十字拱和拱券平衡体系已成熟,为大型浴场建筑提供了建筑结构技术支撑。

卡拉卡拉浴场(the Baths of Caracalla)和戴克利提乌姆浴场(the Baths of Diocletian)是其中最重要的两个。卡拉卡拉浴场占地 575 米×363 米,规模相当于一个小镇。周边的建筑物,位于前沿和两侧前部,是一色的店面,因为院子内外有高差,所以临街为 2 层,对内只有 1 层。两侧接在店面之后的是演讲厅和图书馆,地段后部是运动场,它的看台之后是水库,水由城外的高架输水道送来(见图 5-36)。

图 5-36　卡拉卡拉大浴场复原模型(公元 211—217 年)

地段中央是浴场的主体建筑物。其主要成就如下：

第一个成就是结构十分出色，梁柱、穹顶与拱券并用，并能按不同的要求选用不同的形式。热水浴大厅是圆形平面，上覆穹顶；温水浴大厅使用了三个横向相接的十字拱，形成平衡体系，扩大了大厅空间，增强了空间的整体性（见图 5-37 和图 5-38）。

图 5-37　卡拉卡拉大浴场绘画

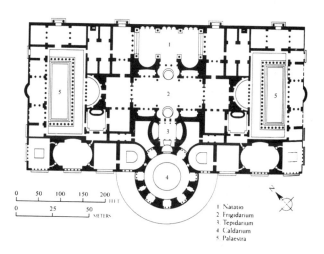

图 5-38　卡拉卡拉大浴场平面图

第二个成就是功能很完善。在中轴线上排列着冷水浴、温水浴和热水浴三个大厅，两侧完全对称地布置着一套更衣室、洗濯室、按摩室、蒸气室和散步的小院子，完全按照使用者的需求进行建造，能同时满足不同使用者的多方面需求。浴场有采暖措施，贴着混凝土墙体甚至屋顶都砌有一层方形空心砖，形成管道，地下锅炉房的热烟在管道中贯通。

第三个成就是内部空间简洁、多变，开创了空间序列的艺术手法。浴场建筑功能的多样性，使得房间数量很多，逐渐形成了对称式布局，有着一种复杂然而严格秩序化的空间关系，形成了浴室大厅串联的主轴线和辅助功能的横轴线与次要的纵轴线。纵横轴线相交在最大的温水浴大厅中，使它成为最开敞的中心空间。轴线上，空间的大小、纵横、高矮、开阔交替变化着，不同的拱顶和穹顶又带来空间形状的变化。内部空间的流转贯通和丰富变化，是空前的成就。这主要是采用了各种拱顶之间的平衡体系、摆脱了承重墙的结果。（参见教材（上）P88）

4.巴西利卡

巴西利卡是古罗马时期一种长方形大厅式建筑,集法庭、交易、集会等于一体,是一个公众集会和商业活动的场所,同时还可作为法庭。在古罗马的市民广场和中心一般都会布置有巴西利卡。巴西利卡中央部分有若干个十字拱,两端或一端有半圆形壁龛,另外两侧是筒形拱(见图 5-39)。这是一个加盖了屋顶的巨大矩形空间,长度是宽度的两倍,室内空间由两道或多道柱廊分割,形成一个高的主厅和两边较矮的侧廊。侧廊上部有二楼,并开有高侧窗以便采光。与入口相对,后半部是半圆形的后殿,有法官席,审判就在这里举行(见图 5-40)。

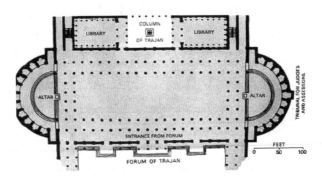

图 5-39　图拉真巴西利卡平面图

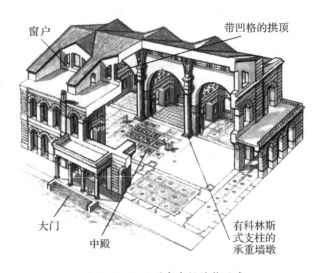

图 5-40　巴西利卡空间结构示意

巴西利卡是一种有巨大影响的建筑形式,后来成为中世纪基督教教堂的基本平面形式。

5.9.3　纪念性建筑

古罗马在从共和制向帝制演变的过程中,随着对皇帝崇拜的强化,对纪念性建筑物的需求也逐渐增强。凯旋门是古罗马纪念性建筑物中最具有代表性的类型。

凯旋门是为了炫耀罗马军队四处征战的胜利而建的大门式建筑(类似于中国的牌楼门),常建于道路的交叉口。它的典型形制是:方方的立面,高高的基座和女儿墙,3 开间的券柱式,中央开间采用通常的比例,券洞高大宽阔,两侧的开间比较小,上部墙面设浮雕。女儿墙上刻铭文,刻有象征胜利和光荣的浮雕。门洞里面侧墙上刻主题性浮雕。

替度凯旋门(Arch of Titus)是单洞凯旋门中最早的实例,公元 82 年为纪念攻占耶路撒冷而建。其采用复合柱式,也是第一批采用复合柱式的建筑物之一。建筑体积不大,高 14.4 米,宽 13.3 米,外形略近方形,但深度比较深,给人以稳定、庄严之感(见图 5-41)。

图 5-41　替度凯旋门(公元 82 年)

君士坦丁凯旋门(Arch of Constantinus)建于公元 313—315 年,是罗马城内所有凯旋门中最大的一座,在三券洞凯旋门中最具代表性。它的体量巨大,比例匀称,装饰富丽,是古罗马晚期的作品。门上的雕塑多为浮雕,且多半是从当时罗马帝国的其他建筑上搜集后组合拼装而成的,这也表明古罗马晚期的艺术已经开始走下坡路了。据说当年,拿破仑·波拿巴来到古罗马,见到了这座凯旋门,大为赞赏,回到法国下令建造一个更大的凯旋门,而这座凯旋门也成为法国巴黎凯旋门的蓝本(见图 5-42)。

图 5-42　君士坦丁凯旋门(公元 313—315 年)

5.10 探讨:古罗马建筑的贡献(从现在的眼光来看,特别是和古希腊比)

(1)多种建筑类型的形成(包容复杂性社会功能集成的建筑)。

(2)建造工程技术的成就:拱券穹窿的大规模使用,古罗马人并不是发明了这些建筑建造的方式。古罗马人大大发展了拱顶(穹顶)平衡体系,并将它广泛传播。

(3)现存最早、最系统的建筑理论(《建筑十书》)。

(4)建筑的空间秩序与形式:

①强调围合、中心和轴线,非常强调脱离自然的、人工环境的秩序。它对人工环境和建筑空间的理念是高度的组织化、人工化,也体现出对世界征服的意念。城市空间的建造是非常强有力的,以此来建立庞大帝国的秩序。

②围合、多样、连续和复杂的内部空间塑造(回想古希腊人,相比起建筑外观的艺术成就,他们的室内空间很不发达)。

③古典柱式的多种使用,成为联系空间和表现艺术特征的要素;使柱式成为塑造各种建筑空间和形式的要素,成为连续空间的要素,关注世俗生活的愉悦和享乐(古希腊人使用柱式单纯多了)。

④最早的"国际式"建筑:古罗马把这种建造方式传播到它所有占领的地方,有人说古罗马的建筑使世界上第一次有了国际式的建筑。

思考题

1.分析比较古希腊与古罗马剧场的异同之处。

2.以卡拉卡拉浴场为例,分析从古希腊到古罗马,建筑空间上的进步。

3.分析古罗马万神庙的结构与空间,并用简图示意。

4.分析图拉真广场的布局特点,并用简图示意。

第3篇
欧洲中世纪的建筑

欧洲的封建制度是在古罗马的废墟上建立起来的。公元395年,古罗马帝国分裂为东西两半。大体上是意大利和它以西的部分为西罗马,首都在罗马城。479年,西罗马帝国被当时比较落后的哥特人灭亡,经过漫长的混战时期,西欧进入了分崩离析的封建时期,一直到10世纪之前,西欧都是农业占统治地位,领主们在各自狭窄的封地里割据,所有的国家名存实亡,四分五裂,没有集中统一的政权。以东的部分为东罗马,建都在黑海口上的君士坦丁堡(原名拜占庭,现为土耳其最大城市伊斯坦布尔),后得名为拜占庭帝国,建立了封建君主国,公元5—6世纪是它政治、经济、文化的极盛时期,带动了东欧、小亚细亚和西亚的发展;7世纪后逐渐衰落,也分裂成一些小国,中央政权衰退,直到1453年被土耳其人灭亡。从西罗马灭亡到14—15世纪资本主义制度萌芽之间的欧洲的封建时期被称为中世纪。

古罗马光辉的文化和卓越的技术成就,在战火焚劫之余,又由于不能为狭隘的自然经济所容纳,很快被遗忘了。原来大一统的古罗马帝国分裂成各个小国家,在艺术上促进了多种风格的探索和形成。

中世纪,至少在欧亚大陆,是人类历史上的信仰时代,佛教、基督教、伊斯兰教相继兴起并广泛传播,构成了这一时期的文化特征。宗教是关于超人间、超自然力量的一种社会意识,以及因此而对之表示信仰和崇拜的行为,是综合这种意识和行为并使之规范化、体制化的社会文化体系。

欧洲封建制度意识形态的上层建筑是基督教。基督教早在古罗马帝国晚期(公元4世纪)就已经盛行,在中世纪分为两大宗,西欧是天主教,东欧是正教(又称"东正教")。在世俗政权陷于分裂状态时,它们却分别建立了集中统一的教会,天主教的首都在罗马,正教的首都在君士坦丁堡。教会不仅统治着人们的精神生活,甚至控制着人们生活的一切方面,如生死、嫁娶、病老、教育、诉讼等。教会压制科学和理性思维,神学耗尽了中世纪一个时代的精力,古希腊和古罗马饱含着现实主义和科学理性精神的古典文化陷落了。不过,拜占庭帝国一直保存着古希腊、古罗马的古典文化的余缕,不断反馈到西欧,特别是意大利,使得14—15世纪资本主义制度萌芽时期,西欧酝酿出了一场影响深刻的文艺复兴运动。

【资料链接】 欧洲中世纪简史:中世纪社会最突出的特征是多样性和复杂性,文化的大破坏和大交融。

1.拜占庭帝国——东欧的中世纪

当西罗马帝国灭亡,西方的城市走向没落的时候,东罗马帝国(即拜占庭帝国)却比较稳定,一些大城市里手工业和商业都很繁荣。尤其是其首都君士坦丁堡,在东西方经济交流中起着很重要的作用,被称为"奢侈品的大作坊"。东罗马皇帝掌握着专制权力,除享有世俗权力外,还控制着东部教会。

527年,查士丁尼一世即位,东罗马帝国一度呈现强盛的景象。他颁布《查士丁尼法典》,强调君权统治,强化奴隶制,是历代罗马法的总结,是欧洲历史上第一部系统完备的法典,对以后欧洲的立法有很大影响。查士丁尼梦想恢复统一的罗马帝国,因而与波斯联合,不断对外扩张,几乎占据了地中海沿岸的所有国家,包括意大利半岛。但战争消耗了东罗马大量的人力物力,加重了人民的苦难,查士丁尼不但未能恢复原来罗马帝国的版图,就是在所占领地区,也不能维持巩固的统治。565年,查士丁尼死去后,意大利、西班牙等地陆续被伦巴第(Lombardy)人和西哥特人侵占,奴隶起义也为封建制度的发展扫清了道路。从7世纪开始,封建制度在拜占庭逐渐发展,到11世纪末确立起来。

1453 年，土耳其苏丹穆罕默德二世进攻君士坦丁堡，拜占庭皇帝君士坦丁 11 世在战乱中身亡，君士坦丁堡陷落。入城土军连续三天屠杀掳掠，抢劫皇宫、教堂、修道院和居民住宅，破坏大量艺术品和手稿，往日名城顿时一片萧条。穆罕默德二世又从小亚西亚和希腊某些地方迁来居民，加以重修，随即迁都于此，改称伊斯坦布尔（1930 年土耳其政府正式宣布改名）。圣索菲亚教堂改为清真寺。这样，在西罗马帝国灭亡将近一千年后，东罗马帝国也灭亡了。

2. 西欧的中世纪

5—9 世纪，西欧封建国家形成。

查理曼帝国：法兰克人原来住在莱茵河下游，分成几个部落。5 世纪晚期，其中一个部落首领克洛维的势力逐渐强大起来，联合其他部落，在 6 世纪初，征服了大部分高卢地区，建立了统一的法兰克王国。克洛维死后，法兰克王国的大权逐渐落到宫相手里。751 年，宫相丕平（Pippin，714—768 年）成为法兰克王国的国王，加洛林王朝（Carolingian Dynasty）取代了墨洛温王朝（Merovingian Dynasty）。继承丕平的查理是法兰克国家最著名的国王，他在位 46 年，发动了 50 多次战争，使法兰克王国幅员辽阔，盛极一时。800 年，古罗马教皇授予查理"罗马人的皇帝"的称号，借以象征他继承了西欧的罗马帝国。因此历史上称他为查理曼，意思为查理大帝。查理曼帝国是依靠军事力量建立起来的，不具备实行中央集权的经济基础。各地区缺乏经济联系，庄园中自然经济占统治地位，城市和商业不发达。这些都成了帝国分裂的因素。查理死后，帝位由儿子路易继承，路易死后，他的三个儿子于 843 年在凡尔登缔结条约，把帝国分割成三部分，大体说来，查理（绰号秃头查理）得到西法兰克王国；路易（绰号日耳曼人路易）得到东法兰克王国；长子罗退耳得到东西法兰克王国之间的地带和意大利的领土，并承袭皇帝称号。这三部分是后来西欧的三个主要国家法兰西、德意志和意大利的雏形。

英吉利王国：同欧洲大陆隔海相望的不列颠岛，1 世纪中期被古罗马侵占。5 世纪中期，日耳曼人中的盎格鲁—撒克逊人来到不列颠，经过 150 多年，终于征服不列颠大部分地区，建立起许多小王国，史称"七国时代"。9 世纪初，威塞克斯把各王国联合起来，形成统一的英吉利王国。10 世纪初，西法兰克国王把西北部的一片地方让给斯堪的纳维亚半岛的诺曼人，诺曼人的首领作为国王的臣属，以公爵的身份领有该地。这块地方因此得名为诺曼底，这就是诺曼底公国的由来。1066 年，诺曼底公爵威廉要求英国王位，带兵渡过海峡，侵入英国，击败英王哈罗的军队，进入伦敦，于同年 12 月登上英国王位。他就是英国历史上的征服者威廉。此后，诺曼人大量涌入，成为英国居民的重要组成部分。

西欧的封建制度：经过几个世纪的努力，9 世纪时，封建制度开始在西欧确立。国王、贵族、教会上层人物掌握着土地所有权，构成封建主阶级。农民被剥夺了土地所有权和人身自由，成为农奴。随着封建制度的确立，大大小小的封建庄园建立起来，布满西欧各地，成为社会的细胞。自然经济使封建庄园成为各自孤立的、闭塞的小圈子。大封建主拥有好多个庄园。庄园里往往建有城堡。城堡往往修筑在天然的山岩或人工堆成的土岗上，四周有高大的围墙，围墙外面环绕着宽阔的壕沟，只有通过吊桥才能进入城堡。城堡的高处有堡楼，供封建主居住。城堡里有仓库，里面堆着粮食和武器；也有阴森森的地牢，关着敢于反抗的农奴。封建主大多是文盲，他们粗野无知，认为做一个骑马的武士——骑士是莫大的光荣。随着封建制度的发展，封建主内部形成了一套等级制度，自国王以下，为公爵、伯爵、子爵、男爵、骑士等不同等级的封建主,分别领有大小不等的封地,组成一座以国王为首的金字塔。在封建金字塔内部,每一层的上下级之间都是领主(封主)和附庸(封臣)的关系,彼此负有义务。但是,每个领主只能管辖自己的附庸,不能管辖附庸的附庸,所谓"我的附庸的附庸,不是我的附庸",是西欧大陆封建社会的一条常规。

黑暗时代:18世纪左右开始使用的一个名词,指西欧历史的中世纪早期。具体地说,指西方没有皇帝的时期(476—800年),更通常的说法是指公元500—1000年。随着罗马帝国的衰落,大部分的罗马文明在这期间受到破坏,并且被蛮族文化所取代。这一时期的特征是经常进行战争,实际上没有城市生活。这个名称的使用,一方面也是因为从这个时代开始,便只有少数的历史文献流传下来,让人们仅能借由微光一窥当时发生的种种事件。19世纪,一些学者开始逐渐了解那段时期的成就,于是对把中世纪描绘成"黑暗而又腐朽"的传统看法提出了挑战。"黑暗时代"这个说法在学术界已很少使用,取而代之的是中世纪前期。

城市的兴起:由于战乱和封建庄园自然经济的发达,罗马帝国旧有的城市一天天没落。10—11世纪,西欧的经济生活发生重大变化——三圃轮耕制、施肥及铁犁的使用,使农业生产效率大幅度提高,庄园开始积聚剩余的农产品,并开始有一些农奴专事手工业,庄园之间的交换和集市开始出现。随着手工业和商业的发展,作为手工业和商业中心的城市不断成长起来。9—12世纪出现的著名城市有意大利的威尼斯和热那亚,法国的马赛和巴黎,英国的伦敦,德意志的科隆,捷克的布拉格等。当时的城市规模都不大。多数城市不过几千人,有两万人就算大城市了,如14世纪的伦敦有4万人,巴黎约6万人(而古罗马时代的罗马城曾达到150万人)。那时的城市都有城墙,城墙上高耸着守望塔。城内街道交错,布满商店和小作坊,同行业的作坊通常集中在一条街上,形成铜匠街、皮革匠街、首饰匠街等(行会)。城中央是集市的场地,市场附近有教堂。教堂、市政厅、行会会所等是城市里巨大的公共建筑。随着商业的发展,富商、钱商、高利贷者、房地产主以及部分骑士,不从事生产,但有钱有势,这些上层人士构成城市贵族。

十字军东征:11世纪末,罗马天主教会和西欧封建主向地中海东岸各国发动了一次侵略战争,许多社会阶层都被卷入。战争断断续续历时约两个世纪,历史上叫做十字军东征。战争的内在原因是:随着西欧城市和商业的发展,骑士阶层人数的扩大,封地上的收入越来越不能满足需要,他们希望到东方去寻找新的财源,而东方的富庶正是成群结队前往耶路撒冷朝圣的人和商人所目睹的;伊斯兰教在阿拉伯兴起和基督教会分裂以后,罗马教皇时时梦想恢复大一统的宗教权威;西欧城市,如威尼斯等,商业发达,希望到地中海东部夺取港口,为自己谋取更大的利益;西欧农民在11世纪时,大部分已沦为农奴,苛捐杂税繁重,封建混战无休止,加之饥荒和瘟疫,天灾人祸双重袭击下的农民渴望获得土地,摆脱贫困。

11世纪,亚洲西部兴起了赛尔柱土耳其帝国(突厥人,Turkey)。基督教的圣地、保存着耶稣"圣墓"的耶路撒冷也落到他们手中。节节失利的东罗马帝国向教皇求援,甚至表示愿意将东正教重新归于罗马教皇的统治下,这正中教皇的下怀。1095年11月,教皇乌尔班二世在法国的克莱蒙召开宗教会议,大肆渲染天主教的"东方兄弟"在"异教徒"手下所受的迫害,用基督的名义号召发动战争,解放"圣墓"。他许诺战死的人可升入"天国",并说东方国家"遍地流着蜜和乳",愁苦穷困的人到那里就能当富翁。顿时,封建主们如醉如狂,农民也信以为真被发动起来。人们把红色十字架缝在衣服上,开始组织起十字军。渴望改变贫困命运的农民匆匆集合成"穷人十字军",1096年春从法国和德意志动身,结果失败了。1096

年秋,开始了封建主的第一次十字军行动。1099 年 7 月,攻陷耶路撒冷,城市受到血洗。并在西亚的土地上,建立了几个十字军国家,留下了许多城堡。1147 年,法王和德皇亲自统率第二次十字军东征,彻底失败。1189 年,英、法、德的帝王发动了第三次十字军东征,也以失败告终。1202 年,第四次十字军行动,在威尼斯商人巨额船费支持的驱使下,完全放弃了恢复"圣地"的计划,转而进攻威尼斯的商业劲敌拜占庭帝国。1204 年 4 月,占领君士坦丁堡。大肆地抢劫和破坏,使拜占庭帝国从此失去先前的光辉。第四次东征以后,十字军侵略的火焰逐渐熄灭。13 世纪,虽然西欧又发动过四次十字军行动,但都失败了。到 1291 年,十字军在地中海东部所侵占的土地已经丧失殆尽(见图 1)。十字军东征破坏了西亚和拜占庭的生产和文化;也使侵略者接触了东方文明,模仿东方封建主的豪华生活成了西欧封建主阶级的风尚;同时加强了东西方的贸易,特别是确立了意大利北部城市的商业优势,创造了有利于产生资本主义萌芽的条件。

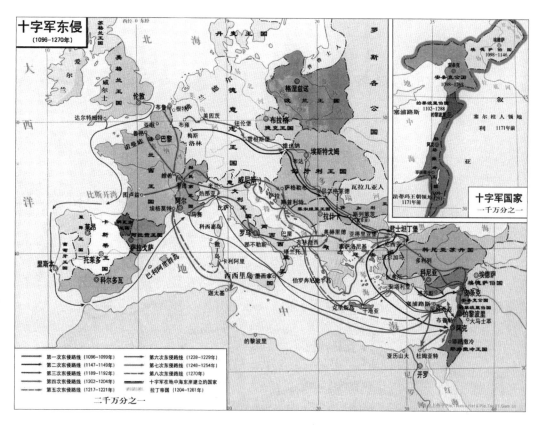

图 1　十字军东征地图(1096—1270 年)

12—15 世纪,城市自治运动,资本主义萌芽:封建主认为城市居民是自己的农奴,不断向城市居民勒索租税和徭役。11—13 世纪,欧洲城市展开了反抗封建主、争取自治的运动。法国的康布雷、博韦、亚眠等不少城市建立了自治公社;意大利的威尼斯、热那亚、比萨、佛罗伦萨等城市还控制了城郊的农村,成为独立的城市共和国。在这期间,封建君主制与教会的统治之争日益强烈,并最终形成封建王权统治,如法国、英国、德国和意大利等。

【资料链接】 基督教发展的历史:基督教的发展过程,实际上就是它的世界化进程。整个历程可以分为三个阶段:

第一阶段，是从作为犹太教内部一个具有某些反传统律法主义的小宗派逐渐打破民族藩篱而走向罗马帝国。耶稣宗教在传播的过程中也遇到外邦人皈信基督教后与传统犹太律法关系的问题。此时耶稣的使徒保罗起了关键作用。他通过一系列书信的形式阐述了他的宗教观念，说明基督徒不应再受犹太律法的束缚，只要信奉耶稣、遵守教规的人都可入教，从而使基督教为非犹太人所接受。因此，这种信仰很快就由西亚传入埃及、希腊、罗马等地。开始时，基督教不仅在耶路撒冷受到犹太教传统的敌视，而且在进入罗马后，也不断受到官方操纵的大规模迫害，常为地下活动。由于它的信徒越来越多，甚至上层人士也参加到基督教行列，帝国统治者开始改变政策。公元 313 年，君士坦丁颁布"米兰赦令"，给予基督教徒信仰自由。公元 325 年，君士坦丁召集基督教"普世主教大会"确定了基督教的正统教义。公元 392 年，罗马帝国皇帝狄奥多西一世（379—395 年在位，最后一个统治统一的罗马帝国的君主）以罗马帝国名义正式宣布基督教为国教，使基督教成了超民族、超国家的世界性宗教。

第二阶段是从地中海沿岸的古代文明世界走向整个欧洲，成为中世纪各民族和国家共同信仰的世界性宗教。基督教在发展过程中，逐渐形成自己的组织。西罗马帝国灭亡前后，罗马主教成为西欧教会的首脑，后来更自称为教皇。公元 445 年，罗马教皇利奥一世（Leo Ⅰ）通过西部皇帝瓦伦蒂尼恩三世正式颁布赦令，用法令规定所有人都得服从罗马主教，从而使罗马教会登上了帝国内至高无上的神圣地位。8 世纪中期，丕平由教皇加冕取代克洛维的后裔成为法兰克国王，为酬谢教皇，他两次出兵意大利，把夺取到的包括拉文纳和罗马在内的地区交给教皇，成为教皇的领地。从此在西欧出现了一个以教皇为首的封建国家——教皇国。

第三阶段是从欧洲走向全世界。这一进程是与近代西欧资本主义向全世界扩张的过程相一致的。教会创设了许多修道院，借以扩大它的宗教影响。修道院拥有大量的土地，筑起大城堡，深沟高垒，十分森严。为了研究教义，8 世纪，在修道院或教区，产生了学校，后来大学兴起并逐渐摆脱了教会的控制。（君主制结构对教会和大领主的胜利以及教会不再独占教育，都是中世纪结束的重要标志）

教会模仿封建等级制度，也逐渐建立起一套教阶制度。教皇之下有大主教、主教、神父（神甫）等。教会通过它的各级组织和神职人员的活动，对人们维持着精神统治。当时人们大多不识字，教会垄断了教育，推行愚民政策。凡一切背离教会的说教，不合乎罗马教廷正统教义的思想，都会被教会斥为"异端"，要接受宗教裁判所的审讯和处罚。

【资料链接】 东西教会的分裂：基督教兴起于罗马帝国的东部，当初的经文用希腊语写成，信徒使用希腊语举行宗教仪式。后被罗马皇帝定为国教。因而在其发展过程中，逐渐形成以希腊语地区为中心的东派和以拉丁语地区为中心的西派。罗马帝国分裂后，东西两大部分在政治上各自为政，在文化上存在差异，在宗教上也反映出分歧。由于信仰原则及政治势力的争斗，1054 年，君士坦丁堡大主教迈克尔·凯鲁拉里和罗马教皇利奥九世互相革除教籍。从此以后，东西部教会正式分裂。以君士坦丁堡为中心的东部教会自称"正教"（即东正教，Eastern Orthodoxy），以罗马为中心的西部教会称为"公教"（即天主教，Roman Catholicism）。中世纪后期，天主教内部又出现改革运动，凡不隶属于天主教的西方教会通称抗罗宗（即反抗罗马的宗教），或称为基督教新教（Protestantism），在中国又通称基督教。天主教、东正教和基督教新教共为基督教的三大分支。

封建分裂状态和教会的统治,对欧洲中世纪的建筑发展产生了深刻的影响。宗教建筑在这一时期成了唯一的纪念性建筑,成了建筑成就的最高代表。上面已经表述过,欧洲中世纪的历史明确地分成了西欧和东欧两条线,建筑的发展也是如此。虽然代表性建筑都是教堂,但西欧的天主教堂和东欧的东正教堂,在形制、结构和艺术上都不一样,分别为两个建筑体系:

西欧——早期:基督教堂(仿巴西利卡)

成熟期:哥特式教堂(古罗马的拱顶结构+巴西利卡形制)

东欧——东正教教堂(古罗马的穹顶结构+集中式形制)

第6章 拜占庭的建筑

(395—1453 年)

6.1 历史背景

　　君士坦丁堡扼黑海的出入口,是连接欧亚的大陆桥,地位重要,又是几条重要的陆路和海路的交汇点。罗马皇帝君士坦丁早在东西罗马正式分裂之前就已经动用了全国的力量大肆建设君士坦丁堡,东罗马帝国建都君士坦丁堡后更是繁盛一时。君士坦丁是第一个皈依基督教的罗马皇帝,当时的教会是皇帝的奴仆,拜占庭文化适应着皇室、贵族和经济发达城市的要求,世俗性很强。皇室专门培养了好几批建筑师,建造了城墙、道路、巴西利卡和基督教堂,大量古希腊和古罗马的文化被保存和继承下来。公元 500 年,君士坦丁堡人口达 100万,堪与极盛时期的罗马城相比。由于地理位置关系,拜占庭帝国也汲取了波斯、两河流域、叙利亚和亚美尼亚等地的文化成就。它的建筑在罗马遗产和东方丰厚经验的基础上形成了独特的体系,反过来又大大提高了这些地区的建筑水平(见图 6-1 和图 6-2)。

图 6-1　6—7 世纪拜占庭帝国地图

图 6-2　电影《征服 1453》中君士坦丁堡城的景观

从 7 世纪起,随着帝国的衰败,建筑也渐渐式微,但巴尔干和小亚细亚的建筑形制和风格却趋向统一。同时,亚美尼亚、格鲁吉亚、俄罗斯、保加利亚和塞尔维亚这些东欧地区的建筑日益兴盛,在拜占庭建筑深深的影响下形成各自的特点,但仍旧拢在拜占庭建筑的大体系中。10 世纪后,拜占庭文化和西欧文化之间的交流愈趋频繁。1453 年,奥斯曼帝国苏丹穆罕默德二世集中了伊斯兰世界的力量,攻克了君士坦丁堡,拜占庭帝国灭亡[①]。此时正逢西欧展开文艺复兴运动,热心向古典文化学习,拜占庭所保存的古典文化典籍和一批人文学者在其中起了很大的推动作用。

【电影】《征服 1453》:土耳其电影(2012 年),从土耳其征服者的角度表现奥斯曼帝国征服拜占庭帝国那场改变历史的战争。

6.2　拜占庭建筑的历史分期

真正意义上的拜占庭艺术形成于 5—6 世纪的君士坦丁堡。4—6 世纪是拜占庭建筑最繁荣的时期。由于皇帝本人对基督教的皈依,基督教获得了空前的发展,早期宅邸改的教堂已不能满足新的庄严礼拜仪式的需要了,因此开始兴建大型教堂。到了公元 6 世纪,拜占庭文化进入了鼎盛时期,形成了自身的特色,从此便与西欧建筑史分道扬镳了。著名的建筑实例是圣索菲亚大教堂。

7—12 世纪是拜占庭建筑的中期,发生了"破坏圣像之争",即反对偶像崇拜运动,其本质就是要限制教会的权力,直接导致修道院的地产大幅度减少,教堂建筑的规模也大大缩小。从此,拜占庭教堂便以希腊十字形为主,上面覆盖着圆顶,横向的两臂构成了短短的耳堂,纵向的两臂则作为前厅与半圆形后堂;在立面上,大穹窿不再适合缩小了的规模而取消了,改为几个小穹窿群,并着重于装饰。

12—15 世纪是拜占庭建筑的后期。十字军的数次东征使拜占庭帝国大受损失,这一时期建筑既不多,也没有什么新创造。

6.3　穹顶和集中式形制

拜占庭建筑的成就体现在技术和艺术两个方面。在技术上,创造了把穹窿支承在四个或更多的独立支柱上的结构,发明了采用抹角拱或帆拱[②](Pendentive)来解决下部立方体空

---

①　这一年被视为欧洲中世纪的结束,欧洲文艺复兴开始。由于奥斯曼土耳其帝国不断扩张,阻断了欧洲通往亚洲的商路,欧洲被迫寻找其他路线,从此欧洲开始了大航海时代,发现了非洲好望角,也发现了美洲新大陆。

②　水平切口和 4 个发券之间所余下的 4 个角上的球面三角形部分,称为帆拱。

间和上部圆形底边的穹窿之间的过渡及衔接问题,彻底解决了在方形平面上使用穹顶的结构和建筑形式问题,从而使集中式的建筑形制得以大大发展。正是因为集中式形制能很好地适应东正教所宣扬的信徒之间应注重亲密关系的教义,所以成为建造宏伟教堂的最佳选择,在 5—6 世纪以君士坦丁堡为中心的东正教教堂中得到了广泛应用。

6.3.1 帆拱一穹顶一鼓座

其实,在早期基督教以巴西利卡为原型的大会堂式教堂出现后,到拜占庭集中式教堂盛行之前(见图 6-3),曾出现过衔接这两种形制的形式——向心式教堂,始于陵墓,随后才逐渐作为洗礼和安放圣物之用,其圆形或八角形的平面很适合围绕圣物举行的集会。当时对应圆形平面的穹窿建造技术还算简单,古罗马的大浴场和万神庙就是用厚重的环形墙壁来支撑穹窿的巨大荷载。但在正方形平面上覆盖穹窿就不那么容易了。

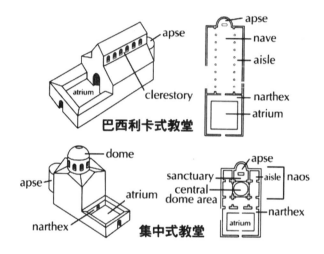

图 6-3 巴西利卡式与集中式教堂形制示意

拜占庭的创新做法是:在四角的 4 个柱墩上,沿方形平面有 4 边发券,在 4 个发券之间砌筑以方形平面对角线为直径的穹顶,这个穹顶仿佛一个完整的穹顶在 4 边被发券切割之后所余下的部分,它的重量完全由 4 个券下面的柱墩承担。而后又发展了在 4 个发券的顶点上做水平切口,在切口之上再砌半球形穹窿。更晚一步,则先在水平切口上砌一段圆筒形的鼓座,穹顶砌在鼓座上端而被高高举起来,穹顶在构图上的统帅作用被大大突出,明确而肯定,主要的结构因素获得了相应的艺术表现。通过这些技术上的创新,古罗马匠师没有解决的问题终于被解决了,对后来欧洲纪念性建筑的发展影响很大(见图 6-4)。

至此之后,帆拱、鼓座、穹顶,这一套拜占庭的结构方式和艺术形式广泛流行,并在文艺复兴时期及以后对西欧建筑产生了深刻的影响。

6.3.2 穹顶的平衡

穹顶的重量对支座的各个方向都有很大的水平侧推力。早期的处理方法是用一圈筒形拱围绕在外圈,把外推力传递给外围的承重墙,形成带环廊的集中式教堂,如意大利拉文纳的圣维达莱教堂(St. Vitale)。这种做法相对于古罗马完全由一道极厚的墙来承担穹顶的侧推

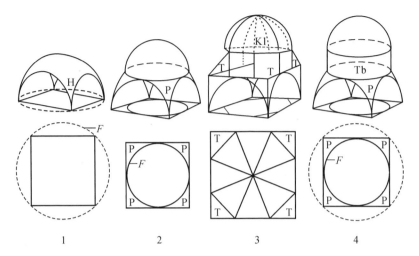

1   2   3   4

1 为帆拱技术示意图,四个角支起顶部的帆状穹隆顶;2 为帆拱之上再建一个半圆穹顶;
3 和 4 在顶部的小半圆穹顶和帆拱之间加一个鼓座,3 的鼓座为八棱柱状,托起的小半球也
是八棱状,4 的鼓座为圆筒形。

图 6-4   拜占庭集中式形制的结构示意

力,是有进步的,但建筑的内部空间和外部形式仍然受到很大的束缚(见图 6-5 和图 6-6)。

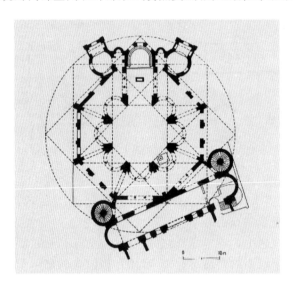

图 6-5   圣维达莱教堂平面

拜占庭匠师们在穹顶侧推力平衡方面也有重大的创造。他们在四面对着帆拱下的大发
券砌筒形拱来抵挡穹顶的推力,而筒形拱下面两侧再发券,靠里的券脚落在中央穹顶的支撑
柱上,外墙完全不承受侧推力,内部空间也只有支撑穹顶的柱墩。这样一来,无论是内部空
间还是立面处理,都自由灵活多了。

图 6-6 圣维达莱教堂外观

6.3.3 希腊十字式

拜占庭教堂的集中式形制的平面形式是希腊十字式，是由中央的穹顶和四面等长的筒形拱形成的等臂十字。教堂的外廓是方的，被 4 个长度相等的筒形拱所形成的等臂十字形划分为包括中央穹顶下空间在内的 5 块空间。还有的在 4 个角上用更低的穹顶或者拱顶覆盖，去抵消 4 边 4 个筒形拱顶的侧推力。通过穹顶平衡体系，整个教堂的结构联系成一个整体，内部空间一共被分为 9 块，但是相互之间流转贯通，又以中央穹顶下面的空间为中心。这种平面形式同东正教强调教众之间亲密关系的教义相吻合（见图 6-7）。

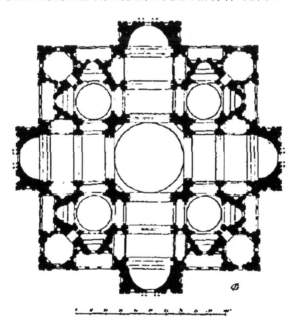

图 6-7 典型的希腊十字式教堂平面（16 世纪初伯拉孟特为罗马圣彼得大教堂所做的方案）

【观点】在拜占庭集中式教堂形制的发展历程中，可以明显地看到结构的进步在其中起着决定性的作用。集中式垂直构图的纪念性形象是依附于特定的结构技术——帆拱—穹顶—鼓座及穹顶平衡整体体系之上的。没有这样的结构方法，就没有这样的建筑形象，风格更无从谈起。历史上,每一次建筑风格的根本性大变化,都是以结构和材料的大变化为条件的。一个成熟的建筑体系,总是把艺术风格同结构技术协调起来,这种协调正是体系健康成熟的主要标志之一。古西亚、古希腊、古罗马,直到拜占庭建筑,历史一再地证明了这一点。(参见教材(上)P99)

6.4　拜占庭建筑装饰艺术

拜占庭建筑的装饰是和材料技术等因素密切关联的。拜占庭建筑的主要建筑材料是砖,砌在厚厚的灰浆层上,有些墙采用罗马的混凝土。为了减轻重量,拱顶和穹顶多用空陶罐砌筑。因此,无论是内部还是外部,穹顶或墙垣,都需要大面积的表面装饰,这就形成了拜占庭建筑装饰的基本特点。

6.4.1　玻璃马赛克和粉画

拜占庭建筑的装饰以彩色大理石贴于平直的墙面,而拱顶和穹顶的表面则饰以马赛克或粉画。马赛克拼画用半透明的小块彩色玻璃镶成,一般在基层上铺上底色以保持大面积画面的色调统一。6世纪前所用的底色多为蓝色,之后的一些重要建筑物改用金箔打底,色彩斑斓的马赛克就统一在金黄色中,显得金碧辉煌。马赛克拼画大多不表现空间,没有深度层次,人物的动态很小,比较能适合建筑的静态特点,保持建筑空间的明确性和结构逻辑(与古西亚建筑琉璃砖饰面的传统一脉相承)。玻璃小块之间的间隙宽而显著,马赛克壁画的砌筑感因而很强,同建筑十分协调(见图6-8)。由于马赛克饰面需要复杂的工艺,只有很重要

图6-8　马赛克拼画——查士丁尼皇帝的像

的教堂才采用这种昂贵的装饰,其他则在墙面抹灰后作粉画。要获得较为持久和高质量的装饰效果,需要在抹灰的灰浆未干时作画,因此必须挥洒自如、行笔流畅,要求画师具有纯熟的技巧和把握全局的能力。(参见教材(上)P100)

6.4.2 石 雕

除了大面积的马赛克拼画或粉画,拜占庭建筑的另一重要装饰手段就是石材雕刻。运用雕刻装饰的部位集中于发券、拱脚、穹顶底脚、柱头、檐口等用石材砌筑的承重及转折处,

保持构件原有的几何形状,用三角形断面的凹槽和钻孔来增强立体感、突出图案。装饰图案多为几何形或程式化的植物纹样。6世纪后的拜占庭建筑的柱头装饰具有自身的特点,而脱离了古典柱式的范畴。其具体做法是为了使厚厚的券底能自然过渡到细细的圆柱,在柱头上加一块倒方锥台型的垫石,或将柱头做成上大下小的倒方锥台形,或把柱头的立方体由上而下地渐渐抹去棱角,由方变圆。有的柱头采用透雕工艺,在表面上镂刻出精致的叶形花纹,如圣维达莱教堂的斗形柱头(见图 6-9)。

同内部的富丽精致相反,教堂的外观很朴素,大多是红砖的,有些用两种颜色的砖砌成交替的水平条纹,加上一些简单的石质线脚。11 世纪后,在伊斯兰建筑的影响下,外墙面的砌工和装饰才精致了一些。

图 6-9 圣维达莱教堂的斗形柱头

6.5 拜占庭建筑典型代表

6.5.1 圣索菲亚大教堂

拜占庭建筑最光辉的代表是首都君士坦丁堡的圣索菲亚大教堂。它是东正教的中心教堂,皇帝举行重要仪典的场所,拜占庭帝国极盛时代的纪念碑(见图 6-10)。圣索菲亚大教堂是集中式的,内殿近似方形(东西长 77.0 米,南部宽约 71.7 米),入口有两跨进深的廊子,供望道者用(见图 6-11)。

圣索菲亚大教堂的第一个成就是成熟的结构,采用"穹顶-鼓座-帆拱-穹顶平衡"的结构体系。教堂正中是直径 32.6 米、高 15 米的穹顶,有 40 个肋,通过帆拱架在 4 个 7.6 米宽的墩子上。东西两面:中央穹顶的侧推力由半个穹顶扣在大券上抵挡,它们的侧推力又通过斜角上两个更小的半穹顶和东、西两端各两个墩子抵挡;这两个小半穹顶的力又传到两侧更矮的拱顶上去。南北两面:中央穹顶则以 18.3 米深的四爿墩墙抵住侧推力。这套结构的关系明确,层次井然,显示出拜占庭匠师们已具有相当准确的经验型受力分析能力(见图 6-12)。(参见教材(上)P101—102)

图 6-10　圣索菲亚大教堂(建于 537 年)

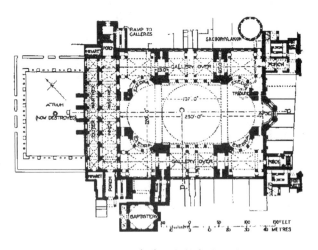

图 6-11　圣索菲亚大教堂平面图

　　圣索菲亚大教堂的第二个成就是既集中统一又曲折多变的内部空间。中央穹顶下的空间与南北两侧是明确分开的,而与东西两侧半穹顶下的空间则是完全连续的。中央部分的平面深 68.6 米、宽 32.6 米,穹顶的中心高 55 米,比古罗马万神庙的内部空间更高敞宽阔。通过这种空间分隔的方式,增加了从入口门廊进来的空间纵深,比较符合宗教仪式的需要;东西两侧逐个缩小的半穹顶造成了步步扩大的空间层次,但又有明确的向心性,层层涌起,

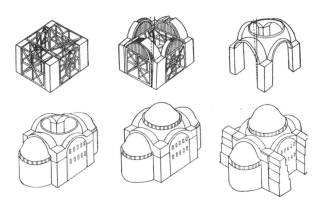

图 6-12　圣索菲亚大教堂结构组成示意

突出了中央穹顶的统帅地位,保持了集中式形制的空间特性。南北两侧的空间透过柱廊同中央部分相通,而它们内部又有柱廊作划分(见图 6-13)。(参见教材(上)P102)

图 6-13　圣索菲亚大教堂内部

　　【观点】　圣索菲亚大教堂延展、复合的空间,比起古罗马万神庙单一、封闭的空间来说,是结构上的重大进步,并引发建筑空间组合的重大进步。至于万神庙单纯、明确、完整的内部空间,与圣索菲亚神秘、迷离、复杂的内部空间,究竟孰优孰劣,却是见仁见智,不过却能反映出古罗马宗教和东正教之间宗教气氛的差异。(参见教材(上)P102)

6.5.2　圣马可大教堂

　　公元 5 世纪,难民为了躲避蛮族而建立了威尼斯,是拜占庭帝国的一部分。公元 9 世纪,几位威尼斯商人运回了福音传道者圣马可的遗体并修建圣陵,于 11 世纪改建为圣马可大教堂,就位于被誉为“欧洲客厅”的圣马可广场。教堂平面为希腊十字式(见图 6-14),共有 5 个穹窿,中央和面向正立面的最大,直径为 12.8 米,其他三个较小。穹窿之间用筒形拱连接,形成整体(见图 6-15)。设计师非常注重穹顶对于整个建筑外观的影响,采用在原内穹顶外用木构架支起一层铅或铜的鼓身较高的外穹顶的方法,使穹顶在圣马可广场上就能被看见。大教堂内部装饰竭尽奢华,用彩色云石饰面,拱券和穹窿装饰着金底彩色镶嵌画,体现着当时威尼斯富甲一方的经济实力。正立面有 5 道雄伟的拱门,正中间的那道尺度最大,每个拱门又由上下内外三层半圆构成,非常讲究层次和进深感(见图 6-16)。

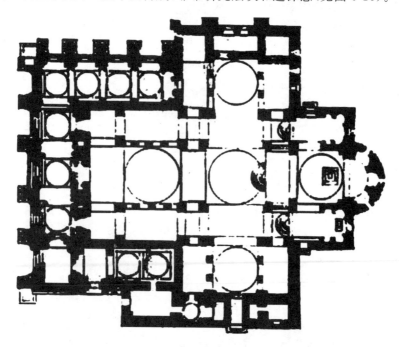

图 6-14　圣马可大教堂平面图(建于 829 年)

图 6-15　圣马可大教堂鸟瞰

图 6-16　圣马可大教堂正立面

6.6　受拜占庭影响的东欧建筑

拜占庭帝国在其鼎盛时期的一大成就是成功地使巴尔干地区和俄罗斯地区改信基督教,故而拜占庭文化得以向这一方向传播开去。随着东正教的传播,拜占庭集中式教堂在上述地区流行起来,而这些地区结合自身的地理位置、气候和文化,逐渐发展起具有自身特点的建筑形式。

6.6.1　俄罗斯建筑

位于基辅的圣索菲亚大教堂是俄罗斯最早的大型纪念建筑。平面近长方形,东面有 5个半圆形神坛,外墙厚重,开窗较小,设置了 13 个高低错落的、位于高鼓座上的、跨度不大的穹顶(代表基督的大穹顶和代表 12 个门徒的小穹顶),形成了错落的穹顶群。穹顶群下的山墙部分,每个立面都让拱顶超出山墙,形成的半圆山花使檐口波浪起伏,特别飘逸流动,活泼舒展,同整体的敦实朴厚相结合,质中寓巧(见图 6-17)。12 世纪末,俄罗斯形成了自己民族的建筑特点。由于地处高纬度地区,冬季大雪容易把浅圆顶压垮,所以逐渐由浑圆饱满的洋葱形圆顶或战盔式穹顶取代了浅圆顶,其做法仿效威尼斯的圣马可大教堂,在内穹顶外用木构架支起铅或铜的外壳(见图 6-18)。后来,又发展了独具民族特色的帐篷顶式样。把洋葱形圆顶和帐篷顶运用到极致的当属位于莫斯科红场南端的瓦西里·柏拉仁内教堂(St. Basil's Cathedral)。它是俄罗斯后期建筑的主要代表,其内部空间狭小,但外观设计极具纪念性和标志性。中央主塔采用帐篷顶,高 47 米,塔楼以凸起的扇形窗头线为边饰,统率着周围 8 个形状、色彩和装饰各不相同的洋葱形穹顶,外观鲜艳活泼,具有欢快热烈的节日气氛,墙面的花式砌法使外观更加华丽(见图 6-19)。

图 6-17　基辅的圣索菲亚大教堂

图 6-18　战盔式穹顶

图 6-19 瓦西里·柏拉仁内教堂的帐篷顶

6.6.2 东欧小教堂

13 世纪东欧地区形成了封建割据局面,各地教堂的规模都很小,穹顶直径最大的也不超过 6 米。不过,这些小教堂的外形有所改进。穹顶逐渐饱满起来,举起在鼓座之上,统率整体而成为中心,真正形成了垂直轴线,完成了集中式的构图。有些教堂,还在四角的那一间上面升起小一点的带鼓座的穹顶,形成五个穹顶为一簇的形体。外墙面的处理也精心多了,用壁柱、券、有雕刻的线脚和图案等作装饰。内部空间从中央穹窿到等臂十字,再到最边角,呈现层层降低的趋势,并在建筑外观上如实表现(见图 6-20)。

图 6-20　诺夫哥罗德的圣索菲亚主教堂

思考题

　　1.拜占庭建筑是如何解决方形平面上架设穹顶的？

　　2.用简图表示拜占庭建筑"穹顶—鼓座—帆拱"的结构体系。

　　3.简述拜占庭集中式教堂的主要特点。

第 7 章　西欧中世纪建筑

（479 年—15 世纪）

　　早在罗马帝国的末期,罗马帝国分裂成东、西欧后,西欧经济已十分衰败。5 世纪,哥特等蛮族大举涌来,于公元 479 年灭亡了西罗马帝国。在一片荒芜之中,形成了封建制度。自然经济的农业占统治地位,领主们在各自狭窄的封地里割据,形成许多小的王国,四分五裂,没有集中统一的政权。在苦难中,宣扬禁欲主义、博爱和自律的基督教在西欧迅速发展。

　　5—10 世纪,西欧的建筑极不发达,在小小的、闭关自守的封建领地里,古罗马那种大型的公共建筑物或者宗教建筑物,都是不需要的,相应的结构技术和艺术经验也都失传了。封建主的庄园和寨堡也很粗糙,教堂和修道院是当时唯一质量较好的建筑物,但其规模和精致程度和古罗马时期以及同时期的拜占庭帝国都无法相提并论。

　　10 世纪后,随着造船业和航海业的发展,手工业和农业的分离,商业越来越活跃,在交通要道、关隘、渡口、教堂或城堡附近渐渐形成了手工业和商业聚集的城市,自然经济被突破了。城市里形成了主要由手工业工匠和商人组成的市民群体,建筑也进入了新的阶段。城市的自由工匠们掌握了娴熟的手工技艺,建筑工程中人力物力的经济性远比古罗马高。城市中的主教堂成为最重要的纪念性建筑物,代表着当时建筑成就的最高水平(天主教教堂经历了从以修道院教堂为主到以城市主教堂为主的过程)。各种类型的城市公共建筑物也多了起来,并逐渐增加着重要性。12 世纪,城市市民为城市的独立和自治而对封建主的抗争,以及市民文化对宗教神学的冲击,也在建筑中鲜明地表现出来,尤其突出地表现在教堂建筑中。11 世纪末开始的长达 200 年的十字军东征运动,把拜占庭和阿拉伯的文化带回了西欧,对西欧的建筑产生了很大的影响(见图 7-1)。

　　西欧中世纪的文明史,包括建筑史在内,共分为三个时期:从西罗马帝国末年到 10 世纪,史称早期基督教时期(Early Christian Period);10—12 世纪初,史称罗曼时期(Romanesque Period,又称罗马风);12—15 世纪,史称哥特时期(Gothic Period)。

　　法国的封建制度在西欧最典型,它的中世纪建筑史也最典型,其余各国深受法国的影响。西班牙在中世纪被信奉伊斯兰教的摩尔人占领,建筑基本上是同伊斯兰世界一致的,到了 15 世纪驱逐了摩尔人之后还在追补哥特建筑。

　　【资料链接】　西欧中世纪的文化特征

　　(1)基督教精神:中世纪的人对基督教的信仰达到前所未有的狂热程度。人们放弃了对完美生活的追求,崇尚禁欲。整个中世纪 1000 年,人们以瘦弱无力细长的体形为理想的楷模,是基督教的合格体形。教皇格利高里认为:"对于目不识丁的人,图画所起的作用正如书籍之于有文化的人一样。"因而艺术成为"文盲者的圣经"。艺术力求用基督教、基督情绪感染教徒,同时传达基督教含义。

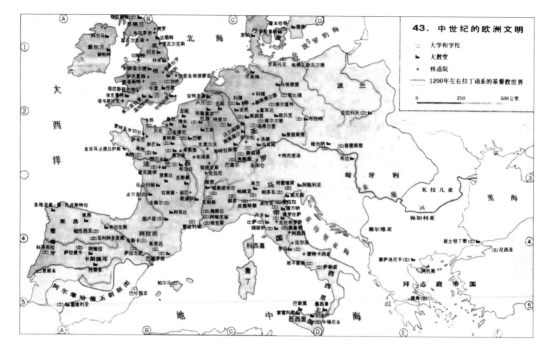

图 7-1　中世纪欧洲文明地图

（2）古希腊、古罗马建筑遗产的毁灭性继承：由于长时间的民族战乱和纷争，欧洲原来由古希腊、古罗马建立起来的古典文明遭到很大的破坏，那些恢宏的建筑残破不堪，甚至被当作采石场，很多早期的教堂和罗马风时期的教堂，石料就是直接从古罗马的建筑上搬来的。

（3）"蛮族文化"：现代西欧各国的建立与最初形成国家的诸外来民族有着直接的继承关系。意大利的东哥特人和伦巴第人，西班牙的西哥特人，爱尔兰的克勒特人和盎格鲁—撒克逊人，斯堪的纳维亚半岛的诺曼人及法兰克人等都有自己原始传统的文化艺术，史称"蛮族文化"。虽然他们的文明程度远不及罗马帝国，但他们与基督教精神的结合，给古典文化注入了新的生命力。

（4）中世纪城市：大多是自发形成的，故在城市布局上反映出极大的自生长性，街道狭窄弯曲，教堂在城市形态上扮演了中心角色，高耸的钟塔突出了整个城市的轮廓。教堂旁一般设市场及各种行会，是贸易交换的重要场所。

7.1　早期基督教教堂建筑——发现巴西利卡

基督教于公元 1 世纪初，在以色列耶路撒冷诞生后，向西逐渐传播到叙利亚、小亚细亚和北非，而后到罗马。在 313 年，君士坦丁大帝皈依基督教，颁布"米兰敕令"承认基督教合法后，教堂建筑才发展起来。早期的基督徒渴望基督再次降临人间，每天都希望能在大街或集市上见到他。他们总是尽可能住在一起，形成一个社区。基督教堂和古代神庙有着本质的区别：古代神庙是供神居住的，是神的住宅；而基督教堂则用于容纳更多的教徒，进行宗教礼拜活动，所以需要很大的内部空间——一个集会大厅。

因而适合集会的古罗马大厅式建筑——巴西利卡，很自然地被他们用作社区的教堂。早期巴西利卡式教堂的出现也避开了使用古罗马穹顶的复杂技术，而重新使用普通墙及柱子支撑木屋顶这类简单的构造方式,从而降低造价(见图 7-2)。

图 7-2　圣・阿波里内尔教堂(S. Apollinare in Classe,Ravenna,建于 5 世纪)中厅

　　由于封建分裂和教会内部教派林立,早期西欧各地教堂的形制不尽相同,但基本上继承了古罗马末年开始出现的基督教教堂的形制,即古罗马巴西利卡的形制。这一类教堂称为巴西利卡式教堂(Basilican Church)。罗马城外的圣保罗教堂(San Paolo Fuori le Mura)(见图 7-3)、罗马的圣约翰教堂(St. Giovanni in Laterano)(见图 7-4)和圣玛利亚大教堂(Santa Maria Maggiore)等都是早期基督教巴西利卡式教堂的典型代表。

　　教堂在侧廊挂上幕帘,用作初学者讨论与受教育的地方;教徒参加圣餐仪式之前,必须接受洗礼(后发展成教堂前的洗礼池或洗礼堂)。昔日用作执政官席位的半圆龛(Apse)被牧师占用,用作圣坛;圣坛之前是祭坛;祭坛之前又是唱诗班的席位,叫歌坛。随着宗教仪式日趋复杂,后在祭坛前增加一道横向的空间,称为袖廊(Transept),大一点的袖廊也分中厅和侧廊,高度和宽度都和正厅对应相等。中厅与袖廊就构成了十字形的平面,纵横两个中厅高出,从上面俯视,更像一个平放的十字架。由于正厅所在的竖道比袖厅所在的横道长得多,类似于拉丁文中的十字,因而称为拉丁十字式巴西利卡(见图 7-5)。

　　古罗马巴西利卡的入口一般在长边一侧,突出的是中间的大厅;而作为早期基督教堂的巴西利卡,入口一般在短边一侧,这样既可突出圣坛的中心感,又符合宗教气氛的要求。开

图 7-3　罗马城外的圣保罗教堂的中厅(建于 4 世纪,1823 年毁于火灾后重修)

图 7-4　罗马的圣约翰教堂的中厅(始建于 313 年,是基督教最远古的教堂之一。现多次改建,外立面风格混杂)

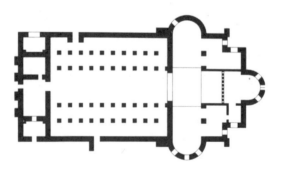

图 7-5　圣地伯利恒的圣诞教堂平面图

始教堂的入口朝向没有作规定。后来根据教会规定,圣坛必须在东端,这样在举行仪式时,可使信徒面对耶路撒冷的耶稣圣墓(一说是为了迎接太阳的升起),大门因而固定朝西(见图 7-6)。

　　这种拉丁十字式教堂,建筑的处理同宗教活动是适应的,同时十字形又被认为是耶稣基

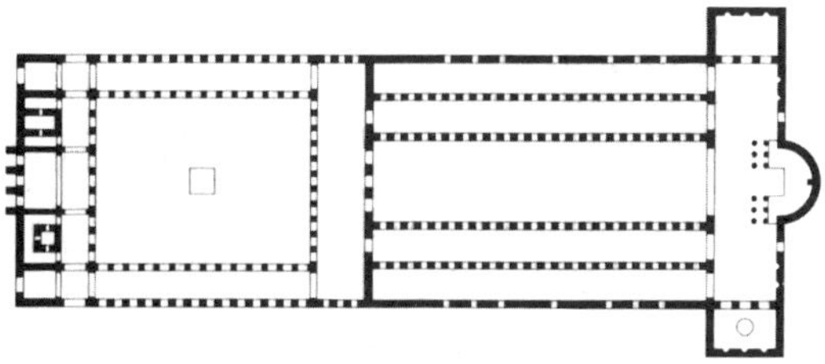

图 7-6　梵蒂冈的圣彼得老教堂的平面图（建于 333 年）

督殉难的十字架的象征，具有神圣的含义。因此，天主教会一直把拉丁十字式当作最正统的教堂形制，流行于整个中世纪的西欧。

7.2　罗马风教堂——从修道院教堂到城市主教堂

罗马风建筑是 9—12 世纪西欧基督教流行地区的主要建筑风格，是早期基督教建筑到哥特建筑的过渡。由于经历了 700 多年的战乱，此时建造的建筑把安全性作为相当重要的因素来考虑，把厚实坚固的基础和罗马拱顶相结合，使各种类型的建筑都具有半防御功能。罗马风并不是直接从古罗马后期开始的，中间断掉了几百年。罗马风建筑规模远不及古罗马时代，但建筑材料直接取自古罗马废墟，建筑结构基础来源于古罗马的建筑构造方式，形式上略有古罗马的风格，因而得名罗马风。19 世纪初，这一风格才被法国评论家首次发现并命名。

罗马风建筑的特征，一般是在窗、门和拱廊上广泛采用半圆形拱顶（"罗马券"），以筒拱和交叉拱作为内部支撑（见图 7-7），常见厚实的窗间壁和窗户很少的实墙。它主要追求一种沉重压抑的氛围，以体现基督的威严和教会的绝对权威，表现出稳定、坚实和巨大（见图 7-8）。

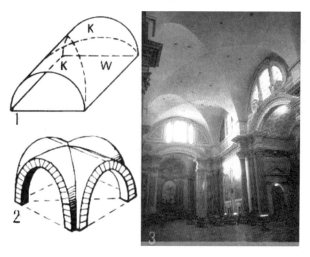

图 7-7　十字交叉拱

这一时期的主要建筑类型是教堂、修道院和城堡。

罗马风教堂经历了从修道院教堂到城市主教堂的转变。中世纪盛行修道院制度。修道

图 7-8　圣·阿波里内尔教堂(S. Apollinare in Classe,Ravenna)

院一般远离城市,提倡出世哲学,倡导禁欲主义,提供研习教义为主的隐修生活。自 10 世纪以来,西欧一些地区经济复苏,教会掀起一股崇拜"圣骸""圣物"的热潮,信徒们成群结队地步行数百里跑到收藏"圣物"的教堂去朝拜。因而沿途建了不少修道院,供香客食宿和举行宗教仪式。在封建割据的社会环境中,每一幢建筑,无论是城堡、教堂还是大修道院,都是一个据点或要塞。教堂往往作为防御工事的庇护所而建造,显示出浓厚的防御性。修道院教堂的主要建造者是修道士,当时教会否定现实生活,以唯美为罪恶的信条,教堂不事装饰,体型简单,墙垣和支柱十分厚重,不讲究比例,工艺较为粗糙,由于反对偶像崇拜,连耶稣基督的雕像也没有。

随着城市的兴起,逐步展开向封建领主争取独立的斗争之后,市民们产生了用宏伟的建筑物来荣耀自己城市的愿望,教堂作为实现这一凤愿的最佳载体而被兴建。从 11 世纪开始,作为城市解放和富强的纪念碑的城市主教堂的重要性增长了,同修道院教堂并驾齐驱。很快,在一些重要的工商业城市里的主教堂成了当时建筑成就的主要代表。专业的建筑工匠从农民中分离出来,越来越多地参与到大型教堂的建造中。工匠们不同于农民和大多数修道士,他们富于创造性,受到的束缚少,在整个西欧四处流动参加工程,更加有利于经验的交流、积累和传布。城市教堂的艺术性也由于专业工匠对于美的追求而得到提升,体现出由"向彼岸"到"向现世"的转变。教堂面向城市的西立面的重要性增加了,钟塔成为入口一侧立面的重要构图因素,并演变为左右对称的双塔楼形式。

7.2.1　9—11 世纪

9—11 世纪的教堂建筑处于探索、过渡阶段,特点不突出。与早期巴西利卡式教堂相比,变化主要表现在以下几个方面:

1.屋顶

由于木屋顶容易发生火灾,因而开始使用古罗马的筒形拱。而筒形拱巨大的侧推力是巴西利卡式结构难以解决的,因而不得不取消高侧窗,增加墙壁厚度。这样一来教堂内部变得十分昏暗。为了解决采光问题,开始修建双层侧廊和采光塔。

11 世纪下半叶,在中厅屋顶采用了技术上比较困难的十字拱,后又采用在古罗马晚期已出现的骨架券技术砌筑十字拱,筒形拱被骨架券横分成段落,由扶壁来平衡沉重拱顶的侧推力,从而将墙壁解放出来用于开窗(见图 7-9)。这一做法的主要意义在于:构图上把拱顶和墙墩联系起来,并使拱顶和其他部分有共同的尺度;表现拱顶半圆形的几何形状,使之看上去饱满而有张力;使拱顶的砌筑得以分段进行,节省了大量的模架。后来在侧廊也采用十字拱(见图 7-10)。

图 7-9　扶壁

图 7-10　圣托洛菲姆修道院回廊用骨架券砌筑的筒拱

　　【名词解释】　扶壁:一种嵌入或抵住砖石墙体的外部支撑构筑,通过抵抗向外的侧推力来稳定整个建筑的结构。

中厅和侧廊采用十字拱之后,自然采用正方形的平面"间",由于中厅的宽度一般为侧廊的两倍,于是中厅和侧廊之间的支柱,大小粗细相间,中厅的侧立面也是一个大开间套着侧廊的两个小开间;由于正方形对角线的券的半径大于纵向和横向券的半径,拱顶会在每间中央隆起,形成声聚焦,影响了内部的音响效果,空间效果也不够整洁,打断了聚向圣坛的动势(见图 7-11)。

图 7-11　德国斯皮尔教堂(Speyer Cathedral)中厅

2.平面

拉丁十字式平面得到发展完善,成为基督教堂的主要平面形制。在纵横两个中厅交叉点上方出现采光塔,以照亮圣坛,使之成为幽暗教堂里最亮处,与教堂的气氛十分符合(见图 7-12和图 7-13)。

图 7-12　法国圣瑟宁教堂(St. Sernin,始建于 1080 年)

3.入口立面

西立面开始出现1～2座塔夹着中间低矮入口的立面形式,称为"西殿堂"(Westwerk),并

图 7-13　法国圣瑟宁教堂东立面

出现透视门(一般为三个门,分别代表天堂、世纪、死亡)。塔可以召唤信徒,还兼作瞭望之用。

【名词解释】 透视门:中世纪基督教堂墙垣很厚,以致门窗洞很深。为了减轻建筑的沉重感,常将墙面利用连续小券及一层层的同心圆线脚组成券洞门。这种层层推进的券门称为透视门(见图 7-14)。

4. 扩大的圣坛

教堂东端的圣坛是罗马风建筑装饰的重点所在,装饰得很华丽,色彩缤纷,象征着彼岸世界。随着"圣物"的增加,在圣坛周围出现了内室回廊,并在其外侧修建了凸出于墙外的小礼拜室,平面形式渐趋复杂(见图 7-15)。

7.2.2　11—12 世纪

11—12 世纪,罗马风建筑的风格基本成熟。其典型的特征是:墙体巨大而厚实;窗很小;教堂内多用圆柱,柱墩粗大;内部及外观水平线较多;所有的拱券均为半圆形。为了削弱外观封闭笨拙之感,工匠们采用了一些处理手法,如用钟塔、采光塔、圣坛、小礼拜室等突出主体建筑的部分来丰富和活跃轮廓;外墙上露出扶壁;用浮雕式的连续小券装饰檐下和腰线;或用小小的空券廊装饰墙的上部;门窗洞口向外抹成八字,用层层线脚减弱两边墙垣的

图 7-14　透视门

图 7-15　圣富瓦本笃会修道院

厚重感。

　　虽然教堂建筑的这些变化反映着以手工工匠为代表的萌芽状态的市民文化同宗教神学的斗争,但两者的力量悬殊,市民文化还不足以和宗教的意识形态相匹敌。教堂仍被浓重的宗教气息所笼罩,沉重的墙垣、墩子和拱顶,狭而高的中厅和侧廊,深远的祭坛,压抑的尺度,充斥着忧郁和内省的情绪。连用作装饰的圣徒雕像也面目愁苦、身躯枯槁,脱离不了教义的束缚。

　　【观点】现存完整的罗马风建筑并不多,且多数在后来被用哥特式风格进行过改造,这也是对这一风格的研究很难深入、很晚才开始的原因。罗马风建筑吸取了古罗马(比维特鲁威时期的水平低很多,是在古罗马的废墟上学习的经验,没有直接的传承)、拜占庭、蛮族艺术和多方艺术的经验,但是有拼贴,不完整,不成系统。所以,建筑史上对罗马风建筑的评价不高,属于过渡时期。

7.2.3　代表作

　　(1)圣瑟宁教堂(St. Sernin,Toulouse),11—12 世纪,法国;
　　(2)昂古来姆主教堂(Angouleme Cathedral),1130 年,法国(见图 7-16);
　　(3)沃尔姆斯主教堂(Worms Cathedral),1170 年,德国(见图 7-17);
　　(4)比萨主教堂(Pisa Cathedral),1063 年,意大利(见图 7-18)。

图 7-16　昂古莱姆主教堂

图 7-17　沃尔姆斯主教堂

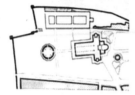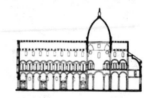

图 7-18 比萨主教堂

7.3 以法国为中心的哥特式教堂

罗马风建筑的进一步发展,就是 12—15 世纪西欧主要以法国的城市主教堂为代表的哥特式建筑。

这一时期,手工业与农业分离,商业越来越活跃,在交通要道、关隘、渡口、教堂或城堡附近渐渐形成了手工业工匠和商人聚集的城市。手工业工匠和商人通过赎买或斗争,从当地领主或教会手中取得了城市不同程度的自治权。哥特式建筑就是欧洲中世纪城市经济占主导地位时期的建筑。法国作为西欧最先进、国力最强盛的国家,中央王权逐渐加强,同封建分裂状态进行斗争,而与城市争取自治的利益有一定程度的相互支持,因此建筑的重大变化在法国最为典型,可以说哥特式建筑是以法国为中心发展起来的。

"哥特式"最初具有贬义:"哥特式"是文艺复兴时期意大利艺术家最先给这种风格提出的一种蔑称,"哥特"一词就是法语"日耳曼"的同义词,他们认为是哥特人使罗马帝国陷于解体,讥笑他们对古典准则一无所知。中世纪的作品被认为是原始粗野的,哥特式风格纯属一种未开化的风格。这种观点在文艺复兴时期流传很广。但以后的浪漫主义运动扩大了趣味的标准,并为 19 世纪哥特式风格主要在建筑方面的复兴创造了适宜的气候,这种观点才基本上被压倒。

当代,中世纪建筑以其独特的建筑形象和建筑技术在建筑史上占有重要的地位。哥特式风格的建筑要素主要表现在:尖券(Pointed Arch)、使用骨架券(Vault Rib)作为拱顶承重构件的尖形肋骨拱顶、大坡度的双坡屋顶、钟楼、飞扶壁(Flying Buttress)、束柱和彩色玻璃。

7.3.1 教会与社会文化变迁

12—15 世纪,在以巴黎为中心的法国王室领地和它的周围,城市的主教堂终于取代了修道院教堂成为占主导地位的建筑物。1180—1270 年,全法国造了 80 座左右的大教堂,它们是城市解放和富强的纪念碑,集全城的物质力量造就,是市民的精神核心和城市的象征。这些教堂,已不再是纯粹的宗教建筑物,也不再是军事堡垒,它们成了城市公共生活的中心,除了宗教仪典,还兼作市民大会堂、公共礼堂、市场和剧场,市民们在里面举办婚丧大事,教堂功能世俗化了。正在这时形成的市民文化更多地渗透到了教堂建筑中去。

教会本身也在新的历史条件下发生变化,日益追求世俗的权力与财富,对教堂的审美倾向也发生了变化,世俗的、感性的美也被认为在教堂建筑中是必要的了,明亮的光线和鲜丽的色彩在教堂建筑中的出现也得到了宗教的解释[①],雕刻装饰、彩色玻璃窗、地面图案镶嵌等市民文化的东西渗入了教堂,并得到教会里势力人物的支持。(参见教材(上)P114—115)

7.3.2 哥特式教堂的结构

10—12 世纪的罗马风教堂,因为结构方法的不完善,还存在诸多问题:墙垣厚重,窗子小,内部昏暗且外观封闭沉重;内部空间不够简洁;形状复杂的圣坛及内部环廊、礼拜室等;不易被筒形拱或十字拱覆盖;等等。

到 12 世纪下半叶,这些问题都被一整套富有创造性的哥特式结构体系解决了。这个新结构体系集中了散见于各地后期罗马风教堂的十字拱、骨架券、两圆心尖券等做法和利用扶壁抵挡拱顶侧推力的尝试,加以发展和配套,并且给它们以完善的艺术上的处理,形成成熟的风格。这个新结构体系虽不是独创,但这种集成式发展,是中世纪工匠的伟大成就,可以与古罗马媲美。如果说罗马风是以其坚厚、敦实的形体来显示教会的威力,那么哥特式则以灵巧、上升的力量体现教会的神圣精神(见图 7-19)。

获得这一成就的主要原因是,这时候建筑工匠进一步专业化,分工很细,使用各种规、尺和复杂的样板;同时,从工匠中产生了类似专业的建筑师和工程师,他们除了组织施工外,还绘制平面、立面、剖面和细部的大致图样,制作模型,研习历史经验,熟悉几何和数学的构图原则,突破了小生产者的狭隘眼界和单凭"尝试改错"得来的经验。

哥特式教堂结构的特点如下:

(1)使用框架式的十字拱券作为骨架券,将拱顶明确地分为承重部分和填充部分,除骨架券之外的填充围护部分减薄到 25~30cm,材料省了,拱顶自重减轻,侧推力也随之小多了,垂直承重的墩子也跟着细了一些。骨架券除了使拱顶成为框架式之外,另一个重大的结构意义是使各种形状复杂的平面都可以用拱顶覆盖,圣坛外圈环廊和小礼拜室拱顶的技术困难迎刃而解。巴黎郊外的圣德尼教堂(Church of Saint-Denis)第一个用骨架券造成了复杂的东端圣坛部分,它的工匠被各地教堂争相延聘,对新结构的推广起了重大的作用(见图 7-20 和图 7-21)。(参见教材(上)P116)

---

① 巴黎北区王室圣德尼教堂西立面大门的青铜门扉上刻着一段铭文:"阴暗的心灵通过物质接近真理,而且在看见光亮时,阴暗的心灵就从过去的沉沦中复活。"

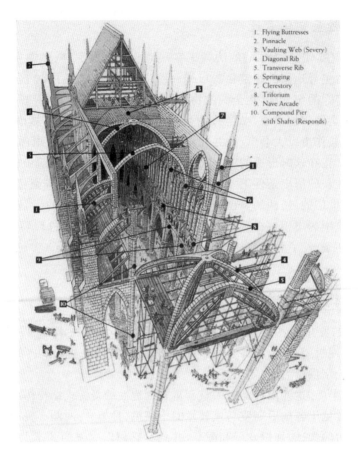

1. Flying Buttresses
2. Pinnacle
3. Vaulting Web (Severy)
4. Diagonal Rib
5. Transverse Rib
6. Springing
7. Clerestory
8. Triforium
9. Nave Arcade
10. Compound Pier
    with Shafts (Responds)

图 7-19　哥特教堂典型结构示意

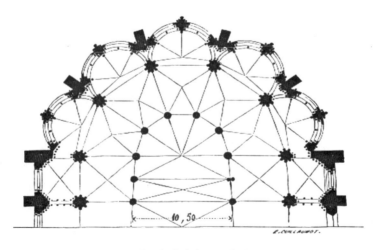

图 7-20　圣德尼教堂东部圣坛部分顶视平面

图 7-21　圣德尼教堂室内(1140—1144 年)

（2）骨架券把拱顶的荷载集中到每间十字拱的四角，因而可以用独立的飞券在两侧凌空越过侧廊上方，在中厅每间十字拱四角的起脚处抵住拱顶的侧推力，飞券最终落脚在侧廊外侧一片片横向的墙垛上，以抵消自身的侧推力。这样一来，侧廊的拱顶不必负担中厅拱顶的侧推力，可以大大降低高度，使中厅外墙可以在侧廊上方开很高的侧高窗，侧廊本身也因为卸去了中厅拱顶的荷载而窗子大开。为了最大限度地扩大中厅的侧高窗，侧廊的楼层起初退化为狭小的走廊，后来完全取消。飞券最早使用在巴黎圣母院，它和骨架券一起使整个教堂的结构近于框架式的(见图 7-22)。（参见教材(上)P117）

【名词解释】　飞券：也称飞扶壁，是哥特式建筑所特有的一种结构构件。它利用从墙体上部向外挑出的凌空越过侧廊上方的券，将墙体所受到的压力传递到离此一定距离的墩柱上，从而解决了拱顶侧推力（水平分力）的平衡问题。

（3）全部使用两圆心的尖券和尖拱。尖券和尖拱的结构意义在于：侧推力小，可减小柱的荷载，有利于减轻结构，使建筑物建得更高且更为坚固；中厅和侧廊不同跨度的拱券可以统一高度，成排连续的拱顶不致逐间地中央隆起，内部空间形象因此整齐、单纯而统一；十字拱的"间"的平面形状可以不必拘泥于正方形(见图 7-23)。从构图上看，尖券有向上的动势和一种神秘感，不仅在结构上，而且在华盖、装饰、壁龛等一切地方、一切细部，尖券都代替了半圆券，哥特式教堂建筑的风格从内到外得到了统一(见图 7-24)。值得注意的是，尖券并不是哥式特建筑师的创新，而是来自伊斯兰建筑。

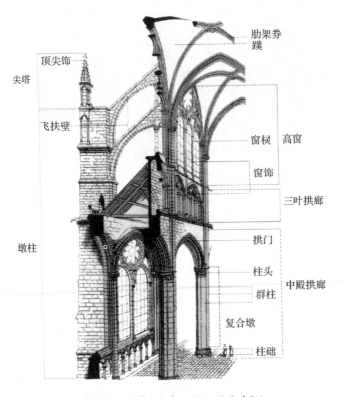

图 7-22 飞券(巴黎圣母院剖面透视)

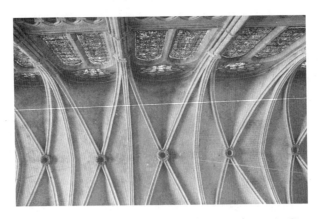

图 7-23 两圆心的尖券和尖拱(巴黎圣母院中厅顶视图)

7.3.3 哥特式主教堂的形制

哥特式主教堂的形制基本上是拉丁十字式的。

在西欧不同的国家,哥特式教堂的形制在相似的基础上有各自的特色。

法国:是哥特式最典型的国家。自从解决了复杂平面上覆盖拱顶的结构困难之后,东端的布局更加复杂,小礼拜室更多,外轮廓是半圆形的。西端主入口有一对大塔,横厅尽端开门,有小塔作装饰。教堂的横厅在两侧伸出很少,教堂的拉丁十字形主要靠高起的中厅表现。实例有巴黎圣母院、亚眠主教堂(见图 7-25)、兰斯主教堂。

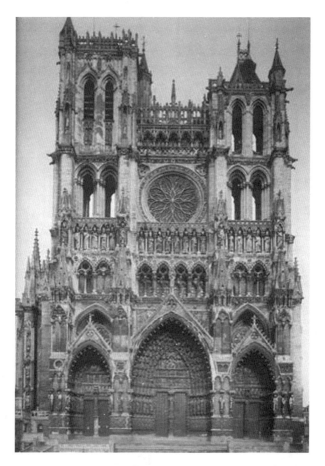

图 7-24　亚眠主教堂西立面(公元 1220—1288 年)

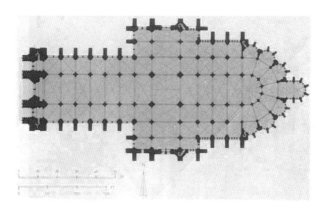

图 7-25　亚眠主教堂平面图

英国:正厅很长,横厅很突出,通常有两个;钟塔只有一个,设在偏东的纵横两个中厅的交点之上;西面即使有钟塔,也较小,处于次要的地位;东端很简单,大多是方的;立面不强调高耸。实例有林肯主教堂和索尔兹伯里主教堂(见图 7-26 和图 7-27)。

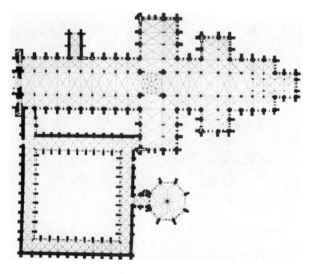

图 7-26　索尔兹伯里主教堂平面图（1220—1266 年）

图 7-27　索尔兹伯里主教堂外观

意大利：侧廊的高度接近中厅，内部空间为广厅式，外立面仍保留巴西利卡的特点，外轮廓接近三角形的山墙面，不设高耸的钟塔，只是点缀着哥特的垂直装饰和精美雕刻。结构方法比较保守,常用木桁架。没能完全摆脱古罗马的影响,稳定、平展、简洁等古典建筑的性格一直保留。实例有米兰主教堂(见图 7-28 和图 7-29)等。

图 7-28　米兰主教堂(1385—1485 年)

图 7-29　米兰主教堂室内

德国：中厅非常高耸，立面非常强调垂直线，垂直线森冷密集，水平联系弱。科隆主教堂是欧洲北部最大的哥特式教堂，西面入口的一对八角形塔楼高达 150 多米，成为哥特理想的顶点，具有强烈的垂直向上感（见图 7-30）。

图 7-30　科隆主教堂（始建于公元 1248 年）

7.3.4　哥特式教堂的内部处理

新的结构方式直接为教堂的艺术风格带来了新因素，教会力求把它们同神学教条结合起来，工匠们则力求把它们同自己现实的审美理想结合起来。具体反映为向上和向前两个动势之间的矛盾，工匠和市民文化追求现世美和教会宣扬"纯洁的"精神生活之间的矛盾。

中厅：平面和剖立面的比例都十分狭长。中厅的高度和深度远远大于宽度。就宽度而言，巴黎圣母院只有 12.5 米，兰斯主教堂为 14.65 米，夏特尔主教堂为 16.4 米；但长度很长，巴黎圣母院为 127 米，兰斯主教学为 138.5 米，夏特尔主教学长 130.2 米。中厅两侧支柱的间距不大，巴黎圣母院和韩斯分别为 6 米和 7.2 米。因此，教堂内部导向祭坛的节奏紧凑，向前的动势很强。

随着技术的进步，中厅越来越高，一般都在 30 米以上，有的中厅（如科隆主教堂）甚至高达 46 米。从 13 世纪起，支承拱顶的支柱的柱头渐渐消退，形成束柱，支柱与骨架券之间的界限很弱,仿佛是骨架券向下的延伸,又仿佛是一束骨架券下部的茎梗,垂直线统治着所有的部位,看上去不是支柱负荷着拱顶,而是整个结构都从地下生长出来,向上发散。向上的动势,体现着对"天国"的向往,也表现出工匠们对精湛技艺的自豪。

【名词解释】 束柱:为了和视觉上较为轻薄的拱顶肋骨尖券相适应,承载尖券的柱墩渐渐由罗马风时期的整根圆柱演变为由上部尖券的不同肋骨收头的柱帽分别引出小壁柱,从而使整根柱子看上去像一束捆扎在一起的细柱,构成哥特教堂室内垂直向上的空间特征,轻盈的升腾感仿佛把信众带向美好的天国(见图 7-31)。

图 7-31 束柱

内部装饰:哥特式教堂内部裸露着近似框架式的结构,窗子占满了支柱之间的整个面积,而支柱又全由垂直线组成,筋骨嶙峋,几乎没有墙面,使得雕刻、壁画之类无所附丽,极其峻峭冷清,体现着教会否定物质世界、宣扬纯洁精神生活的教义。德国的科隆主教堂在这一方面就达到了极致。同时,教堂内部结构体系条理井然,各个构件分明表现着严谨的荷载传导关系,表现着工匠们对客观规律的明确认识和科学的理性精神,同教会所追求的神秘性和彼岸精神又是针锋相对的。

7.3.5 哥特式教堂的外部处理

哥特式建筑的发展有两个主要阶段。第一个阶段一直持续到 13 世纪中叶,非常强调结构,强调零散构件的递增,而在法国则特别强调取得建筑高度。第二个阶段趋向强调装饰,后又逐渐强调达到丰富多彩的整体视觉效果。到哥特式时期结束时,装饰细节已发展到能脱离结构因素而独立存在。

哥特式教堂面对城市的主立面——西立面的典型构图是:一对塔夹着中厅山墙的纵三段的形制,垂直地分为三部分,山墙檐头上的栏杆、大门洞上方的雕饰以水平向的连贯形象,把三部分横向地联系起来。入口 3 座尖券形门洞层层凹进,雕刻着线脚加以装饰,线脚上雕刻有成串的圣像。栏杆与门洞上方雕像龛之间是绚丽的玫瑰窗,象征着圣母的纯洁和天堂(见图 7-32)。

哥特式教堂的外貌往往不及内部完整。由于工期常常长达几十年甚至上百年,有些教堂各部分属于不同时期,所以形式和风格很不一致,如夏特尔主教堂,两个钟塔的形式差别很大,分别属于哥特早期和晚期(见图 7-33);还有一些教堂,始终没有最后完成,如斯特拉

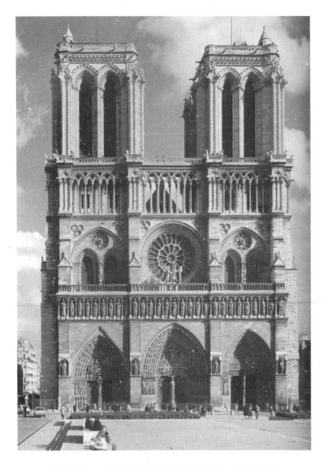

图 7-32　巴黎圣母院西立面(1163—1250 年)

斯堡主教堂只造起了一个塔。教堂钟塔上一般建有很高的尖塔,不过有些没有造成,有些倒塌了。

哥特式教堂的外部艺术还是统一性占主导地位,集中表现为向上的动势:轻灵的垂直线条统治着全身;扶壁、墙垣、塔以及诸多细部都是越往上分划越细、越多装饰、越玲珑,而且顶上都有锋利的、直刺苍穹的小尖顶;门上的山花,龛上的华盖,扶壁的脊,所有的券都是尖的。总之,所有建筑局部和细节的上端都是尖的,都尽力地通过边缘线和棱线塑造出尽量多的垂直线条,线条图案几乎完全取代了坚实的墙体。因此,整个教堂处处充满着向上的冲劲,凌空的飞券腾越侧廊的屋顶,托住中厅,似乎要把教堂弹射出去,而西面的钟塔,集中了整个建筑物的冲劲,完成了向天的一跃。(参见教材(上)P123)

为了助力这种升腾之势,教堂的外观力求削弱重量感。越到后期,整个教堂的西立面仿佛蒙着一层精巧的、纤细的石质的网,钟塔连同尖顶像一个透空编织的笼子,飞券也做得十分空灵。一切局部和细节都和总的创作意图相应:线脚截面小、凹凸大;栏杆、窗棂等的截面以一个尖角向前;大的墙垛上,都设置雕镂细巧的龛,上面戴一个尖尖的顶子。这些做法都使教堂显得轻盈。

为了适应宗教仪式的需要和象征耶稣基督的受难,教会偏好拉丁十字式的平面,中厅拉长以容纳更多信众。因此,垂直高耸的形体和水平横陈的形体之间主次难分,教堂的外形不

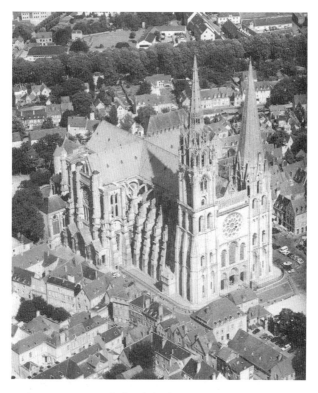

图 7-33　夏特尔主教堂(1194—1260 年)

够统一。尽管在内部和外部都有水平和垂直之间的矛盾,但哥特式教堂的风格是很成熟的,从整体到细部,都贯彻着稳定、一贯和鲜明的性格。这种性格一直贯彻到哥特式教堂在城市整体环境中的形象——它高高矗立在满城低矮的房屋上空,成为整个城市的垂直轴线,赋予整个城市以升腾的动态。这种以高、直、尖并具有强烈的向上动势为特征的造型风格是教会弃绝尘寰的宗教思想的体现,也是各个城市显示其蓬勃生机的反映。工匠们通过高高低低、错错落落向上进跳的尖塔和雕像之类塑造热热闹闹、欢欢喜喜的气氛,同清冷素约的内部形成强烈的对照,更多地体现着以工匠和小商人为主体的市民们对现实生活的热爱(见图 7-34)。

图 7-34　兰斯主教堂中厅(1211—1290 年)

7.3.6 彩色玻璃窗

　　哥特式教堂几乎没有墙面,除了几乎框架式的拱券和柱子之外,就是窗面,占满整个开间,成为教堂内部最适宜装饰的地方。受到拜占庭教堂玻璃马赛克的启发,工匠们用彩色玻璃在整个窗子上镶嵌一幅幅图画,都以《新约》故事为内容,作为"不识字的人的圣经"。当时还不能生产纯净的透明玻璃,却能生产含有各种杂质的彩色玻璃,玻璃里不同的矿物杂质在高温下呈现出不同的色彩基调。11世纪时,彩色玻璃窗以蓝色为主调,有9种颜色,都是浓重黝黯的;以后逐渐转变为以深红色为主,后来又转变为更富丽而明亮的色调。到12世纪时,玻璃的颜色有21种之多,仿佛调色板上的丰富颜料,把教堂内部渲染得五彩缤纷、炫神夺目(见图7-35)。

图 7-35　巴黎圣母院玫瑰窗

　　彩色玻璃窗的做法是:先用铁棍把窗子分成不大的格子,再用工字形截面的铅条在格子里盘成图画,彩色玻璃就镶嵌在铅条之间。铅条柔软,便于把玻璃片嵌进工字形截面中去。13世纪中叶以前,由于只会生产小块玻璃,所以分格小,每格里的图画是情节性的,内容复杂,形象多,因而整个窗子色彩特别浑厚丰富,并且便于色调的统一(见图7-36);13世纪末,玻璃生产的尺寸增大,窗上分格趋向疏阔,因而图像内容简略,以个别圣像代替故事,大面积的色调统一难维持,同时也就削弱了装饰性,削弱了同建筑的协调;14世纪,玻璃的色彩更多样,也更透明,因此窗上图画就失去了浓重之感,色调的变化更多,统一性就难维持了;到

15世纪,玻璃片更大了,不再作镶嵌,而在玻璃上绘画,装饰性就更差了。(参见教材(上)P122)

图 7-36　夏特尔主教堂彩色玻璃窗(讲述耶稣受难和复活的故事)

【观点】　由小块到大片,由深色到透明,这是玻璃生产技术的进步,但玻璃窗却因此而损失了建筑性。一种建筑艺术手法,总是同一定的物质技术手段紧密联系,而物质技术手段总是按照生产本身的发展规律进步着,决不会为了某种艺术要求而停滞下来。物质技术手段发展到一定程度,旧的艺术手法不能适应,不论它过去有多么高的成就,必须寻求新的、同新性质或新水平的物质技术手段相适应的艺术手法。死抱住陈旧的艺术手法不放是不行的,梦想技术可以为顾惜艺术而不再前进也是不可能的。不存在一种可以适应任何性质和水平的物质技术条件的万灵的艺术手法。

建筑曾经作为图像志在传达丰富的信息,所有宗教题材的雕塑与装饰,不是附加在教堂建筑上,而是与其紧密结合、无法分开的。雨果在歌颂中世纪建筑艺术时曾说:"自从西方人发明了印刷术,建筑艺术就不行了!"精神活动的大部分转到了书籍上,建筑作为信息载体的功能大大削弱了,建筑中的雕刻等就慢慢变得不那么丰富了。

法国哥特式教堂中,以夏特尔、兰斯和亚眠主教堂横厅上的彩色玻璃窗最为杰出。

7.3.7　哥特式教堂建筑的衰落

15世纪之后,城市市民内部发生了明显的阶级分化,法国、英国等的王权已经统一全国,随着王权的加强,形成了宫廷文化,并且很快占据了主导地位。哥特式教堂在失去了市民的关怀后,大量接受了宫廷文化的影响,逐渐走向烦琐,丧失了原有的理性原则。曾经是明晰地体现着结构理性精神的骨架券,在新的历史条件下转化到了它们自身的反面,成为烦琐的装饰。在英国,发展了垂直哥特式建筑;在法国,发展了"辉煌"哥特式建筑。它们都是晚期的哥特式建筑。

在垂直哥特式建筑中,骨架券在拱顶上弯曲盘绕,交织成交错的网,图案优美,工艺精绝,确实是建筑遗产中弥足珍贵的片段,但这并不是建筑的本色,它不仅没有对结构有作用,反而成为结构的累赘,有些骨架肋甚至是从石板上雕刻出来的虚假的形式。伦敦西敏寺亨利七世礼拜堂(Henry Ⅶ's Chapel)是其中的典型实例,其拱顶华美之极,却已经完全不是建筑的当行手法了(见图7-37)。

图 7-37 伦敦西敏寺亨利七世礼拜堂内部

法国"辉煌"哥特式教堂,在结构和形制上没有新的创造,只是堆砌繁复的装饰,垂直线条被各种装饰线条缓和了,尖券比较平缓,甚至使用四圆心券和火焰式券,连窗棂也使用复合的曲线,影响了哥特教堂风格的一贯性(见图7-38)。

哥特式的雕像,本来作为建筑的装饰或附庸,没有动态,没有体魄,完全融合在建筑构件里。但是,后来渐渐活动起来,姿态表情都强了,几乎成了独立的艺术品。就雕刻本身来说,有了进步,但不再同建筑物相协调,损害了教堂建筑艺术的统一。彩色玻璃窗也是这样。

图 7-38　法国"辉煌"哥特式建筑内部

思考题

1. 拜占庭建筑在建筑技术上的成就有哪些？如何评价其历史意义？
2. 以巴黎圣母院为例,分析法国哥特式教堂建筑西立面的特征。
3. 分析罗马风教堂建筑与哥特式教堂建筑在建筑技术和艺术上的不同之处。

第4篇
欧洲资本主义萌芽和绝对君权时期的建筑

14 世纪从意大利开始了西欧资本主义的萌芽,15 世纪后遍及大多数地区。资本主义关系一经产生,就大大促发了中世纪晚期以来的市民阶层同封建制度在宗教、政治、思想文化各个领域的激烈斗争。这一时期主要的历史进程是:生产技术和自然科学的重大进步;新航路的开辟和资本主义的出现;以意大利为中心在思想文化领域里反封建、反宗教神学的人文主义运动。因为以复兴古典文化为重要方式,被称为"文艺复兴运动"。在法国、英国、西班牙等国家,国王联合资产阶级,挫败了大封建领主,建立了统一的民族国家;在德国发生了宗教改革运动,然后蔓延到全欧洲。

【链接】 新航路的开辟。背景:①东方的商品通常由波斯人、阿拉伯人和东罗马人运到地中海东部,再由意大利人转运到西欧,而 15 世纪土耳其的兴起,阻碍了东西方贸易;②西欧资本主义生产关系的出现,商品经济的扩大,对铸造货币的黄金的需求越来越大,西欧各国从上到下都沉醉在"寻金热"中;③13 世纪曾来过中国的意大利旅行家马可波罗关于东方的记述,尤其是《马可波罗行记》一书,加深了西欧人对中国和印度"遍地黄金"的幻想;④西欧生产力和科学技术的发展、多桅帆船的出现、中国罗盘针的传入以及地圆学说的确立,为远洋航行准备了条件。

过程:首先从事探索新航路的国家是葡萄牙和西班牙。①1487 年,葡萄牙人巴托罗谬·迪亚士,到达非洲南端的尖角地带,命名为好望角;②1488 年,葡萄牙贵族瓦斯科·达·伽马航行到印度,首先实现了西欧人的梦想;③1492 年,意大利人克里斯托夫·哥伦布在西班牙王室的支持下,到达巴哈马群岛,他误以为到了印度,因而把当地的土著居民叫做印第安人(印度居民)(16 世纪初,意大利人亚美利哥·维斯普奇考察了南美洲海岸,断定那里不是亚洲,而是一个新世界、新大陆,这块大陆后来就因他而得名为亚美利加 America;但哥伦布最先到的南美洲之间的岛屿,一直叫"西印度群岛");④1519 年,葡萄牙人费尔南多·麦哲伦,在西班牙国王的支持下,终于完成人类历史上第一次环球航行,大地是球形的科学真理得到确证。

新航路的开辟,促进了西欧的财富与生产力的增长,促进了西欧与其他大陆的文化交流,为建筑活动的大规模出现准备了物质条件,也为资本主义(资本＋劳力＋市场)在西欧的出现吹响了号角。

【电影】《1492 征服天堂》:法国(1992),影片描写的是著名航海家哥伦布的航海故事,重点刻画的是哥伦布的社会性。以其子费尔南多回忆的形式,对其颠沛流离的一生进行了追述。

【名词解释】 人文主义:"我是人,人的一切特性我无所不有。"这句话是人文主义者的口号。他们开始以人为中心来观察问题,以人性代替神性,以世间的财富、艺术、爱情享受代替禁欲主义;他们相信自己的创造力,不相信神赐予的力量;他们强调人生不应该消极避世,而应该积极进取;他们主张人应该以丰富的知识和强健的体魄去从事创造,人的高贵不决定于家世门第,而决定于自己的"业绩"。因此,他们以资产阶级个人主义的世界观为前提,提倡人性以反对神性,提倡人权以反对神权,提倡个性自由以反对中古的宗教桎梏。

文艺复兴建筑最明显的特征是扬弃中世纪时期的哥特式建筑风格,而在宗教和世俗建筑上重新采用古希腊、古罗马时期的柱式构图要素。文艺复兴时期的建筑师和艺术家认为,哥特式建筑是基督教神权统治的象征,而古希腊古罗马的建筑是非基督教的。古典建筑,特别是古典柱式的构图体现着和谐和理性,并且同人体美有相通之处。这些正符合文艺复兴运动的人文主义观念。

15—16世纪,意大利的文艺复兴建筑成就最高,在西欧占主导地位,到16世纪后半叶渐趋衰落,转向了一个天主教反改革时期,产生了17世纪的巴洛克(Baroque)建筑。17世纪,法国的绝对君权如日中天,它的宫廷文化领袖全欧,为君权服务的古典主义文化和建筑俨然成了欧洲新教国家的文化和建筑的"正统",并且始终与意大利同时期的巴洛克建筑在互相影响中发展。英国这个时候进行了农业的资本主义化,农村府邸领导了建筑潮流。

一般认为,15世纪佛罗伦萨主教堂穹顶的建设,标志着文艺复兴建筑的开端。而关于其何时结束没有定论。(对文艺复兴时期风格流派的分期比较乱,有人把文艺复兴、巴洛克和古典主义截然分开,有人把三者统称为文艺复兴建筑)对于文艺复兴建筑,与其冠之以一种风格,不如冠之以一种运动。

文艺复兴运动的根本是反基督教,倡人文、理性。古希腊、古罗马的神庙曾被基督教宣布为"异教",因而神庙的形式天然就代表着反基督教;柱式本身遵循严格的比例体系,因而是理性的;柱式比例的拟人化,又是人文主义的体现。所以,柱式构图自然成了文艺复兴建筑的主要特征。由于世俗建筑类型的大量增加和建筑规模的扩大,以及理性观念的加强(强调稳定感,本身也是对哥特式建筑强烈向上动感的反动),使文艺复兴建筑的柱式构图在古希腊古罗马的基础上有了很大的发展。

【观点】 文艺复兴是在千年神灵世界后发起的一场发现"人"的文化运动,在思想领域第一次向封建的中世纪提出了挑战,是一次伟大的思想解放运动,孕育了西欧近代资产阶级文化。反观亚洲,尤其是中国,由于种种原因,没能像文艺复兴这样经历思想上彻底的反封建的过程,没能在科学和知识上经历启蒙运动这样的反愚昧落后的过程,也没能在经济政治上经历资产阶级革命和工业革命这样反农业文明的过程。因此,现代化进程尤其是人的现代化,在亚洲总是步履维艰。

第 8 章　意大利文艺复兴建筑
(15—16 世纪)

8.1　历史背景

经济基础决定上层建筑。当社会的经济形态发生转变的时候,占有经济权利的阶层往往会成为社会文化中最积极的因素,他们将找寻并提出代表该阶层的思想意识和文化理念。中世纪的时候,商业发达的意大利建立了一批独立的、经济繁荣的城市共和国。14 世纪以后,资本主义制度首先在佛罗伦萨、热那亚、威尼斯、锡耶纳、路加等城市里萌芽,诞生了早期的资产阶级(见图 8-1)。新兴的资产阶级开始通过借助古典文化来反对封建文化,并建立自己的文化。新思想的核心是肯定人生,焕发对生活的热情,争取个人在现实世界中的全面发展,被后人称为"人文主义"。"人文主义"符合资产阶级的利益,反对中世纪的禁欲主义和教会统治一切的宗教观,提倡以人为中心的世界观。

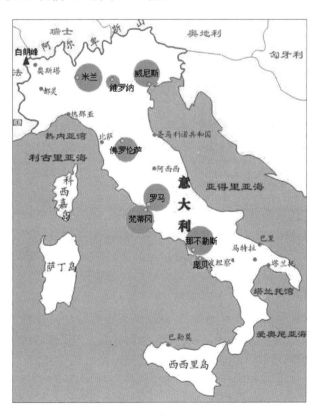

图 8-1　意大利文艺复兴时期主要城市

宗教神学的力量根深蒂固,同它进行斗争,需要很高的权威、很锐利的武器,新兴资产阶级寻找到的权威和武器,就是唯物主义哲学以及古希腊、古罗马的思想文化。古典文化是面向现实人生的,饱含着人文精神,因而被封建主义的最重要支柱——基督教会,斥为异端,禁锢千年之久。在新的世界观推动下,新的人文主义知识分子终于重新认识了它的价值,掀起了如醉如狂的搜求、学习和研究古典文化遗物的热潮。正好在这时候,1453年,土耳其人攻陷了君士坦丁堡,灭亡了拜占庭帝国。拜占庭在中世纪保存了许多古典文化,有许多古典文化学者,在拜占庭灭亡之际,纷纷带着典籍逃亡到意大利(见图8-2)。恩格斯说:"拜占庭灭亡时抢救出来的手抄本,罗马废墟中发掘出来的古代雕像,在惊讶的西方面前展示了一个新世界——希腊的古代;在它的光辉形象面前,中世纪的幽灵消逝了;意大利出现了前所未见的艺术繁荣,这种艺术繁荣好像是古典时代的反照。"这一场借重古典形象的文化艺术繁荣,就叫做"文艺复兴。"

图 8-2 君士坦丁堡沦陷

"文艺复兴"最初在文学领域诞生,深信产生古典文学的文明可以作为一种近代文化的再生或复兴的模式,这种思想渐渐影响到绘画、雕塑、音乐等领域。在这种思想文化发展的背景下,建筑界也开始了学习古代和批判中世纪的文艺复兴建筑运动,充分利用当时科学技术和人文艺术的新成就,谱写出西欧建筑史中最灿烂的篇章。

先是府邸、市政厅、行会大厦、市民广场、钟塔等世俗建筑成为主要的建筑类型,文艺复兴建筑风格赋予了这些建筑新面貌,使之不再是象征神权的哥特式样。在人文主义思想指导下,古典柱式再度成为建筑造型的构图主题,半圆形拱券、厚墙、穹顶、水平向厚檐被用来对抗哥特式建筑的尖券、尖塔、束柱、飞扶壁等,强调建筑的稳定感,复兴古罗马和古希腊的建筑风格,追求整齐、统一、有条理的造型。同时,教堂的风格也悄然发生了转变。16世纪起以罗马为中心,文艺复兴建筑传遍意大利,进入盛期,并开始传入欧洲其他国家。17世纪,欧洲经济中心西移,意大利文艺复兴开始衰退。

8.2　意大利早期文艺复兴建筑

8.2.1　春讯——佛罗伦萨主教堂的穹顶

　　文艺复兴建筑最初形成于 15 世纪意大利的佛罗伦萨,标志着意大利文艺复兴建筑开端的,是佛罗伦萨主教堂的穹顶(The Dome of Florence Cathedral)的建造,它被誉为"文艺复兴"的报春花。佛罗伦萨主教堂始建于 1296 年,是意大利最有代表性的哥特式教堂之一。这个教堂的形制颇有独创性,虽然大体上还是拉丁十字的,但突破了中世纪教会的限制,把东部歌坛设计成了近似集中式的八边形,对边的宽度是 42.2 米,预计用穹顶覆盖。但这个穹顶不仅跨度大,且墙高也超过了 50 米,连脚手架和模架都是很艰巨的工程,受到技术条件的限制,一直没有盖起来。1420 年,通过设计竞赛,伯鲁乃列斯基(Filippo Brunelleschi)的方案被采用,并由他负责督建(见图 8-3 和图 8-4)。

图 8-3　佛罗伦萨主教堂(1296—1436 年)

　　伯鲁乃列斯基创造了一套替代拱架的系统,它具有四个重要特点:①穹顶与平券牢固连接;②用中空的两层外壳来尽可能减轻穹顶的自重;③仿效哥特肋拱的做法,外层穹顶用24 根肋骨拱组成构架;④借鉴哥特尖券的做法,肋骨拱用矢形的尖拱替代圆拱,减轻穹顶的

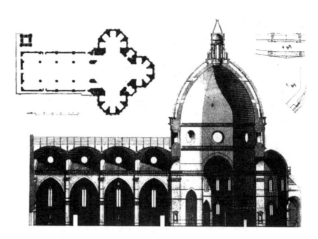

图8-4　佛罗伦萨主教堂平面图和剖面图

侧推力。该穹顶内径42米,仿效拜占庭建筑,建在一个高12米的八角形鼓座上。可以说,伯鲁乃列斯基学习和借鉴了古罗马的形式以及拜占庭、哥特式建筑的结构,并进行了融合创新,很好地解决了穹顶排水、采光、抗风、抗震等问题。这座穹顶的建成是建筑领域突破教会精神专制的标志(因为穹顶被认为是古罗马和拜占庭东正教等异教的标志,一直不被天主教会所认同和容忍),也是文艺复兴时期独创精神的标志。

在八边形的8个角上升起8个主券,8个边上又各有两根次券。每两根主券之间由下至上水平地砌9道平券,把主券、次券连成整体。大小券在顶上由一个八边形的环收束,环上压采光亭。这样就形成了一个很稳定的骨架结构。这些券都由大理石砌筑。穹顶的大面就依托在这套骨架上,下半是石头砌的,上半是砖砌的。它的里层厚2.13米,外层下部厚78.6厘米,上部厚61厘米。两层之间的空隙宽1.2~1.5米,空隙内设阶梯供攀登。有两层水平的环形走廊,各在穹顶高度大约1/3和2/3的位置。它们同时也能起加强两层穹顶联系、加强穹顶的整体刚度的作用。穹顶正中压一个采光亭,不仅有造型的作用,也有结构的作用,它是一个新创造,不见于古罗马。在穹顶的底部有一道铁链,在将近1/3的高度上有一道木箍,都是为了抵抗穹顶的侧推力。石块之间,在适当的地方有铁扒钉、榫卯、插销等等,以加强联结(见图8-5和图8-6)。

佛罗伦萨主教堂的穹顶是世界最大的穹顶之一。它的结构和构造的精致程度远远超过了古罗马和拜占庭。同时,它也是西欧第一个造在鼓座之上的大型穹顶。穹顶平均厚度和直径比为1∶21(古罗马万神庙的则为1∶11),结构上的进步十分明显。是结构技术空前的成就。

【意义】　这座穹顶的历史意义是:第一,天主教会把集中式平面和穹顶看作异教庙宇的形制,严加排斥,这个穹顶是在建筑上突破教会精神专制的标志。第二,古罗马和拜占庭的穹顶,在外观上还是半露半掩的,还不会把它作为重要的造型手段。这座穹顶,借鉴拜占庭小型教堂的手法,使用了鼓座,把穹顶突出出来,连采光亭在内,总高107米,成为整个城市轮廓线的中心。这在西欧是前无古人的,是文艺复兴独创精神的标志。第三,无论是在结构上还是施工上,这座穹顶首创性的幅度是很大的,这标志着文艺复兴时期科学技术的普遍进步。

正因为上述原因,佛罗伦萨主教堂的穹顶被公认为是意大利文艺复兴建筑的第一个作品,新时代的第一朵报春花。(参见教材(上)P146—147)

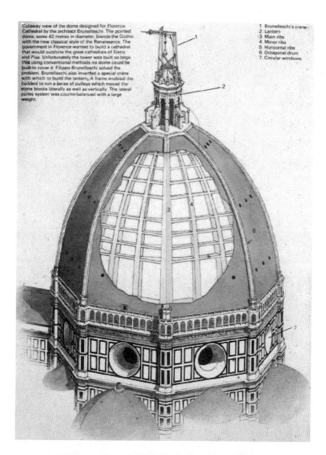

图 8-5　佛罗伦萨主教堂穹顶骨架券结构

图 8-6　佛罗伦萨主教堂采光亭内景

8.2.2　佛罗伦萨育婴院

佛罗伦萨主教堂的穹顶并不是伯鲁乃列斯基对新的建筑风格的唯一贡献,他的具有划时代意义的作品还包括佛罗伦萨育婴院（Foundling Hospital）、圣洛伦佐教堂（S.
Lorenzo）、巴齐礼拜堂（Pazzi Chapel）等。

　　佛罗伦萨育婴院是伯鲁乃列斯基受丝绸商和首饰商行会委托设计的欧洲第一座带有优
雅的拱券凉廊的育婴院。这是一座四合院，正对着安农齐阿广场。对着广场的正立面采用
古典的手法：底层为科林斯柱式的半圆券廊，轻快而明朗（见图 8-7）；二层的开窗较小，有着
细小线脚的窗套，和一层形成鲜明的虚实对比；檐口采用轻薄的水平线条，和连续的拱券风
格协调。整个立面构图简洁，比例匀称，尺度宜人。凉廊的结构是拜占庭式的，逐间用小穹
顶覆盖在方形平面上，下面以帆拱承接，过渡到四角的轻巧立柱上（见图 8-8）。

图 8-7　佛罗伦萨育婴院（1419 年）

图 8-8　佛罗伦萨育婴院拱券凉廊

8.2.3 巴齐礼拜堂

伯鲁乃列斯基设计的佛罗伦萨巴齐礼拜堂也是 15 世纪早期文艺复兴很有代表性的建筑物,无论结构、空间组合、外部形体和风格,都是大幅度的创新之作。它位于一座修道院的院子里,正对着修道院的大门。借鉴了拜占庭的形制,为矩形平面的集中式教堂,正中一个直径 10.9 米的帆拱式穹顶,左右各有一段筒形拱,同大穹顶一起覆盖一间长方形的大厅(18.2 米×10.9 米)。在中央穹顶为中心的前后轴线上,后面有一个小穹顶,覆盖着圣坛(4.8 米×4.8 米);门廊是进深 5.3 米的五开间柱廊,中间开间较宽,发一个大券,把柱廊分成两半,上方设一小的帆拱式穹顶。这种手法很好地突出了中央,逐渐在文艺复兴建筑中流行开来(见图 8-9 和图 8-10)。

图 8-9 巴齐礼拜堂(1420 年)

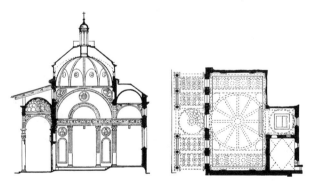

图 8-10 巴齐礼拜堂剖面和立面

巴齐礼拜堂的内部和外部形式都由柱式控制,都力求风格的轻快和雅洁、简练和明晰。柱廊上 4.34 米高的一段墙面,用浮雕式的壁柱和檐部线脚划成方格,消除了砌筑感,手法与育婴院相似。整个教堂结构轻盈、尺度亲切。檐口高 7.83 米,同修道院四周建筑大体一致而略高,柱廊尺度也与修道院近似,只不过微微向前突出,因此礼拜堂融合在修道院建筑中,周围的环境既有所变化,又与它们和谐统一。

巴齐礼拜堂的形体包含多种几何形,对比鲜明,包括圆锥形的屋顶、圆柱形的采光亭和鼓座、方形的立面,立面上又有圆券和柱廊方形开间的对比,虚与实的对比,平面与立体的对比,所以它体积虽不大,形象却很丰富。同时,各部分、各因素之间关系和谐,又有垂直轴线上中央穹顶上的方锥形屋顶作为统率全局的中心,所以形象独立完整,在修道院内院连续券廊的衬托下凸显出来。与育婴院的廊子相似,这种与城市市民文化相适应的明朗平易的风格代表着早期文艺复兴建筑。佛罗伦萨的早期文艺复兴建筑不仅复兴了古典建筑,也引进了拜占庭建筑的技术和样式,这两者的结合,对以后文艺复兴乃至整个欧洲建筑起到了深远的影响。(参见教材(上)P148—149)

8.2.4 府 邸

15世纪后半叶,佛罗伦萨的行会共和制被美狄奇家族的独裁政权推翻,同时拜占庭帝国被土耳其人攻陷,断绝了意大利与东方的贸易,佛罗伦萨的经济开始衰落,文艺复兴文化转向书斋和宫廷的贵族文化,而与早期的市民文化明显分化了。资产阶级将资本投入到土地和房屋建设,在佛罗伦萨大量的豪华府邸迅速建设起来,其中以美狄奇家族的府邸为代表,文艺复兴的设计风格被应用到了这些府邸中。

此时,设计人已不再是凭经验的工匠,而是新兴的知识分子建筑师,他们大多致力于研究古代的建筑遗迹和著作,对各种构图规律进行探讨,对设计有系统而深入的研究,更讲究比例、格律、构图等美学要素。这些府邸大多是临街建造的四合院,三层,平面紧凑整齐。典型的实例有鲁切拉府邸(Palazzo Rucellai)、美狄奇—吕卡弟府邸(Palazzo Medici-Ricardi)。

鲁切拉府邸由阿尔伯蒂(Leone Battista Alberti)设计,立面为三层,每层都有壁柱和水平线脚,底层开面积较小的矩形窗,而二、三层的用半圆券,排列整齐,底层近地面处的墙体参照柱式的比例设计成墙裙,顶部的大檐口把整座建筑统一起来,出挑较大(见图8-11)。

图 8-11 鲁切拉府邸

美狄奇—吕卡弟府邸的设计师是米开罗佐(Michelozzo),建筑布局分为两部分:环绕着一个券柱式回廊内院的为主人起居区域,后面带有一个服务性的内院;另一部分是属于随从和对外商务联系使用的区域。沿街立面的石材砌筑仿照中世纪的塞堡:底层毛石粗犷,凹凸明显,灰缝很宽;二层的石块较为平整,但灰缝仍宽近8厘米;三层的石块经过细磨,平整而光滑,并采用密缝砌筑。底层的门窗最少,但尺度最大,窗台很高且凸出,是给保卫的亲兵坐的。二层和三层的圆拱窗户形式一致,只是窗边石材的砌筑方式不同。顶部巨大的古典式压檐厚度约为立面总高度(27 米)的 1/8,与古典柱式柱头占整个柱式的比例相仿,立面形象沉重,构图稳定(见图 8-12 和图 8-13)。

图 8-12　美狄奇—吕卡弟府邸

图 8-13　美狄奇—吕卡弟府邸内院

【观点】　文艺复兴建筑出现的新气象:

(1)新的类型:在古代建筑类型的基础上,文艺复兴创造出了一些新的类型——或者说至少在很大程度上革新过这些类型。

(2)新的原则:在回归古代风格中,文艺复兴其实遵循了一些普遍法则——规则布局、相等的跨度、排列整齐的门窗洞、轴线正门、对称、比例等,这些基本原则自那时起就变得如此普遍常用,以至于必须颇费脑筋方能理解它们不仅代表着一种改变,同时也是对中世纪做法的一种对抗。

(3)新的语言:一些源于古代艺术的新形式——圆柱、柱头和柱顶盘、穹顶和圆盖等,它们就像一种新语言的新词汇一样,构成了该语言的风格。柱式,既是一种比例体系,也是一种装饰语言,严谨的柱式重新成为控制建筑布局和构图的基本因素,就是这门语言的基础。

(4)新的职业:中世纪时,所谓教堂建造者,只是指泥瓦工、石匠或木匠——这实际上是由他们所受到的训练决定的。当要求他们建造更为复杂的工程,并掌握更为丰富的文化知识时,文艺复兴给了他们一个希腊语名称——建筑师,并将他们看作是艺术家,成为引领新文化的代表人物(见图 8-14 和图 8-15)。

图 8-14　绘画中表现的建筑师工作室

(5)新的学科:一门高雅艺术是以一种文化以及传递这一文化的著作为前提的。古代文明只留下了一本建筑论著,即维特鲁威的《建筑十书》。文艺复兴时期人们对这本著作进行了研究、出版和翻译,同时给予了评论与说明,也雄心勃勃地撰写著作以期能够取而代之。印刷术的出现保证了这些著作的传播(见图 8-16)。

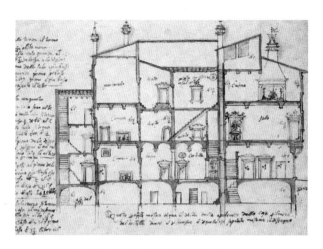

图 8-15　文艺复兴时期的建筑图纸

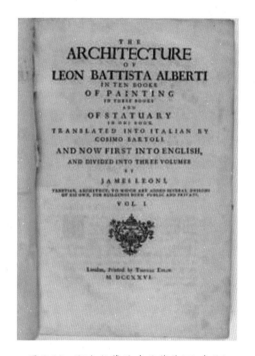

图 8-16　阿尔伯蒂的建筑著作《论建筑》

8.3　意大利盛期文艺复兴建筑

16 世纪上半叶,由于美洲新大陆的拓殖和新航路的开辟,地中海不再是欧洲对外贸易的中心,意大利进一步失去了在欧洲的经济地位,并且还长期饱受法国和西班牙的战争之苦,佛罗伦萨等工商业城市大多衰落了。独有罗马城,因为教廷于 1420 年将长期寄居在法国的阿维农迁回,恢复了罗马教廷,教会从全欧洲经济的进步中增加了收益,罗马反而繁荣起来,建设活动也逐渐增多。这一时期,有可能统一意大利、使其摆脱外国蹂躏的现实力量,只有教皇。教皇基本相当于一位世俗的君主,征战沙场。一些知识分子对古罗马文化的爱好,除了反神学教条的动因之外,又掺入了强烈的爱国主义因素。15世纪各先进城市里培养出来的人文主义学者、艺术家、建筑师纷纷向罗马集中,罗马城成了新的文化中心,文艺复兴运动达到了盛期,并以罗马为中心传遍意大利,也影响到欧洲其他国家。

由于长期荒废,屋宇残败,教廷和教会贵族大兴土木,促进了罗马建筑业的繁荣。当时不少建筑师多才多艺,身兼雕刻家、画家、诗人、人文学者、数学家等,也有一些是技艺娴熟的工匠。阿尔伯蒂、达·芬奇、米开朗基罗、拉斐尔、帕拉第奥等,是新一代文艺复兴建筑师的代表。

盛期文艺复兴建筑追求雄伟、刚强、纪念碑式的风格;轴线构图、集中式构图,经常被用来塑造庄严肃穆的建筑形象。建筑设计水平大有提高,在运用柱式、推敲平面、构思形成等方面都很有创造性。

【观点】 从早期文艺复兴到盛期,并没有明确的界定,两者之间的重要区别是:早期的艺术家和市民保持着直接的联系,而盛期的艺术家主要处于教皇的庇护下。在罗马,文艺复兴盛期的建筑创作不得不依附于教廷和教会贵族,先进的社会理想经常同教会发生尖锐的冲突。意大利文艺复兴时期最伟大的建筑物——教廷的圣彼得大教堂(St. Peter),就是在人文主义建筑师与教会的激烈斗争中建造起来的。所幸的是这一时期的教皇中有几位是出色的人文主义学者,他们懂得尊重各个文化艺术领域中的"巨人",选择支持他们的创作。虽然当时罗马城人口才不到15万,但盛期文艺复兴的文化艺术的确具有真正的盛期气象。

8.3.1 坦比哀多

盛期文艺复兴建筑纪念性风格的典型代表是坦比哀多小教堂(Tempietto),设计师是伯拉孟特(Donato Bramante),建于蒙多里亚圣彼得修道院的侧院,传说是圣彼得被钉上十字架的地方。这是一座仿罗马神庙的集中式小教堂,外墙直径6.1米,周围一圈共16根3.6米高的多立克柱子形成柱廊,大厅上方覆盖着位于鼓座之上的穹顶,形体饱满。连穹顶上的十字架在内,总高为14.70米,地下有墓室。小小的院子刚够放下坦比哀多,显得很饱满(见图8-17)。

集中式的形体、饱满的穹顶、圆柱形的神堂和鼓座,外加一圈柱廊,使它的体积感很强,完全不同于15世纪上半叶佛罗伦萨偏重于一个立面的建筑。建筑物虽小,但很有层次,有几种几何体的变化,有虚实的映衬,构图很丰富。环廊上的柱子,经过鼓座上壁柱的接应,同穹顶的肋首尾相连,从下而上,一气呵成,浑然完整。它以高踞于鼓座之上的穹顶统率整体的集中式形制,在西欧是前所未有的大幅度的创新,对后世有很大的影响,从欧洲到北美,几乎处处都有它的仿制品,大多用于塑造大型教堂和公共建筑的垂直轴线,甚至构成城市的轮廓线。

文艺复兴时代盛产兼具文化艺术乃至科学才能的"巨人"。与伯拉孟特处于同时代的文艺复兴时期的代表人物还有帕鲁齐(Baldassare Peruzzi)、小桑加洛(Antonio da San Gallo)、维尼奥拉(Giacomo Barozzi da Vignola)、帕拉迪奥(Andrea Palladio)、龙巴都(Peter Lombardo)、珊索维诺(Jacoop Sansovino)等建筑师以及拉斐尔(Raphael Sanzio)、米开朗基罗(Michelangelo Buonarroti)等艺术家。

【电影】 《痛苦与狂喜》:美国(1965年),卡罗尔·里德导演的历史片,描述了米开朗基罗在绘制西斯廷大教堂天顶画的过程中和雇主——罗马教皇朱利尤斯二世之间发生的故事,着力表现两个巨人之间的冲突和友谊。一个是统治者,一个是艺术家,他们互相砥砺、互相压榨,却在最深痛的苦难中,创造了人类最伟大的艺术珍品。

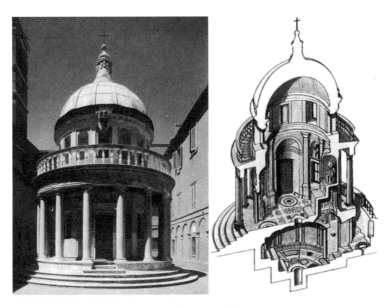

图 8-17　坦比哀多

8.3.2　米开朗基罗和拉斐尔

米开朗基罗当过石匠,后成为文艺复兴盛期伟大的雕刻家和画家,曾经在佛罗伦萨保卫共和制的武装起义中,担任城防工程总监,他的作品中总是充满着激越的热情、强大的力量和夸张的动态;拉斐尔出身于画家世家,青少年时期生活在地方宫廷,后又训从地服务于教廷,他的画风秀美典雅、宁静和谐。他们的建筑创作也同样表现出这两种艺术性格的对立。

1.雕塑家刚健的建筑

米开朗基罗倾向于把建筑当雕刻看待,常利用强有力的体积对比,爱用深深的壁龛、凸出很多的线脚和小山花、贴墙做 3/4 圆柱或半圆柱,喜好雄伟的巨柱式,多用圆雕作装饰。

米开朗基罗不严格遵守建筑的结构逻辑。佛罗伦萨的美狄奇家庙(Medici Chapel)和劳伦齐阿纳图书馆(Biblioteca Laurenziana)两座建筑的室内都采用了建筑外立面的处理法,壁柱、龛、山花、线脚等起伏很大,突出垂直分划,强烈的光影和体积变化,使它们具有紧张的力量和动态。家庙里大小壁柱自由组合,图书馆前厅里的壁柱嵌进墙里,且支承在涡卷上,都是不顾结构逻辑的。他的建筑如他的雕刻一样表现着不安的激情,不肯被建筑的固有规律所束缚,被后来的手法主义者当作榜样(见图 8-18)。

劳伦齐阿纳图书馆前厅为 9.5 米×10.5 米,在正中设一个大理石的阶梯,形体富于变化,装饰性和引导性都很强。中世纪楼梯都被封闭在黑暗的角落,直到文艺复兴之后,它的装饰性效果才渐渐被认识。劳伦齐阿纳图书馆的这个楼梯,是比较早地被当作建筑艺术部件的一个,设计得很成功(见图 8-19)。(参见教材(上)P160)

罗马卡比多市政广场的布局和两侧博物馆和档案馆雄伟壮健的正面,也是米开朗基罗的作品。它们以巨柱式柱子和宽阔的檐口为构图的骨架,再以底层开间的小柱子和精致的窗框对比反衬,柱式特意设计成两套尺度。虽是一个横向的简单矩形立面,但体积感很强,富于光影变化(见图 8-20)。

图 8-18　美狄奇家庙室内

图 8-19　劳伦齐阿纳图书馆前厅

米开朗基罗最伟大的建筑作品是罗马圣彼得大教堂的穹顶,将在后面详述。

2.画家温馨的建筑

拉斐尔设计的建筑与他的绘画一样,比较温柔雅秀,体积起伏小,爱用薄壁柱,外墙面上抹灰,用纤细的灰塑作装饰,强调水平分划。典型的例子是佛罗伦萨的潘道菲尼府邸(Palazzo

图 8-20　罗马卡比多市政广场上的博物馆

Pandolfini)。这个府邸有两个院落,主要的院落建筑为两层,外院的建筑为一层。在沿街立面
上,二层部分用大檐口结束,一层部分的檐部和女儿墙是二层部分的分层线脚和窗下墙的延
续,两部分的主次清楚,联系却很好。墙面是抹灰的,没有用壁柱,窗框精致,同简洁的墙面对
比,十分清晰。墙脚和大门周边的重块石,更衬托了墙面的平细柔和。由于水平分划强,窗下墙
和分层线脚上都有同窗子相应的定位处理,建筑物显得很安稳(见图 8-21)。(参见教材(上)P161)

图 8-21　潘道菲尼府邸

　　拉斐尔温馨的画家风格的建筑正好同米开朗基罗雄健的雕塑家风格的建筑形成鲜明对
照。不过,两者也有共同特点,即将艺术处理的重点集中在建筑物的外在表现力上。

8.3.3　龙巴都和珊索维诺

　　15 世纪后半叶到 16 世纪中叶,威尼斯建筑的代表者是龙巴都(Peter Lombardo)和珊
索维诺(Jacoop Sansovino)。在商业经济繁荣促进了市民分化之后,威尼斯造了大量大型的
商人府邸。威尼斯是由 100 多个小岛组成的,河就是街,其中的大运河就是城内最重要的

"大街"。由于地段局限,府邸平面一般不大整齐,内院狭隘,面对大运河的外观则是富商大贾们互相炫耀争胜的所在(见图8-22)。他们无需像贵族那样摆出欺人的威势,强大的共和国舰队也使得他们自身无需强固的防御。这些府邸虽然构图严谨,细部精致,工艺属于上乘,但用灰白色石头建造,不同于运河两岸中世纪时期的暗红色砖砌的府邸,尺度也远比中世纪大,庄重矜持,风格炫耀。(参见教材(上)P162)

图 8-22　威尼斯大运河

1.文特拉米尼府邸

龙巴都设计的文特拉米尼府邸(Palazzo Venderamini)是15世纪末府邸的代表。它和一般府邸一样,立面也是方的,共三层,高23.4米,宽27.4米,用柱式组织了整个立面,柱式部件相当严谨,标志着文艺复兴建筑的一般特点。立面用的是凸出墙面3/4的圆柱,开间很宽,几乎被窗子占满,整个立面显得轻快又开朗。开间有活泼的节奏变化,底层和二、三层的窗户处理有虚实的不同,比例和谐,构图既丰富又明快。窗子用柱子分成两半,上端用券和小圆窗组成图案,都是中世纪哥特建筑的特点。龙巴都家族是行会工匠,他们不像人文主义者那样热衷于古典文化的纯正,对中世纪文化不怀敌意,所以能自由地运用古典和中世纪的手法(见图8-23)。

图 8-23　文特拉米尼府邸(1481年)

2.考乃尔府邸

珊索维诺设计的考乃尔府邸(Palazzo Corner)则是 16 世纪中叶府邸的代表,追求庄严伟岸。立面本来有四层,但用重块石把第一层和第二层砌成统一的基座层,仍保持着传统的三层式立面,第三、第四层立面用的是券柱式,柱子是成对的。开间整齐,柱式严谨,风格雄健而略显沉重。底层用重块石做成基座层,上面一两层用柱式,这是文艺复兴盛期产生的经典立面构图(见图 8-24)。

图 8-24　考乃尔府邸

3.圣马可学校

在公共建筑物方面,龙巴都和珊索维诺同样代表着两种不同的风格。龙巴都父子设计的圣马可学校(Scuola di S. Marco),墙面虽然用柱式的壁柱划分,但构图自由自在。一共 6 个开间,分两组处理,各自对称,在各自的中轴上开门,但两组之间分有主次。檐头和大门上用半圆形的山花,明显受到拜占庭的影响。墙面装饰最特别的是在两个门的左右两个开间里,画上透视很深远的壁画,以建筑物为题材,有一头雄狮仿佛即将从里面走出来。文艺复兴时期西欧全面掌握了透视原理,在建筑设计和装饰上会有意识地加以运用以强化效果(见图 8-25)。

4.圣马可图书馆

珊索维诺在威尼斯圣马可广场总督府对面造了圣马可图书馆(Libreria S. Marco),同总督府近于平行,侧立面对着大运河入海口。它长 83.8 米,两层,下层有敞廊,供广场的公共活动使用,上层有一个 11.3 米×27 米的大厅,作阅览室用,其余房间零乱狭小,没有形成公共图书馆的特有形制。图书馆的立面是完整的上下两层 21 间连续的券柱式,每个开间 3.68 米,很敞朗、壮丽。檐部的高度为适应整个立面的高度,达到上层柱子高度的 1/3。为了避免显得过于沉重,在檐壁上开了横窗,并做了突出的高浮雕;檐口之上的花栏杆、栏杆上的小雕像,使建筑物的轮廓与天空虚实交错,形成华丽的过渡带。圣马可图书馆的体形简洁

图 8-25　圣马可学校

单纯、体积感很强,同圣马可学校的体形多变活泼、平面感很强,恰好形成鲜明对照(见图8-26)。(参见教材(上)P163)

图 8-26　圣马可图书馆

8.4　意大利晚期文艺复兴建筑

8.4.1　帕拉第奥和维尼奥拉

　　帕拉第奥(Andrea Palladio)和维尼奥拉(Giacomo Barozzi da Vignola)是意大利文艺复兴晚期的代表性建筑师,对后世欧洲各国产生了很大影响。他们都曾深入钻研古罗马建筑,并都撰写了建筑著作(帕拉第奥出版了《建筑四书》,其中包括了关于五种柱式的研究和他自己的建筑设计;维尼奥拉发表了《五种柱式规范》),他们的著作后来成了欧洲建筑师的教科书,以后欧洲的柱式建筑,大多根据他们定下的规范来执行。

　　帕拉第奥和维尼奥拉通常被认为是欧洲学院派古典主义建筑的创始人,但他们自己的创作却包含着各种矛盾的趋向,创作风格变化幅度很大,他们制订的严格柱式规范被后人定为金科玉律,自己却较少受束缚。

1. "帕拉第奥母题"

维晋察(Vicenza)是帕拉第奥的故乡,占市政广场整整一个东南面的巴西利卡的改造是他的重要作品之一。它的中央大厅(52.7 米×20.7 米)早在 1444 年就已经建成,1549 年帕拉第奥受委托进行改造,增建楼层,并在上下两层各加一圈外廊(见图 8-27)。

图 8-27　维晋察巴西利卡

外廊开间宽 7.77 米,层高 8.66 米,是中世纪式样的大厅已经决定的,这样的开间比例不适合古典的券柱式的传统构图。帕拉第奥的做法是:在每间中央按适当比例发一个券,而把券脚落在两颗独立的小柱子上;小柱子距大柱子 1 米多,上面架着额枋。这样,每个开间里有了三个小开间,两个方的夹着一个发券的,而以发券的为主。为了在视觉上使负荷者同被负荷者平衡,在小额枋之上、券的两侧与大柱子之间的实墙上各开一个圆洞,形成"虚实相生,有无相成"的构图——实部和虚部均衡,彼此穿插,各自形象完整,而以虚部为主;方的、圆的,对比丰富,整体上以方开间为主,方开间里以圆券为主,有层次、有变化;小柱子和大柱子也形成了尺度的对比,映照着立面的雄伟,而小柱子在进深方向上成双,所以又同大柱子相均衡。这套构图构思明确,柱子的两套尺度有效果却并不引起紊乱。这种构图是柱式构图的重要创造,圣马可图书馆的二楼立面和巴齐礼拜堂内部侧墙都采用过,但比例及细部做法以维晋察巴西利卡最为成熟,以至于得名为"帕拉第奥母题"(Palladian Motive)(见图 8-28)。大柱子上的檐部转折凸出,同女儿墙上的雕像相应,形成垂直划分,略为打破占

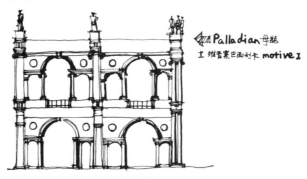

图 8-28　帕拉第奥母题图解

主导地位的水平划分,使建筑物显得活泼一些。(参见教材(上)P164—165)

2.圆厅别墅

意大利资本主义发展受到挫折之后,资产阶级向土地贵族转化,庄园府邸的建设大为盛行。帕拉第奥曾设计过大量的中型府邸,集中在维晋察及其附近地区,对以后欧洲的府邸建筑有很大的影响。这些府邸的主要特点是:第一,平面大多是长方形的或者正方形的,以第二层为主,底层为杂物用房,稍大一点的将杂物用房设在离开主体的两个或四个附属房内,对称布局,用廊子同主体连接。第二,主要的第二层划分为左、中、右三部分。中央部分前后划分为大厅和客厅,左右部分为卧室和其他起居房间,楼梯在三部分的空隙里,大致对称布置。第三,外形为简洁的几何体,主次分明——底层处理成基座层,顶层处理成女儿墙式的,或者像不高的阁楼。主要的第二层最高,正门设在这一层,门前有大台阶,窗子大,略有装饰。像这样把建筑物立面依上下和左右划分几段,以中央一段为主,予以突出,这是文艺复兴时期建筑同古典建筑的重要区别之一。帕拉第奥常用这种构图,并且第一个在理论上加以强调,17世纪后成为古典主义建筑构图的一个原则。

帕拉第奥设计的府邸中最著名的是圆厅别墅(Villa Rotonda),它在维晋察郊外一个庄园中央的高地上,平面正方。第二层中央是一个直径为12.2米的圆厅,上面覆盖着一个外观为圆锥顶的穹顶。四周房间依纵横两个轴线对称布置。室外大台阶直达第二层,内部只有简陋的小楼梯。第二层立面的正中是6根爱奥尼柱式戴着山花形成的列柱门廊,四面均

一,和大台阶一起加强了第二层在构图上的重要性,使其居于主导地位。别墅的外形由明确而单纯的几何体组成,显得十分凝练。方方的主体、鼓座、圆锥形的顶子、三角形的山花、圆柱等多种几何体互相对比着,变化很丰富,主次也很清晰,垂直轴线相当显著,各部分构图联系密切,位置合适,所以形体统一、完整。四面的柱廊进深很大,不仅增加了立面层次、强化了光影,而且使建筑物同周围郊野产生了虚实的渗透。别墅的内部功能在很

图8-29 圆厅别墅(1552年)

大程度上屈从于外部形式(见图8-29和图8-30)。(参见教材(上)P165—166)

盛期的府邸建筑也追求雄伟的纪念性,最典型的就是小桑加洛设计的罗马法尔尼斯府邸(Palazzo Farnese)。它环绕见方24.5米的封闭院子对称布置,有很强的纵轴线和次要的横轴线。纵轴线的起点是门厅,采用巴西利卡的形制,宽12米、深14米,有两排多立克式柱子。内院是3层重叠的券柱式,每层的处理都不一样:底层是敞开的拱廊,采用古罗马斗兽场的体系——用厚重的柱墩承重,柱墩表面有多立克柱式的倚柱;第二层柱式是爱奥尼式的,柱间有带三角山花的窗户,窗户填充在一个个拱券里;第三层的设计师换成了米开朗基罗,设计有所不同,科林斯方壁柱代替了爱奥尼倚柱,去掉了拱券,窗顶的山花为圆弧形。二、三层之间设有服务夹层,窗裙墙上的小窗解决了其采光问题,但在外观上并不破坏立面的整体性(见图8-31和图8-32)。

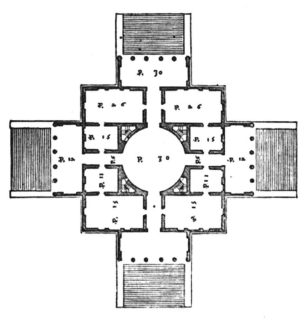

图 8-30　圆厅别墅平面图

图 8-31　法尔尼斯府邸(1520 年)

3. 尤利亚三世别墅

由维尼奥拉(Giacomo Barozzi da Vignola)设计的罗马教皇尤利亚三世的别墅(Villa of Pope Julius Ⅲ)是文艺复兴盛期的花园别墅。它具有以下三个特点:

第一个特点是打破了文艺复兴的传统四合院布局,在 120 米长的轴线上,依地势布置几进台阶式的院落作纵深布局,通过一系列的券门和柱廊,可以看到一层一层的远景,最后是尽端围墙上的一幅装饰性柱式组合。利用文艺复兴开始掌握的透视学近大远小的原理,从第一座主体建筑物到最后的柱式组合,空间和立面尺度逐层收缩,在视觉上拉长了整个花园别墅的纵深感(见图 8-33)。

第二个特点是力求开敞,削弱室内外的界限,这是 16 世纪以来郊外府邸和别墅的一般趋向。尤利亚三世别墅主体建筑物以半圆体形拥抱第一进 27.5 米宽的马蹄形院落,它的底

图 8-32　法尔尼斯府邸内院

图 8-33　尤利亚三世别墅

层是进深达 5 米多的环廊,同院落相渗透(见图 8-34)。

图 8-34　尤利亚三世别墅马蹄形院落

第三个特点是把地形的高差引进到建筑中来。第二进建筑物地面比第一进院子高一些,中间是 3 开间向第二进院落敞开的大厅,从敞厅左右伸出长长的台阶下到第二进院落里去,形成一个半圆,同第一进院落相呼应;第三进建筑物的中央部分是 3 开间小小的敞厅,在中间的两翼,有小小的螺旋楼梯下到后面正方形的花园里;最后是照壁上的柱式组合。

尤利亚三世别墅的建筑艺术构思很严谨、很完整,富于变化,反映出 16 世纪建筑布局上的进步。(参见教材(上)P167)

8.4.2　帕鲁齐和阿利西

文艺复兴时期,建筑创作不断深入,表现之一就是平面和空间布局的进步。以府邸建筑为例,初期,立面、内院和主要厅堂,分别推敲、互不联系。到了盛期,注意到了它们之间的相互联系和过渡,平面比较严谨。帕鲁齐(Baldassare Peruzzi)设计的麦西米府邸(Palazzi Massimi),把整个府邸的平面、空间和艺术形式紧密联系在一起,作了完整的、细致的处理,同时在功能上有所突破。16 世纪下半叶,热那亚建筑师阿利西(Galezzo Alessi),更把府邸的设计提高到了文艺复兴的最高水平。

1. 麦西米府邸

麦西米府邸位于罗马市中心一个很不规则的、狭窄的三角形地段里,正面随街有一段弧形的转弯,地段狭长且平面轮廓十分复杂,大致分为两半,分别属于兄弟两家。帕鲁齐巧妙地给每家安排了一个内院和一个杂物院,杂物院在后面,占用轮廓最复杂的部分,另有后门出入,充分有效地利用了地段。

早期的意大利府邸不区分杂物院和内院,房屋的底层都是些杂物用房,所以内院十分嘈杂。帕鲁齐把杂物院单独分出去,保证了内院的安静和清洁,是很有意义的创新,不仅可以在底层布置尽可能多的起居房间,克服地段狭窄的困难,同时可以提高内院四周的建筑艺术质量。内院形状方正,明确地分清房间的主次,保证主要房间的形状整齐,有自然采光和通风,而把不规则的、黑暗的部分用作楼梯间和储藏间等。内院的前后都设了敞厅,不仅减少了穿套的房间,改善了内部联系,而且扩大了内院的空间感受。在困难的地形条件下,建筑

艺术处理很精细,各方面力求完整、丰富(见图 8-35 和图 8-36)。(参见教材(上)P169)

图 8-35　麦西米府邸

图 8-36　麦西米府邸平面图

2.道利亚府邸

阿利西设计的位于热那亚的道利亚府邸(Palazzo Doria)是四合院式的,内院 10.8 米×18.6 米,周围房子高两层。它的主要特点是:第一,有严格的正方形的结构格网,布局简洁整齐。第二,顺应地形。在轴线上前后分几个高程,在门厅里设大台阶,登上台阶才是院子前沿的廊子;院子后面、轴线的末端设一个双跑对分的大楼梯。罗马的别墅当中也引入了高程的变化,但表现为室外的几个台地,而道利亚府邸则把高差的处理放在建筑物内部,显示出设计能力的提高。第三,开敞。大台阶、大楼梯等从暗角落中解放出来,堂堂正正放在中央,充分利用它们自身的形体和高差变化,作为室内重要的构图要素,而且使得上下层空间之间的交流穿插,层次丰富多了。这种做法开端于米开朗基罗设计的劳伦齐阿纳图书馆的门厅,在这里获得了更完整和更突出的处理,是重大的创新。第四,楼上楼下、沿内院都有一圈外廊,基本上没有穿套的房间。上述这些特点,是佛罗伦萨、罗马的早期和盛期的府邸里不具备的,是建筑设计上新的改进和创造(见图 8-37)。

图 8-37　道利亚府邸内庭

8.5　圣彼得大教堂

意大利文艺复兴最伟大的纪念碑是罗马教廷的圣彼得大教堂,它集中了 16 世纪意大利建筑、结构和施工的最高成就,至今仍是世界上最大的教堂。100 多年的设计、施工期内,罗马最优秀的建筑师大多曾经主持过圣彼得大教堂的设计和施工。在这一过程中,新的、进步的人文主义思想同天主教会之间进行了尖锐的斗争,生动地反映了意大利文艺复兴的曲折(见图 8-38)。

图 8-38　圣彼得大教堂(1506—1626 年)

1. 斗争的焦点

斗争的焦点在于教堂采用什么形制。维特鲁威说过,人四肢伸开,端点和头顶可以连接成正方形和圆形,所以,正方形和圆形是最完美的几何形式。文艺复兴人文主义建筑师推崇这一观点并进一步论证它,认为正方形和圆形是理想的、具有普遍性的美,建筑师们倾向于按照他们认为最完美的正方形和圆形来建造教堂。帕拉第奥在说到圆形教堂的优点时,绝口不提它并不适合宗教仪式时的使用,对祭坛放在什么地方这样对于教堂十分重要的问题避而不谈,只强调说上帝喜欢圆形,因为它创造的地球、星辰、树干等都是圆的。

2. 伯拉孟特的方案

旧的中世纪的圣彼得教堂是一个拉丁十字式的巴西利卡,教廷要求重建的新教堂超过最大的古代异教庙宇——万神庙。经过竞赛,选中了伯拉孟特的方案。在外敌侵略、渴盼国家统一强大、缅怀古罗马时代的社会思潮下,伯拉孟特提出要把古罗马的万神庙举起来,搁到和平庙的拱顶上去。[①]

他的方案是希腊十字式平面的,四臂比较长,四角还有相似而较小的十字式空间(见图8-39)。它们的外侧是4个方塔。4个立面完全一样。鼓座有一圈柱廊,同穹顶一起,整体形式与坦比哀多很像。这个方案极其宏大壮丽,但对于宗教使用问题的考虑存在欠缺,比如祭坛的位置、举行仪式时信徒和神职人员的位置、唱诗班的位置、四角空间如何利用等。他所在意的更多是建造一座划时代的纪念碑。当时的教皇尤利亚二世致力于建立世俗的国家,建造新的大教堂是为了宣扬教皇国的统一宏图,并打算把自己的墓放在这所教堂里——"我要用不朽的教堂来覆盖我的坟墓",所以,他对教堂宗教意义的兴趣并不比伯拉孟特更浓,便欣然同意了这一方案。(参见教材(上)P181)

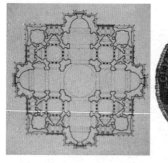

图 8-39　圣彼得大教堂——伯拉孟特的设计

3. 几次反复

1506 年,教堂照此方案动工,几年之后尤利亚二世和伯拉孟特先后去世。新的教皇利奥十世任命拉斐尔为新的工程负责人,并要求他修改原设计,充分利用旧拉丁十字式教堂的全部地段。大教堂东部已经施工,因此东部保留了原方案,拉斐尔在西立面增加了 120 米长的巴西利卡,设计出了拉丁十字式的新方案,代表着天主教黄金极盛时期中世纪的传统。不过,西立面增加的尺度巨大的巴西利卡使穹顶在外形上居次要地位,而西立面成了最主要

---

① 　和平庙就是罗马城里的马可辛提乌斯巴西利卡(Maxintius Basilica),它的拱顶的高度和跨度是古罗马遗迹中最大的。而万神庙的穹顶也是最大的。

的。它的西立面像是把三个巴齐礼拜堂的立面并立在一起,却没有像巴齐礼拜堂那样把立面同整个体积构图紧密联系起来,这也是拉斐尔作为画家的特点和局限。

教堂工程在罗马天主教会的"反改革"时期停顿了 20 多年,负责人帕鲁齐很想把它恢复成集中式的,但没有成功。1536 年,由小桑加洛重新主持。迫于教会的压力,整体上维持拉丁十字式的形制,但巧妙地使东部更接近伯拉孟特的方案,而在西部以一个比较小的希腊十字式代替了拉斐尔设计的巴西利卡,使得集中式的体形仍然可以占优势。他在鼓座上设上下两层券廊,尺度比较准确,也比较华丽。在西立面的两侧设计了一对钟塔,很像中世纪的哥特式教堂,显现出教会反改革运动的影响。

4.米开朗基罗的设计

1547 年,教皇委托米开朗基罗主持圣彼得大教堂工程。作为文艺复兴运动的伟大代表,米开朗基罗抛弃了拉丁十字形制,基本上恢复了伯拉孟特的平面。不过,大大加大了支承穹顶的 4 个墩子,简化了四角的布局,平面更为紧凑。在正立面设计了 9 开间的柱廊。比起之前,整体集中式的形制在外形上完整得多,雄伟得多,纪念性也强得多,体积构图的重要性远远超过立面构图,这些都符合米开朗基罗作为雕刻家和爱国者的性格(见图 8-40)。他死后,由泡达和玛丹纳大体按照他设计的模型完成了整个教堂,包括穹顶。穹顶直径 41.9米,很接近万神庙;穹顶内部顶点高 123.4 米,几乎是万神庙的 3 倍;穹顶外部采光塔上十字架尖端高达 137.8 米,是罗马全城的制高点,实现了要创造一个比古罗马任何建筑物都更宏大的建筑物的愿望。(参见教材(上)P183)

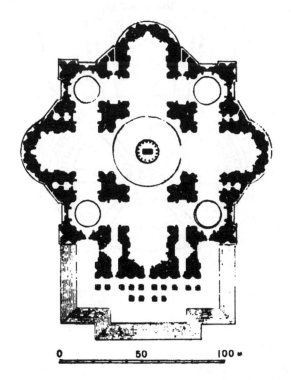

图 8-40 圣彼得大教堂平面——米开朗基罗的设计

圣彼得大教堂的穹顶比佛罗伦萨主教堂有很大进步。第一,它是真正球面的,整体性比较强,而佛罗伦萨的是分为8瓣的;第二,佛罗伦萨的为减小侧推力,轮廓比较长,而它的轮廓饱满,只略高于半球形,虽然侧推力大,但在结构上和施工上更有把握。

5. 损害

17世纪初,在极力复辟教会正统思想的耶稣会的压力下,教皇命令玛丹纳(Carlo Maderno)拆去已经动工的米开朗基罗设计的正立面,在原来的集中式希腊十字之前又加了一段3跨的巴西利卡式的大厅,大教堂的内部空间和外部形体的完整性都受到严重的破坏(见图8-41)。在教堂前面一个相当长的距离内,都不能完整地看到穹顶,穹顶失去了统率作用。新的正立面用的是壁柱,构图比较杂乱,立面总高51.0米,壁柱高27.6米,尺度过大,没有充分发挥巨大体量的艺术效果(见图8-42)。

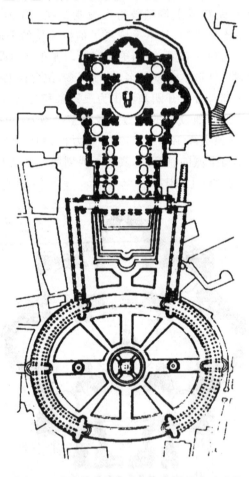

图 8-41 圣彼得大教堂平面——玛丹纳的设计

圣彼得大教堂遭到损害,标志着意大利文艺复兴建筑的结束。

6. 纪念碑

尽管遭受诸多曲折和损害,圣彼得大教堂依然不愧是文艺复兴时期的纪念碑式建筑物。尤其是它的大穹顶,将文艺复兴时期的创造力表现得酣畅淋漓。相比起中世纪教堂的深远和高窄,从伯拉孟特到米开朗基罗,经过反复斗争而定型下来的高敞恢宏的集中式的东部,决定了这座大教堂的规模和内部主要空间。西立面新增的巴西利卡的拱顶的跨度、高度和

图 8-42　圣彼得大教堂正立面

每间的进深,都不得不服从于东部,以致它实际上只有 3 进,跨度很大,并不能形成巴西利卡形制的、以祭坛为中心的视线聚焦,也不能形成向上升腾的运动感,倒成了集中式东部的必要前导部分。

【**观点**】 15 世纪中叶以后,意大利文艺复兴盛期的一个重要事实是,代表着先进思想的、才华横溢的巨师大匠们,不得不为封建贵族和教皇的宫廷工作。于是,在建筑师和权贵阶层之间,经常发生矛盾冲突,有思想原则上的,也有技术原则上的。这些冲突考验着每个建筑师的品格,是唯唯诺诺、阿谀奉承,还是诤诤谔谔、维护进步的原则。(参见教材(上)P185)

8.6　广场建筑群

从古罗马时代起,意大利的城市里便多有广场,有纪念性的、政治性的,也有集市性的。中世纪,城市一般有三个广场:一个在市政厅前,一个在主教堂前,一个是市场。到了文艺复兴时期,建筑物逐渐摆脱了孤立的单个设计和相互之间的偶然凑合,开始重视建筑群的完整性,广场也大大增加了。

广场按性质可分为集市活动广场、纪念性广场、装饰性广场、交通性广场。按形式分,有长方形、圆形或椭圆形广场,以及不规则形广场、复合式广场等。广场一般都有一个主题,四周有附属建筑陪衬。早期广场周围布置比较自由,空间多封闭,雕像常在广场一侧;后期广场较严整,周围常用柱廊,空间较开敞,雕像往往放在广场中央。

8.6.1　安农齐阿广场

佛罗伦萨的安农齐阿广场(Piazza Annunziata)是文艺复兴早期最完整的广场。广场是宽 60 米、长 73 米的矩形,长轴的一端是中世纪的安农齐阿教堂,教堂的左侧是伯鲁乃列斯基设计的育婴院,轻快的券廊形成了广场的立面,后来教堂立面增加了一个 7 开间的券廊,与育婴院的立面统一,并在广场右侧增建了一座修道院,立面重复育婴院的。于是,安农齐阿广场的三面都是券廊围合,建筑面貌很单纯、完整,尺度宜人。广场前的街道斜对着伯鲁乃列斯基设计的主教堂的穹顶,把广场同全城的制高点联系了起来(见图 8-43)。

图 8-43　安农齐阿广场

8.6.2　罗马市政广场

与圣彼得大教堂一样,位于卡比多山上的罗马市政广场也是应教皇的要求进行改建的,又名卡比多广场(Piazza del Campidoglio)。由于旧城区处处是古罗马的遗迹,为了保护旧城,米开朗基罗把广场面向西北,使其背对旧城,把城市的发展引向还有余地的新区,从此在欧洲开创了把新区和文物古迹保护区分开发展的先河。

广场呈梯形,进深 79 米,靠近前面大台阶入口处为梯形的窄边(40 米),靠近主体建筑——元老院的一边为宽边(60 米)。这种近窄远宽的广场平面也运用透视原理,有利于在视觉上减小广场的纵深感而把尽端的中心建筑在视觉上往前推,获得突出主体建筑的效果。广场正中竖着皇帝的铜像,地面铺设彩色大理石,形成漂亮的几何图案(见图 8-44)。

图 8-44　罗马市政广场鸟瞰

元老院占据广场中轴线尽端的中心位置,中间有高耸的塔楼;左右两边各有一个体量稍小的建筑,南边是档案馆,北边是米开朗基罗设计的博物馆,建筑设计别具匠心——开间划分采用两层高的巨柱,底层开敞,回廊每一开间中又设小柱式,二层窗套边也设小柱式,层次分明,节奏感强。这种处理手法对以后的建筑影响很大。元老院高 27 米,两侧建筑高 20 米,本身相差不大。为了突出元老院,把它的底层做成基座层,前面设一对大台阶,上两层用巨柱式,二、三层之间不作水平分划;而两侧建筑物的巨柱式直接立在平地,一、二层之间用阳台作明显的水平划分。这种构图的对比,使元老院显得比实际更高一些(见图 8-45)。

图 8-45　罗马市政广场近景鸟瞰

整个卡比多广场被认为是文艺复兴时期最辉煌的城市设计作品。

8.6.3　圣马可广场

威尼斯的圣马可广场被认为是世界上最卓越的建筑群之一、"欧洲最漂亮的客厅"。它从中世纪开始自发形成,周边的建筑建造于不同的年代,具有不同的风格,但各种时代特色在这里并不矛盾,而是相互配合,形成和谐的整体。广场南临亚德里亚海,扼大运河的入海口,由大小两个梯形广场组成(见图 8-46)。

大广场东西向,位置偏北;小广场南北向,连接大广场和大运河口;两个广场呈"L"形连接。广场转角处,大广场的东端和轴线尽端,是 11 世纪建造、15 世纪完成立面改造的拜占庭式的圣马可主教堂。大广场的北侧是龙巴都设计的 3 层的旧市政大厦,它决定了广场的长度。大广场的南侧,是斯卡莫齐设计的新市政大厦,下面两层仿照圣马可图书馆的样子,又加了第三层,与对面的旧市政大厦相配衬。小广场的中轴线大致与圣马可主教堂的正立

图 8-46　圣马可广场鸟瞰

面重合,它的东西两侧分别是威尼斯总督府和珊索维诺设计的圣马可图书馆,图书馆与新市政厅"L"形连接。"L"形的拐角处,大小广场的过渡转接之处,斜对着主教堂,有一座方形的红砖砌筑的钟塔(Campanile),有方锥形的顶,高达 100 米,形成广场的垂直轴线和外部的标志。小广场的南端设立两根柱子,标志着广场的南界,丰富着广场景色的层次(见图 8-47 和图 8-48)。

图 8-47　圣马可广场近景鸟瞰

【观点】　主教堂和钟塔,都把前部探出到小广场边线的内侧,它们向大小两个广场都展现了最好的面貌,从而既是两个广场的分隔者,又是它们的联系者,是它们之间的穿心轴。围合广场的主要建筑物——总督府、图书馆、新旧市政厅,都以发券为基本母题,都作水平分划,都有崭齐的天际线,都长长地横向展开,形成广场单纯安静的背景。在这幅背景之前,教

图 8-48　圣马可广场入海口立面

堂和钟塔,一个伟岸高峻,一个盛装艳饰,两者性格完全不同,却又彼此补充,能更加淋漓尽致地发展自己的性格。

8.7　文艺复兴时期的建筑理论成就

文艺复兴时期,在知识分子中产生了一批勤于研习古典建筑和理论、探索新的科学艺术成就,并在建筑上加以运用的建筑师和建筑理论家,出现了不少理论著作。

1485 年出版的阿尔伯蒂(Leon Battista Alberti)的《论建筑》,是意大利文艺复兴时期最重要的理论著作,体系完备,影响很大。此后,科隆(Francesco Colona)、乔其奥(Francesco di Giorgio Martini)、弗拉瑞特(Antonio Averlino Filarete)、赛利奥(Sebastiano Serlio)、帕拉迪奥、斯卡莫齐(Vincenzo Scamozzi)等人陆续发表建筑理论著作。例如,维尼奥拉于 1562 年发表的《五种柱式规范》,帕拉迪奥于 1570 年发表的《建筑四书》。其中,阿尔伯蒂、科隆、弗拉瑞特代表盛期的建筑思想,而赛利奥、帕拉迪奥、斯卡莫齐则代表晚期。前者比较有创造性、全面,具有浓郁的人文主义思想,着重探讨基本理论;后者则趋于唯理论和教条化,更偏重柱式构图。这些著作都明显受到维特鲁威的影响,基本没有超越他的著作体系。

在众多的文艺复兴理论著作中,有几项基本的观点是统一的:

(1)建筑创作的任务是使建筑实用、经济、美观;

(2)建筑的美,客观地存在于建筑物本身,是有别于装饰的内在东西的;

(3)建筑的和谐完整是建筑美所必需的;

(4)建筑的美感是有规律可循的,如数的和谐或与人体比例的某种相关性;

(5)古典柱式是比例、和谐、完美构图最完善的体现者。

对建筑美学的研究促进了建筑构图原理的科学化发展,但由于其对美的规律的本源解释停留在先验或是客观唯心主义的基础上,最终导致建筑艺术的形式美变成了教条主义的东西。所以,晚期的建筑理论使古典形式变为僵化的工具,定了下许多清规戒律和严格的柱式规范,成为 17 世纪法国古典主义建筑的范本。

第9章 意大利巴洛克建筑(17世纪)

　　巴洛克建筑的产生源于教廷和耶稣会对中世纪宗教信仰的复辟,教廷和耶稣会企图在自然科学和唯物主义哲学开始高涨从而动摇其在上层建筑地位的年代,重塑天主教精神堡垒,从而借助人们"安于贫穷,以求灵魂解脱"的心理来继续维持它在意大利乃至全西欧的经济、政治地位。所以,在以教堂为代表的巴洛克建筑里,不惜重金,大量使用贵重材料,充满装饰,色彩艳丽,或炫耀财富,或营造神秘迷惘的气氛;而建筑师则迎合教廷,发挥文艺复兴时期遗留下的富有创造、勇于破旧立新的传统,探索出独特的形象和设计手法,但也不惜违反建筑艺术的一些基本法则,追求奇诞诡异和非理性的效果。

　　巴洛克的建筑成就主要有教堂、府邸、别墅和广场等。

　　巴洛克原意是"扭曲的珍珠",18世纪中叶的古典主义理论家称17世纪的意大利建筑为"巴洛克"是具有贬损之意的。但这种轻蔑是片面的、不公正的。事实上,巴洛克建筑的内涵很复杂,有它特殊的创新和成就,对欧洲建筑产生了深远的影响。

　　【观点】 欧洲文艺复兴经历了将近300年的政治、经济、文化等方面的改革动荡后,到了17世纪,中世纪的一切来生思想被铲除,禁欲主义、苦行主义生活方式被彻底抛弃,宗教对人性的束缚被冲垮。文艺复兴时期人们在精神和感情上,对神的依恋和对人性的追求的矛盾,对现世生存的快乐和对死后入地狱的恐惧的矛盾,都不复存在。随着中世纪精神压力的消失,健全、完美、自由的生活,已在全社会中变成理所当然的事。即使出现宗教压力的复辟,也扭转不了已取得绝对优势的人文主义观念和社会风气。

　　相对于主要表现为"反抗"的文艺复兴而言,巴洛克是一次艺术上的解放。文艺复兴是矛盾心理下向传统回归,尚未摆脱罗马阴影的建筑形式,相对拘谨;巴洛克则是在已破除旧的社会思想形态、新的秩序尚未建立起来时,相对无拘无束状态下的建筑形式,相对随意。巴洛克建筑风格虽然看似是文艺复兴建筑的流变,但从本质上说,与文艺复兴的人文主义是截然不同的。

9.1 教 堂

9.1.1 早 期

　　天主教堂是巴洛克风格的代表性建筑,首先在罗马教廷的周围诞生了一批。从16世纪末到17世纪初的早期巴洛克,形制严格遵守特伦特宗教会议的决定,一律用拉丁十字式,以利于中世纪的天主教仪式,并把侧廊改为几间小礼拜室。由维尼奥拉和泡达设计的罗马耶稣会教堂(Church of Gesu)有"第一座巴洛克建筑"之称。教堂布局为巴西利卡形制,平面略呈十字形(见图9-1)。

　　以罗马耶稣会教堂为起始的这一批教堂,建筑立面造型新颖:正立面的壁柱成对排列;

Giaccomo Barozzi da Vignola: *Il Gesù*,
Rom, 1568-1575

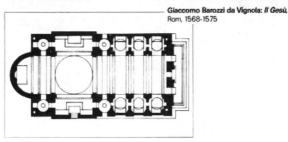

图 9-1　罗马耶稣会教堂

中厅外墙与侧厅外墙之间有一对大涡卷;中央入口处采用双重山花;多用双柱甚至三柱,开间变化大,立面节奏跳跃,用叠柱式突出垂直划分,利用凹凸把基座、檐部、山花作折断,减弱水平联系;用较厚的壁柱或倚柱代替薄壁柱,在墙面上做深壁龛,以追求强烈的体积感和光影变化;把山花缺掉顶部而嵌进其他雕饰或用套叠山花,故意做出不完整、不合逻辑的局部(见图 9-2)。

9.1.2　晚　期

17 世纪 30 年代以后,罗马大量建造小型的教区小教堂。已有的教堂已经足够容纳所有的信徒,因此新建的教堂与其说是为了宗教仪式需要,不如说是一种纪念物,甚至是一种城市装饰,用来炫耀教会的胜利和富有。由于在街区中见缝插针地建造,用地狭窄,因此拉丁十字式的形制就不合适了,必须采用集中式的平面以适应地形。但教会规定天主教堂不能是正方形或者圆形等异教徒的建筑形式,因此,新的小教堂采用椭圆形、六角星形、圆瓣十字形、梅花形等平面形式。

按照这些新规则建造的教堂有科托那(Domenico da Cortona)设计的罗马的和平圣玛利亚教堂(Santa Maria della Pace)、伯尼尼(Bernini)设计的罗马圣安德烈教堂(S. Andrea del Quirinale)和波洛米尼(Borromini)设计的罗马四喷泉圣卡罗教堂(San Carlo alle Quattro Fontane)等。

和平圣玛利亚教堂入口处于一个很小的、经改造后形成的街道拐角小广场上,立面分两

图 9-2　典型的早期巴洛克教堂立面

层处理：底层和两旁的回廊平接，向前形成一半圆形柱廊；上层退后呈弧形，用三角形山花、檐口的破折和装饰性的半圆券等来突出中央部分。柱子、壁柱和倚柱的间距疏密不等，加强了凹凸的立体和光影效果（见图 9-3 和图 9-4）。

图 9-3　和平圣玛利亚教堂

四喷泉圣卡罗教堂是晚期巴洛克教堂的代表作。它位于街道的转角处，正立面中央一间凸出，左右两面凹进，形成一个波浪形的曲面，中央的山花断折，有很强烈的流动的动态

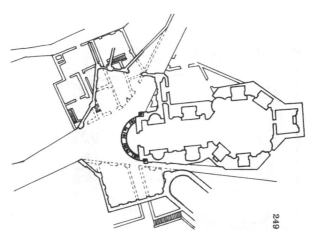

图 9-4　和平圣玛利亚教堂平面图

感;凹面、凸面和圆形倚柱相互交织,使其在狭窄的街道中显得醒目生动。内部平面为变形的椭圆轮廓的希腊十字式,空间富于动感。穹顶分格小而有多种形式,但总的几何形式倒很单纯明确,在夹层穹窿侧光的照射下立体感更加强烈(见图 9-5 和图 9-6)。

图 9-5　罗马四喷泉圣卡罗教堂

圣安德烈教堂平面是一个不大的横向的椭圆,它的正立面简洁,但包含着多种几何形状

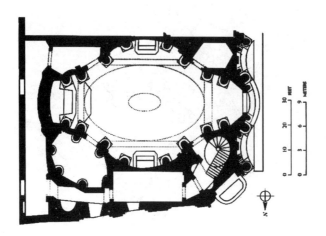

图 9-6　罗马四喷泉圣卡罗教堂平面图

以及虚实、明暗的对比和呼应,变化丰富而整体感很强。一对强有力的科林斯壁柱作为整个构图的骨架,与门前小廊的一对圆柱形成强烈的尺度对比,衬托得整个小小的立面十分雄伟挺拔(见图 9-7)。

图 9-7　罗马圣安德烈教堂

【观点】　巴洛克主要是利用建筑的光影关系及透视来创造特殊的气氛,与文艺复兴时期的稳定、明快有很大差别。"巴洛克是一种灌注于体量之中的运动。"巴洛克教堂又像水纹上的倒影,闪烁而颤抖,这和巴洛克艺术喜欢形体的光影变幻和动感是完全一致的。

使艺术摆脱常规,创新的手法一般有两种:一是"立",理想的方法,追求理想图案,美的极致;二是"破",幻想的方法,否定现实,采用与一切法规相矛盾的方法。文艺复兴之后,巴洛克采用的是后者,而接下来法国古典主义采用的则是前者。

9.2 艺术的综合

巴洛克教堂喜欢大量运用壁画和雕刻,并且和建筑之间彼此交融,再用高度技巧性的手法,将各种艺术形式进行综合。

9.2.1 壁　画

巴洛克壁画的特点:第一,喜欢玩弄透视法,制造空间幻觉;第二,色彩鲜艳明亮,好用红色、金色、蓝色等对比强烈的颜色;第三,构图动态剧烈;第四,经常突破建筑的面和体的界限(见图 9-8)。

图 9-8　西斯廷教堂的壁画

9.2.2 雕　刻

巴洛克雕刻的特点:第一,渗透到建筑中去,建筑构件雕刻化,如人像柱、半身像的牛腿、人头托架、张着血盆大口的魔怪脸谱的大门等;第二,雕刻的安置同建筑物没有明确的构图联系,仿佛只是偶然地落在某个位置;第三,雕刻的动态很大,似乎要突破建筑框架形成的空间界限;第四,大量运用自然主义的主题,且十分写实、真假难辨;第五,雕刻与绘画相互渗透,界限模糊(见图9-9)。

图9-9　罗马日卡利宅邸的大门和窗

9.2.3　巴洛克绘画、雕刻否定之否定的"建筑性"

西亚、古希腊、古罗马、拜占庭等建筑中,包括巴洛克之后的古典主义建筑中,绘画和雕刻在构图和处理手法上都从属于建筑的空间和形体,保持其明确的几何性和结构逻辑:壁画是平面的,不强调空间;雕刻同建筑之间有安定的、确切相应的构图联系。这就是所谓的壁画和雕刻的"建筑性"。

文艺复兴以来,壁画和雕刻的建筑性渐渐失去,到巴洛克建筑登峰造极。但巴洛克建筑本身旨在打破空间和形体明确单纯的几何性,颠覆结构逻辑,而它的壁画和雕刻完全适应这个设计意图,而且是实现这个意图的有效手段。因此,壁画和雕刻又实现了新的意义上的"建筑性",达到了新的统一。

9.3　城市广场

"条条大道通罗马",从欧洲各地来到罗马朝圣的人们被这个魅力城市吸引,得归功于教皇委托建筑师所作的罗马城改建的规划,为罗马城新添了笔直的大道和令人欣喜的城市广场。广场的一侧往往有教堂来统率整个建筑群,广场里有用雕刻装饰起来的喷水池,大多本是供居民汲水的古罗马输水道的终点,分布在全城各处,共计1000多个,其中有400多个经过建筑师精心装饰。

第一个重要的广场是波波洛广场(Piazza del Popolo),位于罗马城的北门内,为了实现由此可以通往罗马全城的感觉,建筑师法拉第亚(Giuseppe Valadier)把广场设计成三条放射形大道的出发点。广场呈长圆形,有明确的主轴和次轴,中央设方尖碑,并在放射形大道之间建造了一对形式近似的巴洛克教堂,取得突出中心、轴线对称的效果。其形制后来成为不少欧洲城市竞相模仿的对象(见图9-10和图9-11)。

图 9-10　波波洛广场地区航拍图

图 9-11　波波洛广场

　　第二个重要的广场是圣彼得大教堂前面的广场,由教廷的总建筑师伯尼尼设计,为一个巨大的椭圆形,和教堂之间又有一个梯形广场相接。广场被 284 根排成四排的圆柱构成的两列曲形柱廊环绕,象征"教堂母亲般的手臂"。柱廊的柱子非常粗壮,间距却不大,因此更显得密密麻麻,形成变化剧烈的光影效果(见图 9-12)。

　　第三个重要的城市广场是封闭型的纳沃那广场(Piazza de Navona),在古罗马的杜米善赛车场遗址上改建。为长圆形平面,一个长边的中央矗立着波洛米尼设计的圣阿涅斯教堂(S. Agnnese),弯曲的立面与广场相协调,立面风格也是巴洛克式的。广场上的两座喷泉雕刻富有动感,轮廓复杂,视角丰富,是典型的巴洛克风格的雕塑作品(见图 9-13 和图 9-14)。

　　另外还有一个非常有特色的广场——西班牙大台阶(Scala di Spagna),利用分段的、变化丰富的大台阶将两个不同标高、轴线不一的街道及其附属广场连接并统一了起来,其充分运用了巴洛克灵活自由的手法。时分时合的布局、时凹时凸的弧形,使走在台阶上的人不断转换方向,由此观察到的周边环境也会随之发生奇妙的变化(见图 9-15)。

图 9-12 圣彼得大教堂的广场

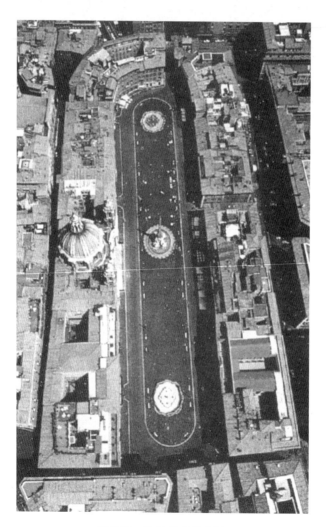

图 9-13 纳沃那广场鸟瞰

图 9-14　纳沃那广场

图 9-15　西班牙大台阶

【电影推荐】《罗马假日》：电影里浪漫的爱情故事都发生在罗马的大街小巷和大小广场，在他俩的足迹里找寻教材里学过的罗马建筑，是我们观影时可以进行的小游戏。

9.4 巴洛克的流传和影响

巴洛克在罗马城诞生，在教会势力的极力推崇下，迅速传遍了意大利、西班牙、德国和奥地利等国，并且越过大西洋，传到美洲。在这些天主教国家里的巴洛克建筑所体现出来的非理性倾向甚至甚于它的发源地罗马城。巴洛克建筑极富想象力，创造了许多出奇入幻的新形式，开拓了建筑造型的领域，活跃了形象构思能力，开拓了室内空间布局崭新的观念，积累了大量独创性的手法。因此，即使在古典主义建筑势力强大的新教国家，如法国，巴洛克建筑的影响还是突破了政治和宗教的屏障，渗透了进去。

17世纪罗马的巴洛克式城市设计，如街道、广场、园林等，也对欧洲各国有很广泛的影响。在造园艺术领域，所谓意大利式园林，就以意大利的巴洛克园林为主要代表。

直到19—20世纪，欧洲和美洲的建筑不论风行什么样的潮流，其中多多少少都带有巴洛克的形式和手法，这也证明着它强大的生命力。

思考题

1. 简述巴洛克建筑产生的历史背景。
2. 简述巴洛克建筑的风格特征。
3. 简述巴洛克天主教堂的主要特征。

第10章　法国古典主义建筑(17世纪)

同欧洲其他国家一样,法国在15世纪末16世纪初受到意大利人文主义的影响,开始进入早期的文艺复兴阶段,以罗亚尔河谷的一系列宫廷建筑为代表。

文艺复兴后,法国社会上各派政治势力发生变化,资产阶级成为一股强大的社会力量,而原有的封建世袭贵族仍然以割据形式占有很大实力。法国君主为了维护统治,建立了由天主教大主教操纵的中央集权君主制国家,这样便面临着来自原有封建世袭贵族和新兴资产阶级两方面的反抗。后来,统治者联合资产阶级上层"新贵族"对付封建世袭贵族和中下层的资产阶级势力,取得了成功。这样,法国资产阶级上层"新贵"便成为维护以天主教为精神支柱的君主专制统治的附庸。文艺复兴在法国对于资产阶级而言没有收到理想的结果,宫廷文化占据了主导地位。

1764年,路易十四("太阳王")执政,他采取了一系列政治和经济措施,把法国建成为当时欧洲最强大的中央集权君主制国家。他骄傲、奢侈、专制,使用一切强制手段稳定宫廷,并把贵族变成朝廷的寄生虫。当时的专制统治者为了使文学艺术符合宫廷需要,采取了一系列控制措施,成立了艺术的权威机构如法兰西学院、皇家美术学院,由学院制订唯一的、必须遵守的文学艺术路线,按照宫廷审美趣味规定统一的标准、原则和规范,一切文学艺术工作者必须遵守。由此产生了古典主义文化艺术,其中包括古典主义的建筑。因此,狭义的古典主义建筑是指在意大利文艺复兴建筑影响下的法国绝对君权时期的宫廷建筑潮流。

古典主义美学的哲学基础是唯理论,认为艺术需要有严格的像数学一样明确清晰的规则和规范。古典主义者在建筑设计中以古典柱式为构图基础,突出轴线,强调对称,注重比例,讲究主从关系。

19世纪末20世纪初,随着社会条件的变化和建筑自身的发展,作为完整的建筑体系的古典主义终于逐渐为其他的建筑潮流所替代。但是,古典主义建筑作为一项重要的建筑文化遗产,建筑师们仍然在汲取其中有用的因素。

【电影推荐】《路易十四的崛起》:影片采用半纪录片的手法,记录了法国国王路易十四的兴衰,讲他如何面对饥饿的国民和虎视眈眈的贵族,用怪异但有效的方式消除内患——比如天天把贵族招到官里,让他们无法去参加议会;提倡奢华的服饰,使得大家债台高筑等。

10.1　意大利影响下初期的变化

15世纪下半叶起,法国建筑在意大利影响下开始变化。随着一些城市取得自治,世俗建筑成为主要的建筑类型,虽保留哥特的遗风,但由于受到意大利建筑影响而趋于整齐和对称。这些建筑物证明,从法国传统的市民建筑中,完全可以发展出适合新需要的大型公共建筑物的艺术风格。

到16世纪,城市的自治完全取消,中央集权进一步加强。在15世纪末到16世纪初几次侵入意大利北部伦巴第地区获得的战利品被纷纷带回,于是意大利文艺复兴文化成为宫廷文化的催生剂。宫廷在风景秀丽的罗亚尔河谷地带兴建了大量宫廷的及贵族的府邸、猎庄和别墅。这些建筑开始使用柱式的壁柱、小山花、线脚、涡卷等。不过,伦巴第地区的建筑本就不是罗马中心地区那样严谨的柱式建筑,加上法国的工匠们按自己的习惯手法处理它们,因此这些柱式因素融合在法国的建筑传统中。

10.1.1　商　堡

商堡(Chateau de Chambord,1526—1544 年)是罗亚尔河谷最大的府邸,是国王的猎庄,规模足够容纳整个朝廷。它是法国统一之后第一座真正的宫廷建筑物,也是民族国家的第一座建筑纪念物。

商堡的外形充满着新时期特有的矛盾。它抛弃了中世纪法国府邸的自由体形,为了寻求统一的民族国家的建筑形象,采取了完全对称的庄严形式,使用柱式来装饰墙面,水平分划较强,构图整齐。但四角上由碉堡退化而成的圆形塔楼及上面的圆锥形屋顶、高高的四坡顶、楼梯采光亭,以及众多的老虎窗、烟囱、楼梯亭等(它因此被称为"世界上屋顶最复杂的建筑"),使它的体形富于变化,轮廓线极其复杂,散发着浓烈的中世纪气息。柱式和法国传统尖锐地矛盾着(见图 10-1 和图 10-2)。

图 10-1　商堡(1526—1544 年)

图 10-2　商堡屋顶一角

10.1.2　阿赛·勒·李杜府邸

阿赛·勒·李杜府邸(Chateau de Azay-le-Rideau)是罗亚尔河谷最美丽的府邸之一。临水的立面,大体量的几何形很明确,对称布局,稍稍突出中轴线,分层线脚和出挑很大的檐口所造成的水平分划使其同恬静的河流十分协调;突破檐口的老虎窗、圆形的角楼和尖顶,又以垂直的形体同主体造成俏丽的对比,显示出法国建筑传统的影响(见图 10-3)。

与阿赛·勒·李杜府邸相似的罗亚尔河畔的府邸还有谢农松府邸(Chateau de Chenonceaux)。主体构图与阿赛·勒·李杜府邸相似,一侧跨河造了一座 5 跨拱桥,其上有一座两层的图书室,静静横卧在波平如镜的河上(见图 10-4)。

图 10-3 阿赛·勒·李杜府邸(1518—1527 年)

图 10-4 谢农松府邸(1515—1556 年)

【**观点**】 罗亚尔河谷的府邸享受了自然界的美,也美化了自然界。在任何风景优美的地方建造房屋,都应当兼顾着观与被观两个方面。如果一心只想从自然界取得最大的享受,却不肯回报甚至蛮横地破坏所处环境的和谐,最终必然会失去它的美。(参见教材(上)P200)

10.2 法国早期古典主义建筑

16 世纪中叶,宫廷建筑逐渐占据了主导地位,意大利文艺复兴盛期的建筑被更多地关注,它的雄伟庄严更符合中央集权的君主政治的需要。一些宫殿和王室的府邸由意大利建筑师设计,采用四合院形制和严谨的柱式构图。这一时期宫廷建筑中最重要的是枫丹白露宫(Chateau de Fontainbleau)(见图 10-5 和图 10-6)、卢浮宫(The Louvre)和丢勒里宫(Palais des Tuileries)。

16 世纪末,颂扬至高无上的君主成为越来越突出的主题,因此迫切需要纪念性的建筑形式。受到文学中要求明晰精确、尊贵雅洁的影响,古典主义的建筑风格逐渐形成,表现为注重理性、讲求节制、结构清晰、脉络严谨。但这一时期的古典主义还没有完全成为宫廷文化,还未与宫廷文化的政治理想完全结合,尚处早期阶段。但是,它对后来的古典主义宫廷

图 10-5　枫丹白露宫（始建于 1528 年）

图 10-6　枫丹白露宫鸟瞰

建筑产生了深刻的影响。

　　早期古典主义建筑的代表有麦松府邸（Le Chateau de Maisons），由于·阿·孟莎（Francois Mansart）设计，建筑构图由柱式全面控制，用叠柱式作水平划分，内部雅致明净（见图 10-7 和图 10-8）。

图 10-7　麦松府邸

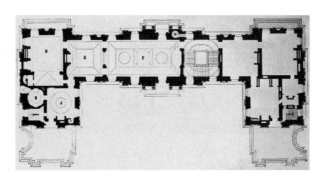

图 10-8　麦松府邸平面图

10.3　绝对君权的纪念碑——法国盛期古典主义建筑

古典主义的极盛时期在 17 世纪下半叶,这时,法国的绝对君权在路易十四统治下达到了最高峰。法国 18 世纪作家伏尔泰写道:"路易十四统治下出世的巴黎人,绝大多数把国王看作一位神。"此时,宫廷在全国建立了严密的统治,建筑的任务就是荣耀君主,因此进行了大规模的宫殿建设,宫廷的纪念性建筑物是古典主义建筑最主要的代表,集中在巴黎。卢浮宫、凡尔赛宫是那个时期的重要标志性建筑。

10.3.1　卢浮宫东立面

卢浮宫的四合院在 17 世纪 60 年代初就已经完成了。它代表着宫廷,代表着首都,应该具有无可指责的正式和高贵的品质,因此,它原有的文艺复兴风格已不能适应新的需求(见图 10-9)。尤其是正对重要的王家礼拜堂的东立面,宫廷决定进行重建。如果说古典主义的胜利是同意大利巴洛克建筑反复交锋获得的,那么卢浮宫东立面的设计竞赛,就是这场交锋的战场。1667 年,法国建筑师勒伏、勒勃亨和克·彼洛设计的方案几经周折,终于战胜了意大利巴洛克建筑师的方案,得到宫廷的采纳,并于三年后建成。

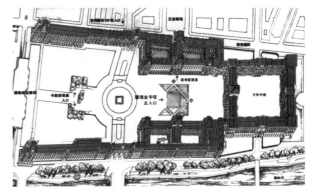

图 10-9　卢浮宫轴侧平面

这个东立面完整地体现了古典主义建筑的各项原则:立面长 183 米,高 28 米,构图采用横三段、纵五段的手法;横向底层结实沉重,中间主要层的双柱廊严格按照古典柱式的比例,强劲有力、虚实掩映,富有节奏感,顶部为水平向厚檐,从下至上三部分的比例为 2∶3∶1;纵向在中央和两端采用凯旋门式构图,并在中央部分檐部设山花,起到有起有迄、突出中心的作用。整个东立面以其宏大的尺度、规则的节奏和极少的装饰,表达着集权的力量,充满了理性美。这种立面构图形式很快被欧洲各国的王公竞相效仿(见图 10-10 和图 10-11)。

图 10-10　卢浮宫东立面一

图 10-11　卢浮宫东立面二

10.3.2　凡尔赛宫

凡尔赛宫是欧洲最大的王宫,最初是路易十三的猎宫,路易十四使它成为最宏伟的宫殿。它是法国绝对君权时期最重要的纪念碑,不仅是君主的宫殿,还是国家的中心,建造动用了当时法国最杰出的艺术和技术力量。

在凡尔赛宫之前,意大利式的花园别墅在法国已有不少摹本。路易十四的财政大臣福凯在巴黎郊外的孚·勒·维贡府邸(Chateau de Vaux-le-Vicomte),第一个将古典主义原则灌注到府邸附属的园林艺术当中。府邸对称布局,轴线很突出,平面以椭圆形的客厅为中心,它的穹顶也是外部形体的中心。府邸的轴线向外延伸而成为花园的轴线,将花园置于府邸的统率之下,之间的尊卑主从关系十分明确。花园是几何形的,草地、花畦、水池等都是对称的几何形,连树木等都修剪成几何形,被恰当地称为"骑马者的花园"(见图 10-12 至图 10-14)。(备注:古典主义者不欣赏自然的美,笛卡尔和后来的理论家们都认为艺术高于自然,认为"人们所能找到的最完美的东西都是有缺陷的,必须加以调整和安排,使它整齐匀称")

路易十四将孚·勒·维贡府邸的全部设计班底调去建造凡尔赛宫。在原猎庄的基础上经过三次大的改扩建:①1668 年,在旧府邸的南、北、西三面贴了一圈新建筑物,保留原来的三合院不动,新建以第二层为主,北面是一串连列厅,作为宫廷主要的公共活动场所,南面一串连列厅是王妃们活动的场所;②三合院的南北两翼向东延长,形成比三合院宽一点的御院,在御院之东又建了两座服役房屋,形成更宽的前院,原有的三合院立面改成大理石的,得

图 10-12　孚·勒·维贡府邸

图 10-13　孚·勒·维贡府邸近景

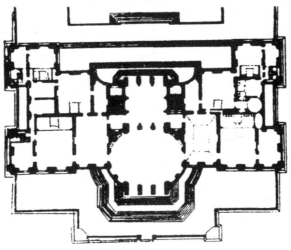

平面

图 10-14　孚·勒·维贡府邸建筑平面

名大理石院;③1682 年,以四合院的形式进一步扩展了南、北两翼,使宫殿的总长度达到 580 米,同花园的规模相协调(见图 10-15)。

图 10-15 凡尔赛宫鸟瞰图

改建完成之后,中央部分供国王和王后起居、工作,南翼为王子、亲王和王妃之用,北翼为王权办公处,并设有教堂、剧院等。居中的镜廊是国王的接待厅,长 73 米,宽 10 米,拱顶高 13 米,侧墙上镶有 17 面镜子,和落地窗相对应,与窗外的花园美景相映成趣(见图 10-16)。宫前的花园面积有 6.7 万平方千米,纵轴长 3 千米,是法国古典园林的杰出代表。由于在宫殿的核心部位保留了旧的建筑物,而且是在长时期内陆陆续续建造的,因此宫殿建筑的整体性比较差。比如,南北两翼的西立面同中央部分的西立面是一样的,但向东移了 90 米左右,大大削弱了西立面的宏伟性,同时在两翼也看不到大花园的全景(见图 10-17)。

图 10-16 凡尔赛宫镜廊

凡尔赛宫之东,以大理石院为中心放射出去三条林荫大道,实际只有中央一条通向巴黎市区,但在视觉上使凡尔赛成为整个巴黎甚至整个法国的中心。这种格局借鉴了罗马波波

图 10-17　凡尔赛宫近景鸟瞰

洛广场。反过来,凡尔赛宫的总布局对欧洲的城市规划也很有影响(见图 10-18)。

图 10-18　凡尔赛宫地区航拍图

10.3.3　恩瓦立德新教堂

　　在古典主义盛期,巴黎也建造了一些教堂,其形制和立面都以罗马的耶稣会教堂为蓝本,将拉丁十字式平面和大穹顶相结合。第一个完全的古典主义教堂是孟莎设计的残废军人新教堂(Church of the Invalides),也是 17 世纪最完整的古典主义纪念物。教堂采用了正方形的希腊十字式平面和集中式形体,建筑师把 60.3 米见方的正方形平面部分接在原有的巴西利卡式教堂的南端,背对收容院,使新教堂的整个体形完全摆脱收容院建筑群,强化了面向城市的纪念性(见图 10-19)。

　　穹顶分 3 层,外层用木屋架支搭,覆着铅皮;中间一层用砖砌,最里面一层是石头砌的,直径 27.7 米,是当时巴黎最大的穹顶。穹顶分轮廓相差很大的里外三层,为的是使内部空间和外部形体都有良好的比例。这种做法在东欧的东正教教堂和波斯的清真寺里早已使

图 10-19　恩瓦立德新教堂

用,但在西欧这时才有,与佛罗伦萨主教堂和罗马圣彼得大教堂几乎完全平行的内外两层穹顶的做法是不同的(见图 10-20 和图 10-21)。

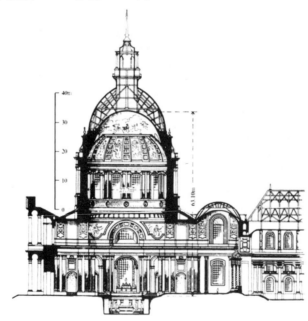

图 10-20　恩瓦立德新教堂剖面图

　　内层穹顶的正中有一个直径大约 16 米的圆洞,从圆洞可以望到中间层穹顶内表面上画着的基督像,中间层穹顶底部开窗将画面照得比内层穹顶面亮,造成天宇的幻象。这是古罗马万神庙穹顶的圆洞同意大利巴洛克教堂天顶画的结合,以后流行很广。

　　立面上离地 106 米的穹顶是构图中心,下部方正,几何形明确。中央两层门廊的垂直构图使穹顶、鼓座同方形的主体联系紧密,构图完整和谐。外观庄严挺拔,装饰很有节制,全是土黄色的石头构件,没有外加的色彩,单纯素约的柱式组合表现出严谨的逻辑性,脉络分明,是古典主义的"素描"式形体美的实践(见图 10-22)。

图 10-21　恩瓦立德新教堂穹顶结构

图 10-22　恩瓦立德新教堂正立面

10.3.4　旺道姆广场

完成了凡尔赛宫的建设之后,巴黎的城市建设逐渐恢复,主要是继续17世纪初建造城市广场的工作,广场形制为正几何形的、封闭的、周围一色的,与古典主义的基本特征一致。(备注:可以将古典主义的广场与巴洛克的广场进行对比,进一步理解两种风格的特征区别)

这一时期的广场中重要的有旺道姆广场(Place Vendome),也是于·阿·孟莎设计的,平面长方形,四角抹去,短边的正中连接着一条短街,建筑同广场上的接续一致。围合广场的建筑为三层,底层为券廊,廊里有店铺,这是法国商业广场和店铺的传统。上两层是住宅,外墙面作科林斯式的壁柱,贯通两层,配着底层重块石的券廊,是古典主义建筑的典型构图。不过,坡屋顶和老虎窗还保留着法国传统建筑的残迹。广场两侧的正中和四角,檐口上作山花,使广场轮廓略略有起伏,标出了广场的横轴线(见图10-23)。

图 10-23　旺道姆广场

10.4　法国古典主义建筑的成就与影响

17世纪,法国不仅是当时欧洲最强大的国家,而且是绝对君权制度的典范,陆续建立起来的欧洲各民族国家,纷纷学习法国的典章制度、文学艺术、生活习尚等,一时古典主义建筑成了全欧洲的潮流,连意大利也不例外,纷纷依照法国古典主义建造古宫殿和大型公共建筑。

古典主义建筑的主要成就在于形成了一套适应绝对君权制度要求的构图规则。它用柱式控制整个构图,几何性很强,轴线明确,主次有序,构图简洁、完整而统一。

虽然巨柱式起源于古罗马,在意大利文艺复兴时期就有了广泛的使用,但只有到法国的古典主义建筑时期,才将它突出地当作构图的主要手段,而且形成了一套程式。巨柱式比起叠柱式来,减少了分划和重复,既能简化构图,又能使构图有变化,并且统一完整;以整个底层为基座的巨柱式,尺度很大,也有利于区分主次,创造大型纪念性建筑物的壮丽形象。

古典主义建筑风格在建筑历史长河中有其进步的一面:相信客观的、可以被认知的美的规律,对比例等形式原则的探讨促进了建筑形式美的科学研究;追求简洁、和谐、合理,提倡建筑的真实性、逻辑性等理性原则,反对混乱和堆砌;用形式美规律的客观性反对建筑的主观主义和个人主义。

但是,古典主义建筑是依附于宫廷和君权的,所以避免不了历史的局限性:偏好高高的基座层,开小小的门洞,显得过于冷肃、傲气凌人;否定一切民间的民族的建筑传统,贬低哥特式建筑的伟大成就,唯古罗马论;片面追求构图和形式,脱离历史、生活、技术和其他具体条件来认识建筑艺术,偏于形式主义;对形式美的认识是僵化的、一成不变的、形而上学的。另外,宫廷生活需要的豪华奢靡体现在它的室内装饰和陈设上,又接纳了大量巴洛克因素,使得它的理性最终也不是很彻底。所以,当其依附的主体没落后,古典主义就面临巨大的挑战,开始动摇了。

欧洲最早的建筑学院是在古典主义时期的法国设立的,在这里形成了欧洲建筑教育的传统,长时期里统治着欧洲各级的建筑学校。由此,古典主义的教条主义的影响更加深远。
(参见教材(上)P216)

第11章　法国洛可可建筑
（17世纪末—18世纪初）

就像意大利在文艺复兴之后出现了巴洛克一样，法国在古典主义之后出现了洛可可。17世纪末到18世纪初，法国的君主专制政体出现危机，资产阶级开始要求政治权利，宫廷的鼎盛时代一去不复返，贵族和资产阶级上层不再挖空心思挤进凡尔赛，而是在巴黎营造私宅，追求安逸享乐。从此，贵族的沙龙尤其是沙龙女主人，对统治阶级的文化艺术产生了主导作用，卖弄风情、娇媚造作的趣味取代了忠君爱国式的庄重稳定、和谐统一。这种新的充满着脂粉气的文学艺术潮流被称为洛可可（Rococo）。"洛可可"原意是当时园林中流行的一种硬壳洞穴，通常为C形和S形曲线。

17世纪从意大利引进并在法国发展的巴洛克建筑是洛可可建筑的先导，但在历史背景以及风格、手法上，两者有明显的区别。

11.1　府　邸

在建筑领域，巴黎精致的私邸代替宫殿和教堂成为潮流的领导者，充满阳刚之气的严肃的古典主义建筑风格被厌弃了。

这些府邸不求排场而求方便、实惠和温馨，平面功能分区进一步明确。有条件的将前院分成左右两个，一个是车马院，一个是漂亮整齐的前院，大门也相应地分成两个。正房和两厢加大进深，都有前后房间，比较紧凑。普遍使用小楼梯和内走廊，穿堂因而减少。精致的客厅和亲切的起居室取代了豪华的沙龙，连凡尔赛宫里的大厅也被分隔成小间。没落贵族的娇柔气质，要求房间里没有方形的墙角，矩形的方形墙角被抹成大圆角，房间以圆的、椭圆的、长圆的或圆角多边形居多，连院落也是这样。这样的府邸有巴黎的阿默

图11-1　阿默劳府邸

劳府邸（Chateau de Amelot）（见图11-1）和玛蒂尼翁府邸（Chateau de Matignon）（见图11-2）。洛可可的风格在建筑外部的表现比较少，府邸的外表还比较朴素。

11.2　洛可可装饰

洛可可风格主要表现在室内装饰上。虽然府邸的功能更加完善了，但内部空间往往与外部脱节。贵族们不欣赏古典主义的严肃理性和巴洛克的喧嚣放肆，而是采用更柔媚、温

图 11-2　玛蒂尼翁府邸

软、细腻和琐碎纤巧的风格。

　　洛可可在室内空间排斥一切建筑母题,在房间里找不到之前习用的壁柱、檐口和小山花等,取而代之的是以边框围合的镶板或镜面、涡卷,用细细薄薄的小幅绘画和浅浮雕装饰,少用大理石而改用质地柔暖的木板。装饰题材有自然主义倾向,蚌壳、卷涡、水草和其他植物的曲线形花纹成为最爱,局部点缀人物,造型追求不对称,趋向繁复堆砌。色彩喜好娇艳之色,白色、金色、嫩绿、粉红、淡黄等是最常使用的颜色。喜欢闪烁的光泽。(参见教材(上)P219)

　　洛可可装饰的代表作是巴黎苏俾士府邸的客厅(Hotel de Soubise)(见图 11-3 和图 11-4),设计师是勃夫杭(Gabriel Germain Boffrand),是洛可可的装饰名手之一。另一个装饰名手是麦松尼埃(J. A. Meissonier)。

图 11-3　苏俾士府邸的客厅装饰

　　洛可可的装饰,总体上说是格调不高的,是行将没落的贵族社会萎靡的反映。不过,它同时也是对古典主义过于威严的排场和巴洛克过于夸张恣肆的逆反,从而转向自然化和生

图 11-4　苏伟士府邸

活化。并且,洛可可的建筑师和装饰家,是意大利文艺复兴、巴洛克和法国古典主义的伟大成就哺育出来的,不乏创造的才能,它们的作品,扩大了装饰题材,丰富了形式宝库。从这点上说,虽然洛可可作为一种时代风格,存在的时间非常短,到 18 世纪中叶就过去了,但它的影响是相当深远的。(参见教材(上)P219)

【观点】　随着城市府邸成为主导性的建筑物,之前很少被理论家认真思考的功能问题受到了重视。古典主义的代表人物小勃隆台(Jacques Francois Blondel)认为,建筑的主要矛盾是功能布局同形式的整饬之间的矛盾;公共建筑着重条理整饬而私人建筑着重解决功能;建筑物的外表着重条理整饬而内部着重功能。小勃隆台的观点,实际上是承认了古典主义建筑的一个重大弱点:气派很盛的轴线布局、空间序列等,不能适应稍稍深入的功能要求,不能适应日常的生活,在实际问题面前,不得不作必要的修正。于是,洛可可时期的府邸,内部房间按照功能安排,往往与立面的轴线无关,建筑物内部与外部呈现出脱节的状态。小勃隆台从理论上肯定了这一做法,以协调古典主义固有的矛盾,在功能与形式之间做出妥协。这种妥协从某种意义上说是反映了建筑设计思想的进步(见图 11-5)。

11.3　广　场

18 世纪上半叶和中叶,像室内装饰追求突破方框框的局限一样,法国的城市广场也要突破空间的局限。它们不再像古典主义时期的广场那样是封闭的了,也不再简单地用一色的建筑物去围合。它们常常局部甚至三面敞开,和外面的树林、河流呼应联系。广场的设计手法丰富了许多,也更加活泼轻松了。

这一类广场的代表是洛林首府南锡的中心广场群,由三个广场串联组成。北头是长圆形的王室广场,南头是长方形的路易十五广场,中间由一个狭长的跑马广场连接。南北总长约 450 米,建筑物按纵轴线对称排列。整个广场群是半开半闭的,透过王室广场两侧的券廊,可以望见外面的大片绿地;路易十五广场的四角是敞开的,南面两个角联系着城市街道,而北面两个角紧靠河流,用喷泉作装饰。南锡的中心广场群本身形体多样,统一中有变化,有收有放,既分又合,造景手段多样(见图 11-6 至图 11-8)。

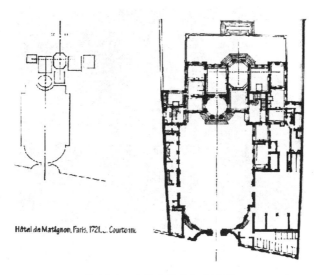

图 11-5　玛蒂尼翁府邸平面图

图 11-6　南锡的中心广场群鸟瞰

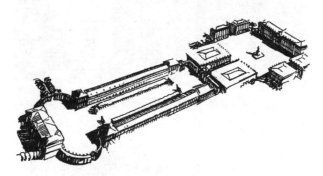

图 11-7　南锡的中心广场群示意

图 11-8　南锡的中心广场群中王室广场两端的铁栅栏门

11.4　小特里阿农

凡尔赛花园里的小特里阿农(Petit Trianon)是路易十五的别墅,形制是帕拉第奥式的。18 世纪下半叶,甜腻的洛可可风略有收敛,从当时由于资产阶级革命成功而在经济和政治上更先进的英国,吹来了模仿帕拉第奥的风。小特里阿农就是这一新风气的代表。

平面近于正方形(24.1 米×22.3 米),共两层,上层是主要楼层。南立面和北立面用壁柱,西立面用独立柱,而东立面两者都没有。南立面是正面,底层用重块石砌成基座层,东、西两面地形高,底层只露出一部分。因为西立面对着大特里阿农,所以处理得十分特别:构图横三段、纵三段,4 根科林斯柱子前面,一对八字台阶,由于西面并不设门,台阶仅仅用来遮挡它同南北两个立面的高差;它的比例应用了几何规则,基座层以上的高度为整个立面宽度的一半,又等于 4 根柱子构成的中间段的宽度(见图 11-9)。(参见教材(上)P223)

图 11-9　小特里阿农

小特里阿农体形单纯,比例和谐,构图完美,风格很典雅。虽然整体形制是帕拉第奥式的,但从精神上说,仍然是洛可可的。它小小的,远离豪华壮丽的凡尔赛宫和大特里阿农,静静地隐在偏僻的密林中,与大自然亲近,只求安逸、典雅而不求气派(见图 11-10)。

图 11-10　小特里阿农室内

在深受巴洛克影响的德国和奥地利,洛可可的装饰风格也得到了共鸣。不过,就像巴洛克风格在西班牙变成超级巴洛克一样,洛可可在德国变得毫无节制了。例如,位于慕尼黑附近宁芬堡的亚玛连堡府邸(Amalienburg),直径约 12 米的圆形中央大厅粉刷成淡蓝色,布满了和门窗交错排列的椭圆形的镜子,镜子稍微倾斜来加强各种装饰所呈现的夏日轻快感,墙上的装饰纹样有乐器、羊角、贝壳、青草、蝴蝶、小鸟等,动静结合,十分活泼(见图 11-11)。

图 11-11　慕尼黑附近宁芬堡宫亚玛连府邸的室内装饰

洛可可在德国最喧闹的应用是柏林夏洛登堡的金廊(Goldene Galerie, Berlin, Charlottenburg)(见图 11-12)和波茨坦新宫的阿波罗大厅(Apollosaal, Neuen Palais)。

图 11-12　柏林夏洛登堡的金廊

思考题

1. 列举意大利文艺复兴盛期的著名建筑师及其代表作。
2. 简述文艺复兴时期确定下来的古典建筑原则。
3. 如何区分罗马风和文艺复兴建筑？
4. 简述巴洛克建筑产生的历史背景。
5. 简述巴洛克建筑的风格特征。
6. 古典主义建筑的发展经历了哪几个阶段？每个阶段的建筑成就有哪些？
7. 为什么佛罗伦萨主教堂的穹顶被称为文艺复兴的"报春花"？

第 5 篇

18 世纪下半叶—20 世纪初
欧洲与美国的建筑

第 12 章　18 世纪下半叶—19 世纪下半叶欧洲与美国的建筑

12.1　18 世纪下半叶—19 世纪下半叶欧洲与美国建筑发展的背景

无论是东方还是西方,在漫长的奴隶社会和封建社会时期,建筑的进步是非常缓慢的。在进入资本主义时期之后,欧洲建筑发展的步伐开始加快。不过,在 19 世纪之前,房屋建筑技术仍没有出现显著的变革。建筑材料仍不外乎几千年延续下来的土、木、砖、瓦、灰、沙、石等;由于材料性能和建筑技术水平的限制,房屋层数不多,跨度有限;同所消耗的人力和材料相比,房屋的使用面积和有效空间并不很大,以北京故宫为例(见图 12-1),它的全部使用面积尚不及人民大会堂一座建筑物;房屋的施工速度也很慢,中世纪的教堂常常要用几十年甚至上百年、几代人的努力才能完工;除了少数宫殿府邸,一般几乎没有什么建筑设备。

图 12-1　北京故宫鸟瞰图

但是进入 19 世纪以后,建筑领域中出现了很多新事物,建筑发展显著加快,许多方面甚至发生了根本性的转变,这些变化同社会的发展息息相关,有的就是社会发展的直接产物。这一时期发展最快的几个国家,其社会历史状况的改变主要有以下几个方面。

12.1.1　西欧和美国完成资产阶级革命

资本主义生产方式是在封建社会母体内孕育起来的,资产阶级为推翻封建统治而进行资产阶级革命,经过长期曲折革命,才把政治权利夺到自己手中,建立了稳定的资产阶级政权。在西方国家中,英国最早完成这个历史过程,于 1640 年发动了英国资产阶级革命并于 1689 年确立了君主立宪制,其他国家都是在 19 世纪才稳定了资产阶级政权。如法国于

1789 年爆发了资产阶级革命,经过长期的复辟与反复辟、帝制与共和的斗争,法国到 19 世纪 70 年代才确立资产阶级专政的共和国政体;德国和意大利也是在 19 世纪 70 年代结束国内的分裂状态,建立了统一的资产阶级国家;美国在 1775—1781 年的独立战争之后又经过 1861—1865 年的南北战争,资产阶级才确立了统治权。

12.1.2 工业革命和资本主义工业化

资产阶级革命为资本主义生产力的发展扫清了政治障碍,最重要的标志便是工业革命和工业化。英国首先发生工业革命,到 19 世纪 30 年代末,英国的基本工业部门中,机器已占据优势。继英国之后,美国于 19 世纪初,法国于 19 世纪 20 年代,德国于 19 世纪 40 年代,也先后开始了工业革命。到 19 世纪后半叶,这些国家的工业化从轻工业发展到重工业部门,西方主要国家由此从传统的以农业和手工业为主的社会步入工业化社会。如图 12-2 所示烟雾弥漫的伦敦。

图 12-2　烟雾弥漫的伦敦

12.1.3 科学技术的长足进步和生产力的大发展

19 世纪的科学技术随着生产的发展而飞速进步,在同建筑有直接关联的工程技术方面,也取得了有历史意义的丰硕成果。1848 年,马克思和恩格斯在《共产党宣言》中这样描绘当时西方主要国家的生产力发展:"资产阶级在它不到 100 年的阶级统治中所创造的生产力,比过去一切时代所创造的生产力还要多、还要大。自然力的征服,机器的采用,化学在工业和农业中的应用,轮船的行驶,铁路的通行,电报的使用,整个大陆的开垦,河川的通航,仿佛用法术从地下呼唤出来的大量人口——过去哪一个世纪能料想到在社会劳动里蕴藏有这样的生产力呢?"①

1807 年美国出现蒸汽推动的内河轮船,1819 年汽轮第一次渡过大西洋,1825 年第一条客运铁路线在英国建成,长度为 25 千米,接着在欧洲和美国出现了建设铁路的热潮。汽轮和铁路的出现是交通运输的重大革命,它立即引起人口和生产力的重新分布,影响极大。19

---

① 恩格斯.马克思恩格斯选集(第 1 卷).北京:人民出版社,1995:277.

世纪中期,机器制造技术进步迅速,开始用机器制造机器,机械和机器渐次用于各种生活领域。人类发明了发电机和电动机,电力渐渐代替蒸汽,如蒸汽牵引的升降机改用电力,成为"电梯",1880 年柏林有了电车,电灯也逐渐推广。19 世纪 90 年代发明了无线电报。内燃机也开始推广,有了使用汽油的汽车。这一时期远距离送电也获得了成功。

19 世纪科学技术的发明成果和生产力的大跃进使人类的生活大为改观,并为 20 世纪的更大进步奠定了基础。

12.1.4　城市化和城市新模式

19 世纪前,欧美各国和世界其他地方一样,绝大多数是农业人口,城市数目既少,规模又小。18 世纪末,英国超过 5 万人的城市只有 5 个,其中除伦敦外,都不足 10 万人。工业革命以后,出现了人口集中到城市的所谓"城市化"过程。在 1801—1901 年这 100 年间,英国城市人口占总人口的百分比从 32％增至 78％,美国从 4％增至 40％。

少数成为工商业中心的城市,如伦敦、巴黎、柏林、纽约和芝加哥等,人口增长特别迅速,在 1900 年左右都成为人口百万以上的特大城市,其中伦敦达 453.6 万人。在这些城市里出现了公共电车、地铁、高架铁道、街道电灯、自来水和下水管道等现代化设施,城市促进了工业化,工业化也推动了城市的建设(见图 12-3)。

图 12-3　19 世纪伦敦城市建设的场景

但在 19 世纪,城市的发展大多是在自发的状态下进行的。第一批企业主把他们的工厂和铁路紧挨着原有城区建造起来,在旁边立即形成密集的工人住房和混乱的街巷,后建的工厂和铁路又把他们包围起来,城市像滚雪球般一层层扩大,旧的工厂、铁路、仓库、码头不断落入市区当中,造成交通拥塞,空气和水体污染。19 世纪中期巴黎改建之前,有"臭气城市"之称,伦敦被称为"雾都",城市中的贫民窟地区,工人阶级和下层人民的生活条件还不如中世纪,反映了城市化和工业化早期严重的"城市病"。

【电影】《雾都孤儿》:英国电影(1948 年),根据英国作家狄更斯 1838 年的名著《雾都孤儿》改编,从中可以窥见 19 世纪伦敦街头昏黄的繁荣和背后穷街陋巷的破败,以及下层人民在工业化早期的大都市中的生活场景(见图 12-4)。

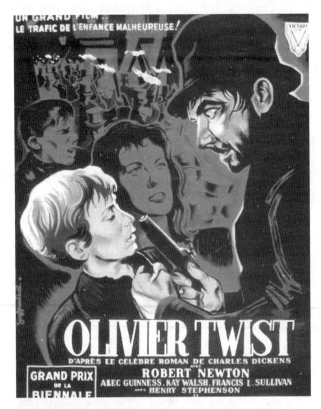

图 12-4　《雾都孤儿》剧照

12.2　18 世纪下半叶—19 世纪下半叶房屋建筑业的变化

12.2.1　建筑业经营方式的转变

19 世纪在"工厂热""铁路热"的同时,出现了"建筑热"。生产的大发展和社会生活的全面变化,带来复杂多样的建筑需求,建筑类型大大增多。多种工业厂房、铁路建筑物、银行、保险公司、百货商场、大型旅馆、商业办公大楼、博物馆、体育场馆等,有的是完全新型的,有的过去虽然已有,然而功能、形制发生了显著变化。发展最快的是生产性和实用性的建筑物,如厂房、仓库、车站、商业办公楼、旅馆以及大量专供出租和出售的住房等。

这一类的房屋,从经济学的角度考虑,它们不是房产主自己使用的必要生活资料,而是一种生产资料,也即一种固定资本。这样的经济属性使 19 世纪以后的大量建筑物同历史上那些著名的建筑物之间有了重大的区别。埃及金字塔、古希腊神庙、罗马的宫殿、法国哥特教堂等,这些中外古代建筑史上的著名建筑物几乎都是非生产性的消费品,而且大多还是奢侈性消费品,完全不是为了利润,而是为了经济以外的效用和利益。

到了 19 世纪,作为非生产性消费品和奢侈性消费品的建筑仍然继续建造着,不过作为生产资料的建筑物愈来愈多,在总建造量中所占的比例愈来愈大,且重要性也大为提升。它们的拥有者对这类建筑物就有了与奴隶主、封建主对宫殿府邸等很不相同的建筑需求。在一切其他准则的后面,立着一个严峻的冷冰冰的经济算盘:以最少的投资获取尽可能多的利润。这个经济算盘或隐或显、或大或小地贯彻在作为生产资料而生产及使用的建筑物的各个方面,包括建筑设计和有关的建筑观念及理念。

房屋建筑的生产和经营方式从而也出现了变化。新建筑需要各种各样的材料,需要大批不同工种的专业工人的协作,需要很长的施工时间,于是出现了建筑企业主—承包人,建筑手艺人变为企业主—承包人雇佣的外出零工,而这些企业主—承包人逐渐挤进消费者和生产者之间,变成真正的资本家,而房屋建筑也从工匠或工匠行会的事业发展成资本主义的企业。

12.2.2　现代专业建筑师的出现

我们时常广泛地把历史上各个时期的建筑物的设计者都称为"建筑师"。但是,现代意义上的建筑师出现得相当晚,大致是在 19 世纪中期,才有了我们今天所理解的职业建筑师。

1. 历史上的"建筑师"

建筑师的前身,无论是在西方还是在中国,都是建筑工匠中的技艺超群者。后来,随着建造复杂高级建筑物的需要,主要从事建筑设计的人员出现了,典型的就是意大利文艺复兴时期的著名建筑师们,他们的社会地位渐渐提高,不过在许多方面仍然同房屋的建造过程保持密切的联系,本人仍然掌握一定的实际建造技艺。这一类从工匠中涌现出来的建筑设计者称为工匠建筑师(Craftsman Architect)。

17 世纪后期,法国君主设立多种学院,从上层阶级的子弟中培养为统治阶级服务的专业人才,其中就包括专为宫廷服务的建筑师。从此出现了与体力劳动脱钩的学院派建筑师,是专业知识分子,属于绅士阶层,被称为绅士建筑师(Gentleman Architect)。

工匠建筑师的技能来自劳动实践、师徒传授和耳濡目染。由于缺少知识和理论的引导,又缺少外界的信息,工匠建筑师掌管下的建筑业发展缓慢,有不少局限性,但与材料、技术、施工工艺以及生活需要之间形成有机的联系,发展演变过程自然渐进,具有连续性,带有民间工艺美术那样纯真质朴的品格。现在人们所称的"没有建筑师的建筑"中的很大一部分其实就是工匠建筑师的成果。

2. 专业建筑师的出现

19 世纪出现的专业建筑师受过系统教育,有文化知识,眼界广,主要为统治阶级上层服务,不只是为他们的物质需要提供实用的房屋,更重要的是,通过建筑物的内外形象、艺术样式表达当时社会尤其是统治阶级的愿望、意志、理想和情趣,他们与其他门类艺术家一起铸造出种种文化符号——艺术语言。在西方,这个文化符号——艺术语言的体系可上溯至古希腊、古罗马,经过千百年的加工锤炼已经十分精致,在西方各国的上层社会得到理解,并成为通用语言。这种情形,在 19 世纪末以前的西方建筑中表现得很清楚,在西方各国官方或重要的建筑物中存在国际性的建筑语言,而各国民间的或普遍的建筑中则各自另用一种语言。当然,两种语言之间也存在互相渗透、互相影响的情况。

进入 19 世纪,建筑师的服务对象渐渐转变为资产阶级。1850 年,英国人口总数在 2000 万人左右,其中资产阶级约 150 万人,这部分人口占有大量财富,掌握政治权利,他们取代昔日的君主、贵族和教会,成为主要的房产主和建筑订货人。这个时候,建筑师摆脱了对宫廷、贵族和教会的依附关系,成为"自由职业者",可以自由地为掌握财富的阶层服务。

专业建筑师工作的另一个变化是他们的工作范围缩小了。建筑承包商把施工的任务包走了,结构工程师、设备工程师等分担了各项专门的技术设计任务。建筑师同工程实践、经济问题逐渐脱节,只负责解决建筑的功能实用问题,负责协调各种矛盾,但许多时候,建筑师要解决的首要问题常常是建筑的形式和风格。

当时专业建筑师还是一个新鲜事物,人数寥寥。营造厂制度下,工匠师徒相传,简单的建筑不用绘图,遇到复杂的任务时,则找绘图员画几张图。后来一些重要的公共建筑和高贵的府邸先由建筑师做好设计再交由营造商施工。由营造商一手承包建筑任务和由专业建筑师先做设计这两种做法曾经并存过一段时期。在营造商承办一切的制度下,由于一切都有固定的规格,虽能保证一定的建筑施工质量,但建筑形式大同小异,缺少创新性。因此,专业建筑师的制度渐渐盛行起来,并导致大事务所的出现。专业建筑师的出现是社会分工更细的结果。从此建筑学和建筑创作得到更大更快的发展,同时它也意味着工匠建筑师地盘的缩小。此后,随着正规高等建筑教育的形成,单单从工程实践中脱颖而出的建筑人才越来越稀少了。

12.3 建筑材料、结构科学和施工技术的进步

我国著名土木工程专家李国豪说,在历史上,"每当出现新的建筑材料时,土木工程就有飞跃式的发展"。他指出,土木工程的三次飞跃发展是同三种材料相联系的:①砖瓦的出现;②钢材的大量应用;③混凝土的兴起。这三种材料之中,钢材和混凝土在建筑中的广泛应用都发生在19世纪。

12.3.1 建筑中钢铁结构的采用

1.铁在建筑中大量应用的社会背景

在房屋建筑中,比较广泛地采用铁,后来又改用性能更佳的钢来做房屋结构和其他部件、配件,这在建筑发展上具有重大的革命性的意义。

人类使用铁的历史十分久远。但在18世纪末之前,铁在世界各地都没有成为主要的建筑结构材料,主要用以制作栏杆、铰链、钉钩、把手等小型部件以及装饰之用。在有些建筑中,也出现过起结构作用的铁制部件,如砖石拱券上的铁制拉杆和圆顶上所用的铁箍等,但也属于配件。之所以如此,一方面,是由于石、木、砖等传统材料一般已能满足当时的建筑需要,还没有产生对一种新结构材料的迫切需要;另一方面,更重要的是受到铁产量的限制以及存在着将铁制成大型构件的技术困难。

18世纪末,英国开始工业革命。使用机器的大工厂和铁路建设,要求建造多层、大跨度、耐火和耐振动的建筑物,并要求尽快建成使用;社会生活的其他领域,也不断提出各种为砖石和木结构房屋所不易或不能满足的建筑要求,如博览会上的临时性建筑;与此同时,工业革命促进了铁产量的大幅度增加,为房屋建筑中大量使用铁材奠定了基础,铁的应用随产量的增加而日益扩大(这也是铁结构在中国建筑中一直未获得大量应用的重要原因)。19世纪被称为"铁的世纪"。

2.铁结构在建筑中的发展历程

在桥梁建设中采用铁结构稍早于房屋建筑。铁桥的建造技术为房屋建筑中采用铁结构作了技术上的准备(见图12-5)。在房屋中,最早采用的铁结构是生铁柱子。纺织工厂大量使用机器后,旧式房屋中体积庞大的砖石承重墙和柱子妨碍机器的布置,为了减少支柱占用

面积,18 世纪 80 年代英国的纺织工厂首先采用生铁内柱,接着在需要大空间的民用建筑中也采用铁柱(见图 12-6)。

图 12-5 英国塞文河生铁桥(Coalbrookdale Bridge,1777—1779 年)

图 12-6 19 世纪英国纺纱厂室内

铁也开始用来建造屋架以获得轻质的大跨度空间,如 1786 年巴黎法兰西剧院的熟铁屋架。以后又出现了外部采用砖石承重墙而内部梁柱用铁制造的砖石—铁混合结构的多层房屋,如 1801 年英国曼彻斯特市沙尔福(Salford)地区用这种方式建造了一座七层的棉纺织工厂。19 世纪发明了铆钉连结,铁结构大为简化,也更加可靠,用碾压方法制造型材以后铁结构的运用愈益广泛。

玻璃和铁的配合应用。为了采光的需要,玻璃和铁这两种建筑材料开始配合使用。那些要求很快建造起来的大跨单层的建筑物,如市场、火车站站棚、花房、展览馆等,都纷纷采用铁和玻璃的建筑。1833 年出现了第一个完全以铁架和玻璃构成的巨大建筑物——巴黎植物园的温室(Greenhouses of the Botanical Gardens),这种构造方式对后来的建筑有很大的启示。

紧接着,欧洲一些重要的公共建筑物,也开始采用铁结构来建造大厅的屋盖,如英国大不列颠博物馆的阅览大厅(British Museum Reading Room)直径为 42.7 米的圆顶,法国巴黎的圣吉纳维夫图书馆(Bibliothegue Sainte Genevieve)(见图 12-7)和巴黎国立图书馆(Bibliothegue Nationale)的屋顶(见图 12-8 和图 12-9)等。

图 12-7   法国巴黎圣吉纳维夫图书馆

图 12-8   巴黎国立图书馆

向框架结构过渡。19 世纪中叶美国一些大商业城市中最早出现全铁框架的多层商业大厦。这类商业房屋的外墙上除了细长的铁梁柱外,全部都开成玻璃窗,大大改善了室内照明和通风,满足了大量人员办公的需要。19 世纪美国内河航运大港和商业城市圣路易斯是这类建筑出现较早的地区之一,河岸上聚集了 500 座以上这种生铁结构的建筑,如甘特大厦,立面上以生铁梁柱框架纤细的比例代替了古典建筑沉重稳定的印象。这类建筑的例子还有英国的奥列尔大厦(见图 12-10)。

【链接】   出于炫耀和好奇的心理,铁结构也出现在一些皇宫和府邸建筑中,如英国布莱顿的印度式皇家别墅(Royal Pavilion,Brighton),它重约 50 吨的铁制大穹窿被支承在细瘦的铁柱上,铁构件作为一种时髦的东西在这里出现(见图 12-11)。

铁结构的知识和应用技术是在实践中逐步掌握和丰富起来的。早期人们为了防火去用铁构件代替木构件,但在火灾中,铁构件很快变软失去承载能力,温度更高时,炽热的铁水四处流散,火灾蔓延得更快。人们才知道,裸露的铁结构不但不能防火,而且有更大的危险,必须用耐火材料把铁材料包裹起来。在早期,人们把铁当作石材一样的东西来使用,最早的铁

图 12-9　巴黎国立图书馆铁制穹窿结构细部

图 12-10　英国奥列尔大厦

桥就是采用石砌拱桥的形式,如英国的桑德兰铁桥,后来才发展出了比较符合铁的性能的结构形式,结构力学也是随着工程实践逐渐发展起来的。

3.铁结构逐渐被钢结构所替代

钢和铁都是铁碳合金。生铁含碳量较多,虽有很高的抗压能力,但抗拉能力差,并且不耐冲击;熟铁含碳很少,用作建筑构件又常常失之太软;对生铁进行熔炼,使其中的含碳量降至 1.7% 以下,控制在适当的分量上,即得到不同性能的各种钢材,其中含碳量低于 0.25% 的低碳钢适用于建筑结构,既具有较高的强度,又具有相当的韧性和塑性。

同铁的使用和推广过程一样,钢材也是首先用于桥梁等工程结构物之中,然后才用于有特殊或迫切需要的建筑类型中,如工厂、大跨度房屋、高层房屋等,最后才较多地用于一般民用建筑物中。

建筑由铁结构向钢结构过渡,是 19 世纪末 20 世纪初的事,但在 19 世纪的最后十几年中,钢结构已经开始显示它在建筑中的巨大作用。例证有,1889 年巴黎博览会上以钢结构建成了一座单跨 115 米、长 420 米的巨大机械展馆,高 328 米的后来成为巴黎标志的埃菲尔铁塔;1893 年俄国建成的双曲屋顶拱壳的厂房和一座悬索结构的展览馆;1898 年美国建成的高 26 层的纽约公园街大楼(见图 12-12)。

图 12-11　英国布莱顿的印度式皇家别墅

图 12-12　纽约公园街大楼

12.3.2　1851 年的伦敦水晶宫

近代资本主义经济发展以后,各国企业热心举办各种展览、博览会以促进产销,展示经济的成就、技术和艺术的发展、生产和消费的新潮。各国政府很支持举办这样的博览会,把它作为振兴实业、显示财富和力量的一种方式。1798 年,巴黎第一个举办工业展览会,此后各国纷纷仿效,但基本还限于一国国内的产品。1851 年,在海德公园举办的伦敦世博会是第一个大规模的国际性博览会。博览会由英国皇家工艺协会主办,协会主席是当时维多利亚女王的丈夫阿尔伯特亲王。

1850 年 3 月,博览会筹建委员会宣布举行全欧洲的设计竞赛,征求建筑方案。4 月,委员会收到 245 个应征方案,但没有一个合用的。因为从设计到建成开幕只剩一年多一点的时间,工期极短;另外,展馆在闭幕后计划要拆除,因此要省工省料、快速建造、快速拆除,且耐火。参赛的各国建筑师的传统设计方案都不能满足这些要求。委员会无奈自己做了个设计,仍是相当复杂的砖砌建筑,正中有一个大的铁结构圆穹顶。这个方案依然不符合要求,但仍决定按它建造,引起舆论哗然。

这时,一位名叫帕克斯顿(Joseph Paxton)的园艺师用 8 天的时间,提出了一个新颖的、革命性的方案,采用装配花房的办法,设计的展馆总长约 555 米(1851 英尺),总宽约 124 米(408 英尺),共三层,外形逐层收退,立面正中有凸出的半圆拱顶,顶下的中央大厅由地面到最高处约 33 米,大厅宽约 22 米,左右两翼大厅高约 20 米,大厅两旁楼层形成跑马廊。它通体晶莹透亮、光洁璀璨,被称作"水晶宫"(Crystal Palace)。这个美丽的名字恰当地表达了这座新奇建筑的特质和人们进入其中的感受(见图 12-13 和图 12-14)。

图 12-13　1851 年的伦敦水晶宫

图 12-14　水晶宫博览会内景

　　这个庞大的建筑物只用了 17 个星期就建起来了,这是闻所未闻的高速度,原因是它既不用石,也不用砖,是一个完全的铁框架结构,所有的墙面和屋面则全是玻璃。整个建筑物由 3300 根铸铁柱和 2224 根铁横梁构成框架。铁柱子是中空铁管,所有铁柱的外包尺寸完全相同,不同部位的铁柱只改变管壁的厚度,以适应不同的承载力;横梁也是如此,高度一样,但构件断面不同,有的采用铸铁,有的采用锻铁,以满足不同的荷载需要(见图 12-15)。

　　墙面除铁构件之外全是玻璃和窗棂。玻璃只有一种规格,即 124 厘米×25 厘米,80 名玻璃安装工人在 1 周内安装了 18.9 万块玻璃,玻璃总量达 8.36 万平方米,重 400 吨,相当于 1840 年英国玻璃总产量的 1/3。

　　整个建筑的构件规格和尺寸都尽最大努力标准化。铁件和玻璃都由工厂制造,送到现场拼装,大部分采用螺栓固结,施工中尽量采用机械和蒸汽动力。真正用于施工安装的时间实际只占 17 个星期,给布置展览留下了时间,使博览会于 1851 年 5 月 1 日顺利开幕(见图 12-16)。

　　【观点】　1851 年的水晶宫在建筑史上具有重大意义:第一,它所担负的功能是全新的——要求巨大的内部空间,最少的阻隔,以便安置许多庞大的工业产品,以及外域运来的

图 12-15　水晶宫鸟瞰图

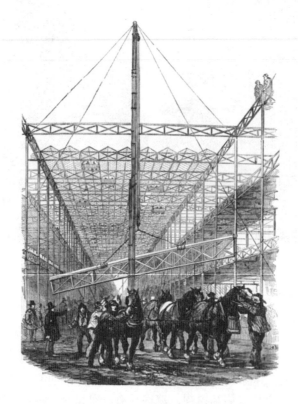

图 12-16　水晶宫的施工场景

奇花异木,还要同时容纳众多的参观者在其中任意流动。第二,它要求快速建造。博览会从筹建到开幕不过一年多时间,留给设计和施工的时间非常短,逼迫人们采用新的建筑材料、结构和施工技术,水晶宫也由此第一次大规模地展现了采用工业化的预制装配化方法的优越性。第三,建筑造价大为节省。帕克斯顿提出的解决方案是当时最经济的一种,按当时的价格计算,水晶宫的造价为每立方英尺一个便士。从水晶宫墙厚(20.3厘米)与伦敦圣保罗大教堂的墙厚(4.27米)的比较上,可以十分直观地反映出新的建造方式对人力与物力的巨大节约。第四,从水晶宫的设计和建造过程可以看出,只有熟悉和掌握新材料和新技术的人员才能解决新的建筑课题,建筑师如果墨守成规,不与时俱进,就难以发挥作用。(思考一下信息技术革命性进步的今天,建筑师是不是也面临着同样的境遇?)第五,水晶宫显示了一种把实用性、技术以及经济放在首位的设计思想,有力地突破了沿袭传统建筑样式的做法,预示着时代发展的趋势。第六,水晶宫的建筑形象向人们预示了一种新的建筑美学质量,其特点就是轻、光、透、薄,与传统砖石建筑的厚、重、闭、实形成鲜明对比。

　　水晶宫在当时得到不同的评价,原因是:一方面,许多建筑师和高雅人士认为它算不上是 Architecture,仅仅是一个 Construction,意即它不属于建筑艺术或高尚建筑的范围,而只是一个构筑物;另一方面,它又获得了广大公众和不带偏见的专业人士的喜爱。当时的报道说,参观水晶宫的人群对它抱有像是对罗马圣彼得大教堂一样尊崇的情绪。

　　博览会结束后,帕克斯顿申请在原地保存水晶宫,未获批准,他于是买下水晶宫的构件材料,运到伦敦南郊重建,规模扩大至近乎原来的两倍,于 1854 年竣工,作为展览、娱乐、招待中心,十分兴旺。新水晶宫于 1866 年和 1936 年两次发生火灾,建筑全毁,再也没有重建。

　　如果将 1851 年的伦敦水晶宫和 100 年后即 1951 年在纽约建成的利华大厦(Lever House)(见图 12-17)相比较,则更使人感到,那座已不存在的水晶宫才是现代建筑的第一朵"报春花"。

图 12-17　纽约利华大厦

　　水晶宫激发了公众对玻璃和铁结构建筑的喜爱。在它之后,欧洲和美国很多商业建筑开始采用铁和玻璃的屋顶,如 1867 年意大利米兰的埃曼努尔二世美术馆(Victor Emmanuel Ⅱ Gallery,Milan)(见图 12-18);1876 年巴黎出现了第一个有铁和玻璃屋顶的百货公司(Magasins du Bon Marché),商店街道上覆盖着玻璃拱顶,既挡风雨又有充足的光线,至今

仍是人们喜爱的购物中心。这些在当时都是适应了城市大量人口需要的新型商业建筑
形式。

图 12-18　埃曼努尔二世美术馆

12.3.3　水泥和钢筋混凝土的广泛应用

1. 现代水泥的诞生

古代罗马人曾经利用火山灰沉积物作为天然胶结材料,将零碎的石块连成整体的拱券
结构,建造了规模巨大的斗兽场、浴场等建筑。欧洲进入封建社会后,虽然还有这样的建造
方式,但没有出现大型的混凝土建筑。这是因为:第一,即使是在地中海沿岸地区,这种材料
也不普遍;第二,在古代条件下,建造大型混凝土结构极其耗费人力,罗马帝国有大量奴隶可
供驱使,而长期处于严重分裂状态的欧洲封建社会不具备这种社会条件。

18 世纪后半叶,工业和交通的发展促成了新的建筑胶结材料的产生。英国人亚斯普丁
(J. Aspdin)把石灰石和黏土碎末合烧,产品硬化后颜色与强度与波特兰地方出产的石料很
相似,因此取名为"波特兰水泥"(Portland cement),由此产生了现代意义上的真正的水泥。
亚斯普丁于 1824 年取得专利权。

2. 钢筋混凝土的出现

波特兰水泥出现后,用它与砂子、碎石制成的混凝土在工程中广泛使用。混凝土可以浇
筑成各种需要的形状,当其硬化后,有很高的抗压强度,且能够耐火。但它在拉力作用下容

易破裂。相反,钢铁却有很高的抗拉强度,但在高温下容易丧失其强度。在混凝土和钢铁这两种材料都已经存在的情况下,人们很自然会想到把这两种材料结合起来,做成既能抗压又能抗拉的结构材料。

很多人开始积极探寻把钢铁和混凝土结合起来共同工作的构造方式。19 世纪 50 年代,法国人兰博(Lambot)用水泥制造船只,在水泥中用了金属丝网;1861 年,法国工程师克瓦涅(F. Coignet)提出了在混凝土中配置钢筋用来建造水坝、管道和楼板构件的方法;1868年法国园艺家莫尼埃(H. Monnier)以铁丝网和水泥试制花钵,后又建成一座钢筋混凝土水库,不过他当时并没有掌握钢筋在混凝土中的结构作用,而主要是从塑造形体的需要来配置钢筋,但对钢筋混凝土的推广使用仍有较大影响。

钢筋混凝土的广泛应用是在 1890 年以后的事,它首先在法国与美国得到发展。法国建筑师埃纳比克(Francois Hennebique)吸取很多工匠的经验,发展出使用钢筋混凝土建造房屋的基础、柱、梁、楼板、屋盖的完整系统构造,发挥钢筋混凝土的整体性优点。它用这一系统为欧洲许多地方建造桥梁、工厂、谷仓、水利工程和百货公司等,并为自己建造别墅作为应用钢筋混凝土的广告,其中有大胆悬挑的楼板和屋顶花园。埃纳比克的钢筋混凝土房屋使人们进一步认识到这种材料用于房屋建筑的可能性和重要性。巴黎甚至出现了用钢筋混凝土建造的教堂——蒙玛尔特教堂(Saint-Jean de Montmartre)(见图 12-19 和图 12-20)。

图 12-19 巴黎蒙玛尔特教堂

20 世纪初著名的法国建筑师贝瑞(Auguste Perret)善于运用钢筋混凝土结构,同时努力发掘这种材料与结构的表现力。他早年在巴黎美术学院学习建筑,毕业前离开学校到父亲经营的营造厂工作,从此开始了他既是建筑设计者又是施工管理者的生涯。1903 年,贝

图 12-20　巴黎蒙玛尔特教堂室内

瑞采用钢筋混凝土框架结构建造巴黎富兰克林路 25 号公寓楼,是八层的钢筋混凝土框架结构,房屋内部分割灵活,框架间填以褐色墙板,在外观上框架结构清楚显露出来,成为建筑立面构图的重要因素,其作用与欧洲中世纪半木架建筑(Half Timber)(见图 12-21)类似,去掉了一切装饰却并不单调(见图 12-22)。

图 12-21　欧洲中世纪半木架建筑

　　1905 年,贝瑞设计和建造的巴黎庞泰路车库(Garage in the Rue de Ponthien)是一座四层车库,内部有机械升降设备,传统结构无法满足承重、空间和设备安装要求。贝瑞设计的钢筋混凝土框架的跨度很大,立面上开着大面积的玻璃窗,轻盈开朗,与传统砖石承重墙的建筑面貌大不相同(见图 12-23、图 12-24 和图 12-25)。

　　第一次世界大战之后,贝瑞采用钢筋混凝土结构建造了一座教堂——杭西圣母教堂(Notredame du Raincy),在造型上充分利用和显露出这种建筑材料和结构的优越性能。同传统石材教堂相比,梁柱的断面都非常细小,形象轻巧新颖,在基督教建筑史上写下了新的一页。

　　与贝瑞同一时期的另一位法国建筑师夏涅(Tony Garnier)也擅于运用钢筋混凝土建造建筑。他曾做过工业城市的假想方案,并做了其中部分街区的设计,全部建筑为钢筋混凝土结构,布局整齐,外形简洁。他在工业城市中做的市政厅、底层开敞的集会厅和中央铁路车

图 12-22　巴黎富兰克林路 25 号公寓楼

图 12-23　巴黎庞泰路车库的大跨度钢筋混凝土框架

站方案,都应用了钢筋混凝土这种新材料与结构,以达到新颖的造型与开敞明快的效果。

　在实践的过程中,钢筋混凝土结构的理论分析也逐渐形成。

图 12-24　巴黎庞泰路车库内景

图 12-25　巴黎庞泰路车库主入口

12.3.4　近代结构科学的发展

1. 力学的进展

古代劳动人民在建造房屋的实践中,很早就发展出多种多样的结构类型。梁、柱、拱券、悬索、穹顶、木屋架、木框架等都有数千年的历史。不过,不论是中国还是西方,力学同其他科学一样,长期处于停滞状态,力学和结构的知识始终停顿在宏观经验的阶段,没有上升为系统的科学理论。

【观点】 意大利文艺复兴时期阿尔伯蒂的著作中关于拱桥的规定如下:拱券净跨应大于 4 倍小于 6 倍桥墩的宽度,桥墩的宽度应为桥高的 1/4,石券的厚度应不小于跨度的 1/10。这一类的法则和规定可能是符合力学原理的,但即使是这样,它们也不是具体分析和计算的结果,而是某种规范化的经验。中国古代建筑著作中关于结构和构造的论述,即所谓"法式制度",其内容都不外乎这类规范化的经验。建筑经验愈是规范化,便愈不容易被突破,它们成为一种传统,在一定程度上束缚了建筑和工程的革新发展;另外,基于宏观的感性经验而得出的结构和构造,一般截面偏大,用料偏多,安全系数很大。古代很多建筑物能够保留至今,原因之一就在于其结构有很大的强度储备。

对工程结构进行科学的分析和必要的计算,是在资本主义市场方式出现以后,经过几百年的时间逐渐发展起来的。在此之前,"科学只是教会恭顺的婢女,不得超越宗教信仰所规定的界限,因此根本就不是科学。"[①]意大利达·芬奇是最先应用数学方法分析力学问题并通过试验决定强度的人之一;意大利伽利略(Galileo Galilei)在比萨斜塔上做过著名的落体实验,建立了落体定律、惯性定律等,奠定了动力学的基础;英国牛顿(Isaac Newton)在总结前人成就的基础上,解决了许多重要的力学和数学问题,为古典力学建立了完备的基础;瑞士约翰·伯努利(Johann Bernoulli)以普遍的形式表述了虚位移原理;他的哥哥雅各布·伯努利(Jakob Bernoulli)提出梁变形时的平截面假定;瑞士欧拉(Euler)建立了梁的弹性曲线理论、压杆的稳定理论等;法国拉格朗日(Lagrange)提出了广义力和广义坐标的概念。

虽然力学有了重要进展,不过在 18 世纪前期,建筑工程仍像以前那样照传统经验办事。首先,因为力学还没有成熟到足以解决实际的工程结构问题;其次,力学家们对于工程问题很少注意;最后,工业革命之前,房屋本身也没有进行结构计算的实际需要,只有在极特殊的时候,如 1742 年罗马圣彼得大教堂圆顶的修缮,才感到有加以计算的必要。

2.圣彼得大教堂圆顶修缮——房屋结构计算的尝试

罗马教廷的圣彼得大教堂是世界上最大的教堂,1506 年开始设计,1626 年竣工。它的主穹顶直径为 41.91 米,内部顶点距地面 111 米,由双层砖砌拱壳组成,底边厚约 3 米。庞大沉重的圆顶由四个墩座支承着。米开朗基罗当年设计这个穹顶时,主要着眼于建筑艺术构图,穹顶的结构、构造和尺寸全凭经验估定。建成不久,穹顶开始出现裂缝,到 18 世纪,裂缝日益明显。1742 年教皇下令清查裂缝原因,确定补救方法(见图 12-26)。

对于一般房屋,依靠直观和经验就能决定修缮方案。而对于圣彼得大教堂这样复杂、巨大且特别重要的建筑物来说,不得不作一些深入的分析研究。先是三个数学家计算穹顶的推力,结论是穹顶上原有的铁箍松弛,不足以抵抗穹顶的水平推力,建议在穹顶上增设铁箍。后又请来著名的工程师兼教授波来尼(Giovanni Poleni)再作研究,他认为裂缝产生于地震、雷击等外力的作用和圆顶砌筑质量不佳、重量传递不均匀等原因,但结论仍是增设铁箍。1744 年,圆顶上增设了 5 道铁箍。

当时拱的理论还没有成熟,计算变形的方法还很原始,实际上尚不具备正确分析圆顶破

① 恩格斯.马克思恩格斯选集(第 3 卷).北京:人民出版社,1995:706.

图 12-26　圣彼得大教堂的穹顶

坏原因的理论基础。尽管这样,他们的工作在建筑史上仍然具有划时代的意义——解决工程问题不再唯一地依靠经验和感觉,而是用力学知识加以分析,通过定量计算决定构件尺寸的尝试已经开始,这是对传统建筑设计方法的一次突破。文艺复兴时期由建筑师按艺术构图需要决定的教堂圆顶,到了 18 世纪,受到用力学和数学知识武装起来的科学家的检验,这件事本身就预示着建筑业不久即将出现重大变革。

3. 工业革命与结构科学

18 世纪后期开始,工业革命浪潮遍及西欧和美国,工厂、铁路、堤坝、桥梁、高大的烟囱、大跨度房屋和多层建筑大量建造起来,工程规模愈来愈大,技术日益复杂。其中,铁路桥梁是工程建设中最困难、最复杂的一部分,它对力学和结构科学的发展有突出的推动作用。英国在铁路出现后的 70 年里,就建造了 2500 座桥梁。

古代埃及法老们和古罗马的皇帝们,在建造金字塔和宫殿时,可以毫不顾惜地投入大量奴隶劳动;中世纪的哥特式教堂,盖一点、瞧一瞧,不行再改,经常一拖就是几十年、上百年。近代资产阶级不能容忍这种做法,因为大多数工程,包括大型铁路桥梁在内,往往是个别资本家或他们公司的私产,因此迫切要求减少材料和人力消耗,尽量缩短工期,以最少的投入获取最大的利润,尽一切努力防止工程失败而招致严重的损失。它要求在工程实施前周密计划、精打细算,不允许担着风险走着瞧的干法。这样一来,在工商业资产阶级经济利益的推动下,结构分析和计算日益受到重视,成为重要工程中必不可少的步骤。

【实例】　1846 年,英国在康卫(Conway)河上及门莱海峡建造铁路桥。康卫桥是单跨的,规模较小,而门莱海峡上的不列颠尼亚桥(Britainnia Bridge)则是一座大型桥梁,总长420 米,分为四跨,两个端跨各长 70 米,中间两跨各长 140 米,这个数字大大超过了当时已有的铁路桥跨度(见图 12-27)。主持的铁路工程师斯蒂芬逊(R. Stephenson)决定用锻铁板做成管形桥身,并通过试验证明,铁管本身可以设计得足以承受最重的列车。接着对不同截面形状的管子加以试验,决定采用矩形截面的管桥。为了对试验结果进行理论分析,请来了力学数学家霍芝肯逊(Hodgkinson),然而他也不能精确解决所遇到的问题。他说:"由已被公认的原理推导出的薄壁强度的任何结果,只是个近似值。"

出路只能是依靠试验。根据对不同形状和尺寸的管梁所做的试验,来决定桥的结构尺寸。按试验结果先设计了单跨的康卫桥,接着设计不列颠尼亚桥。对于四跨连续梁当时还

图 12-27　英国门莱海峡上的不列颠尼亚桥

没有适当的计算方法,更不用说连续的薄壁管状结构了。但从试验中工程师们已经了解到连续梁的某些特性,因而在支座处做了特殊的构造处理,并在施工时采取了相应的措施。风压力及不均匀日照的影响以及铆钉分布等问题也通过试验加以解决了。大桥建成后,参与的人员写出了许多试验报告和工程总结,霍芝肯逊还对建桥中提出的力学问题进行了后续的研究。

这座桥梁引起了各国工程师的重视,它的建造过程以及围绕它所进行的科学试验,是19 世纪中期工程结构领域中一次重大的实践。计算连续梁的三弯矩方程在此桥建成后不到 10 年就被提出来了。

12.3.5　房屋跨度的跃进

建筑的跨度是建筑技术发展水平的重要标志之一。公元 124 年建成的罗马万神庙,有一个用砖石和天然混凝土造出的直径达 43.43 米的圆穹顶,直到 19 世纪之前,长达 1600 多年,万神庙一直是世界上跨度最大的建筑。16—17 世纪,罗马教皇在建造罗马圣彼得大教堂时曾企图超过万神庙的跨度,结果仅仅是接近而已(41.91 米)。

19 世纪,随着工业、交通的发展和城市里人口的密集,提出了增加建筑跨度的要求,大跨度桥梁的建造为此做好了技术上的准备。

19 世纪的大跨度建筑主要出现在铁路站棚和博览会展场这两种类型中。

1. 铁路站棚

【链接】　早期的铁路车站往往造有一个站棚,将停站的列车、来往的旅客以及接人送货的马车统统覆盖在一个屋顶之下。这种做法今天看起来似乎没有必要,但在 19 世纪却是常规。一方面,大概是因为早期的列车内部狭窄,旅客的行李等都放在车顶上,在站上装卸时需要有所遮盖;另一方面,当时车站规模不大,有可能将火车和站台包容在一个屋顶之下。

铁路站棚起先是用木屋架,单跨最大做到 32 米,但木屋架在火车头喷出的高温烟气下容易着火,在水蒸气侵蚀下又容易腐朽,后来就改用铁和钢的屋架,跨度迅速增大。1849 年伦敦的利物浦火车站采用铁桁架,跨度为 46.3 米,首次超过罗马万神庙;1868 年,伦敦的圣派克雷斯火车站(St. Pancras Station),采用铁的拱形桁架,跨度达 74 米(见图 12-28);1893年美国宾夕法尼亚州的费城火车站(Philadelphia Station),站棚跨度达 91.4 米。一个比一个大。至今在欧洲和美国一些大城市里还保留着这类跨度很大的站棚,有的仍作火车站用,有的已改作他用。

图 12-28　伦敦的圣派克雷斯火车站内景

站棚愈大愈长,造价愈昂贵,机车排出的烟气更不容易从站内排出。车厢改进后,火车本身不再需要遮盖,只要在各个站台上分散建造小型站台雨罩就能满足需要,既经济又灵活。于是,建造大跨度火车站棚的浪潮到 20 世纪初就迅速消逝。但这一度盛行的建筑形式曾经确实推动了大跨度建筑的大发展。

【思考】　为什么国内目前新建的火车站又开始兴起采用全遮盖的站棚?

2.博览会展场

大跨度空间的另一建筑类型是博览会展场。1851 年水晶宫的单一跨度并不大,最大的一跨也仅 21.6 米。随着结构科学的进步,之后的大型博览会的建筑跨度逐渐加大。

1855 年,巴黎万国工业博览会采用半圆形拱式铁桁架,跨度达 48 米,是当时世界上跨度最大的建筑物。进入 20 世纪之前,人类建造的跨度最大的建筑是 1889 年巴黎博览会的机械陈列馆。它运用当时最先进的结构和施工技术,采用钢制三铰拱,跨度达 115 米,是建筑跨度方面的大跃进。共有 20 榀这样的钢拱,形成宽 115 米、长 420 米、内部毫无遮挡的庞大室内空间。这些钢制的三铰拱本身就是庞然大物,最大截面高 3.5 米,宽 0.75 米,在与地相接之处又几乎缩小为一点,好像芭蕾舞演员那样以足尖着地,轻盈地凌空跨越 115 米的距离。机械陈列馆的墙和屋面大部分是玻璃,继水晶宫之后又一次制造出使人惊诧的内部空间(见图 12-29 和图 12-30)。

12.3.6　房屋高度的跃进

人们很早就幻想着把房屋造得高些再高些,古巴比伦时甚至企图造通天塔,但在 19 世纪以前,由于建筑材料和技术的限制,也由于那时候社会生活还没有使用非常高的房屋的实际需求,所以实际使用的房屋极少超过五层的。哥特式教堂的钟楼,最高的数德国乌尔姆教堂,尖顶高 161 米,但除敲钟外没有更多用途,截面面积很小。

进入 19 世纪后,首先是工业生产的需要,然后是大城市社会生活的需求,促使房屋建筑的层数和高度迅速增加。提高建筑层数,在技术上要解决两个问题:一个是房屋结构方面的,另一个则是垂直运送人和物的升降设备。

19 世纪初期,七八层的纺织厂房和仓库,采用砖墙和铁梁柱的混合结构,提升货物使用蒸汽推动的升降设备。19 世纪后期,资本主义发达城市人口增加,大城市人烟稠密,用地紧张,地价大涨。银行、保险公司、大商店、大旅馆为了商业竞争,总要争取在城市中心最繁华也最拥挤的街道两旁占有一席之地,那些地方的地价便高涨上去。在昂贵的地皮上盖房子的业主,迫切希望在有限的土地上造出最大的建筑面积,这种经济上的要求进一步推动人们克服技术上的障碍,把商业性建筑的层数不断地增加上去。这种情形在美国新兴城市中尤为明显。

图 12-29　巴黎博览会机械陈列馆内景

图 12-30　巴黎博览会机械陈列馆三铰拱结构细部

1. 结构的改进

1891年,芝加哥建成一座16层的砖外墙承重的大楼——莫纳德诺克大厦(Monadnock Building),是当时世界上最高的采用砖墙承重的建筑,也是芝加哥采用砖墙承重的最后一幢高层建筑。它存在致命缺点:首先,下部墙体太厚,底层墙体厚达1.8米[①],减少了使用面积;其次,砖石承重外墙上开窗受结构强度要求的限制,不能太大,窗子小,光线不佳,会降低房间的租金,也限制了房间的进深(见图12-31)。

图 12-31　莫纳德诺克大厦

当时,楼房内部已经使用铁或钢的柱子和梁取代了内墙,紧接着,进一步在房屋外围也设置柱和梁,形成完全的框架结构,由这套框架承受各层楼板和屋面传来的全部荷载。这样,楼房从承重墙的种种限制下解放出来。1885年,在芝加哥建成一座10层的铁框架建筑——家庭保险公司(Home Insurance Building,Chicago),它的柱子有的是圆形铸铁管柱,有的是锻铁拼成的方形管柱,梁是锻铁制的矩形截面梁,构件之间用角铁、铁板和螺栓连结。家庭保险公司大楼被认为是最早的全框架高层商业建筑(见图12-32和图12-33)。

与此同时,资本主义各国的钢产量迅速增加,价格下跌,性能更好的钢材逐步取代建筑中的铁材。1885年有了碾压法制出的工字形钢,1889年芝加哥最早使用铆钉连接钢结构,质量比螺栓连结好,且施工速度加快。起初,人们对高层金属框架结构的可靠性不大信任。1888年,纽约第一次建造11层框架结构房屋时,遇到大风暴雨,人们纷纷赶去围观,看它是否稳固。

---

①　按照当时通行的做法,单层砖外墙厚度为30.5厘米,上面每增加一层,底层墙厚要增加10.2厘米。

图 12-32　家庭保险公司铁框架结构的建造过程

图 12-33　家庭保险公司大楼外观

　　1889 年巴黎世博会出现了一座高达 328 米的铁塔——埃菲尔铁塔(Eiffel Tower)，以负责设计的法国工程师埃菲尔(G. Eiffel)的名字命名。这座铁塔有 1.2 万个构件，用 250万个螺栓和铆钉连结成为整体，共用去 7000 吨优质钢铁。铁塔耸立至今已一百多年，当时虽招致众多非议，但早已成为巴黎乃至法国当之无愧的标志。铁塔虽不是房屋，但它的建成有力地证明了钢铁框架的优异性能，也预示着建筑向上发展的巨大可能性(见图 12-34 和图12-35)。

图 12-34　埃菲尔铁塔的建造过程

图 12-35　埃菲尔铁塔

2. 升降设备的发展

步行上下五六层的楼房使一般人感到吃力,在没有自来水和暖气设备的时期,把水和燃料送上楼也是不小的负担。没有升降机的楼房中,房间的实用价值和租金与楼层高度成反比,高到一定程度实际上就无法使用了。因此,升降设备是高层建筑发展必须解决的问题。升降设备的动力经过了人力—兽力—蒸汽—水力—电力的发展历程。

升降机的历史很久远。古代是用兽力和人力驱动,只用在特殊场合。19 世纪早期,发明了蒸汽动力的升降机,多用于厂房、仓库运送重物,用于载客则须保证稳当安全。有人发明了用水力带动的升降机:载人的笼子与水箱挂在滑轮的两边,水箱注水,笼子上升,放水则下降。还有过一种利用水压提升的升降机,办法是在楼房底下竖埋一根水管,利用水压使管中的活塞上下往复运动,安置在活塞杆顶上的载人箱笼随之上上下下。这种方式所能达到的高度取决于地下埋管的深度,很受限制。

美国人奥的斯(E. G. Otis)对蒸汽驱动的货运升降机加以改进,装上保险设施,吊索一旦断裂,升降机立即自动卡住,不致一坠到底。1853 年,他在伦敦世博会水晶宫里展出了他的机械,并当众割断吊索以证明其安全性能(见图 12-36)。应用电力以后出现了电梯,1893 年芝加哥世博会上展出了最早的商品化的电梯。以后不断改进,无齿导轨代替有齿导轨,电梯速度越来越快,加上给水、排水、供暖、照明和通信等设备的相应改善,大城市中楼房层数迅速增加。

图 12-36　奥的斯在伦敦世博会水晶宫的展出

12.4　复古主义思潮

新型建筑类型的出现,钢铁、水泥等工业生产的建筑材料的使用和结构科学的兴起可以称为 18 世纪后半叶到 19 世纪末建筑业中的"三新"——新类型、新材料和新结构。建筑的"硬件"发生了重大变革,但建筑设计方法、建筑艺术与风格、建筑思想与理论等可以称为建筑"软件"的方面,发展却相对迟缓得多。建筑历史传统的影响仍然十分强大,尽管功能类型、材料结构已经改变,而形式、艺术风格还沿用旧的一套,表现出新硬件与旧软件的交叉结合。越是重要的、高级的建筑物上,情况越是如此。

这一时期,建筑创作中呈现出一股复古思潮,具体来讲,是指 18 世纪 60 年代到 19 世纪末流行于欧美的古典复兴、浪漫主义与折中主义。

【观点】复古思潮产生的原因是复杂多样的。可以从两方面来分析:一方面,历史上许多地区、许多时代产生的建筑形式经过长时期使用,经过历代匠师的琢磨调整,提升为建筑艺术的规范形式,完整、成熟、精练,在历史过程中又带上了一定的象征性,成为人们容易理解的某种表意性符号。如古希腊的柱式体系、文艺复兴时期的圆穹顶、中世纪哥特式建筑的尖拱和尖塔等,都具有这样的性质。另一方面,新兴的资产阶级在历史的建筑积存中找到了适合种种需要的可资借用的建筑形式。

12.4.1　古典复兴

古典复兴是资本主义初期最先出现在文化领域的一种思潮,受到法国启蒙运动"人性论"的影响,对民主、共和的向往,唤起了人们对古希腊、古罗马的礼赞。18 世纪后半叶起,欧洲考古工作成绩斐然,古希腊、古罗马的艺术珍品,被运到欧洲各国的博物馆中,人们看到了古希腊艺术的优美典雅,古罗马艺术的雄伟壮丽,相形之下,衬出了巴洛克和洛可可的烦琐、造作和路易王朝的古典主义的不够正宗。于是,古希腊、古罗马时期的古典建筑成为当时创造新时代建筑的灵感源泉,在建筑上表现为欧美盛行的仿古典的建筑形式。

古典复兴建筑在各国的发展不尽相同:法国以复兴罗马式样为主,英国、德国则大多复兴希腊样式。采用古典复兴样式的建筑主要是国会、法院、银行、交易所、博物馆、剧院等公共建筑以及神庙、凯旋门等纪念性建筑。

1. 法国

古典复兴首先在古典主义建筑最盛行的法国开始。法国是欧洲资产阶级革命最激进的国家,古典复兴成为怀有资产阶级革命激情的法国建筑师的武器。法国大革命前后建造的巴黎万神庙,由雅克·杰门·苏夫洛设计(作为教堂兴建,建成后改作供奉名人之用),用科林斯柱廊支撑穹顶和拱券以及三角山花的门廊,把罗马帝国的宏大气势和古典形式用新的工程施工方法表现出来,迎合了法国对于新古典的几何形状和承重圆柱的爱好(见图 12-37 和图 12-38)。此后,罗马复兴在法国盛极一时。

还有一些资产阶级建筑师怀着英雄主义,以古典柱式为构图手段,简化形体,突出雄伟,做了一些奇异的设计,但实现的很少。代表人物有部雷(Etienne Louis Boullée)、列杜(Claude Nicolas Ledoux)等。部雷曾设计过伟人博物馆方案(1783 年)、牛顿纪念堂(1784 年)(见图 12-39),列杜曾设计过巴黎维莱特城门(1785 年),但都是纸上谈兵。但列杜于 1779 年设计的阿尔克·塞南皇家盐场场长住宅的建造却让人惊叹。采用古

图 12-37　巴黎万神庙立面

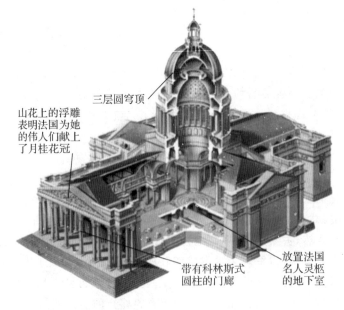

图 12-38　巴黎万神庙立面剖透视图

典的形制,充分利用光影、几何形状和材质,入口健壮的圆柱用长方体和圆柱体竖向混合组砌,产生了新的视觉效果,用古典表达了新的功能和大胆的观念(见图 12-40)。

图 12-39　牛顿纪念堂方案

图 12-40　阿尔克·塞南皇家盐场场长住宅

　　拿破仑帝国时代,巴黎建造了许多纪念性建筑。如星形广场上的凯旋门(见图 12-41)、巴黎军功庙(见图 12-42)等建筑都是罗马帝国时期建筑式样的翻版。这一类建筑追求外观上的雄伟、壮丽,内部则常常汲取东方的各种装饰或洛可可的手法,形成所谓的"帝国式"风格(见图 12-43)。

　　2.英国

　　在英国,罗马复兴虽然也有,但并不活跃,代表作有英格兰银行(Bank of England)(见

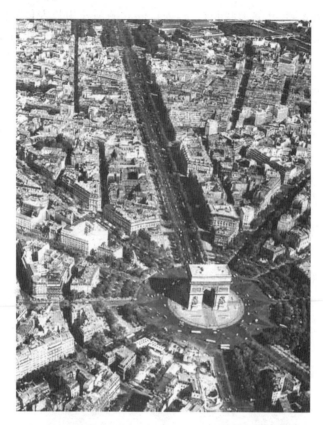

图 12-41　星形广场上的凯旋门

图 12-42　巴黎军功庙

图 12-44）。相反,希腊复兴却占有重要地位,这是因为当时的英国人民对于希腊独立的同情,以及 1816 年展出了从雅典搜集来的大批文物之后,在英国形成了希腊复兴的高潮。著名的建筑有爱丁堡中学(The High School,Edinburgh)、大不列颠博物馆(The British Museum,London)(见图 12-45 和图 12-46)等。

图 12-43　巴黎军功庙室内

图 12-44　英格兰银行正立面

3. 德国

德国的古典复兴也以希腊复兴为主,著名的柏林勃兰登堡门(Brandenburg Gate),即是从雅典卫城山门吸取来的灵感(见图 12-47)。另外,著名建筑师申克尔(K. F. Schinkel)设计的柏林宫廷剧院及柏林老博物馆(Altes Museum)(见图 12-48)也是希腊复兴建筑的代表作。

【链接】　勃兰登堡门位于德国首都柏林的市中心,最初是柏林城墙的一道城门。公元 1753 年,普鲁士国王威廉一世定都柏林,修筑此门,并以国王家族的发祥地勃兰登命名,当时仅为一座两根石柱支撑的简陋石门。1788 年,威廉二世统一德国,为表庆祝,重建此门,以古希腊柱廊式城门为设计的蓝本。勃兰登堡门见证了德意志民族的兴衰。从历史意义上说,这座门堪称是"德意志第一门"和"德国凯旋门"。1989 年,勃兰登堡门见证了柏林墙的倒塌和东、西德的统一。

4. 美国

与欧洲大陆隔洋相望的美洲(主要是美国),自首批殖民者在其土地上建造房屋开始定居起,到独立前,建筑都效仿欧洲式样,使得来自不同国家的建筑形式混杂在一起,形成所谓的"殖民时期风格"(Colonial Style)。其中,英国式是最主要的。美国独立战争时期,资产阶

图 12-45　大不列颠博物馆鸟瞰

图 12-46　大不列颠博物馆外观

图 12-47　柏林勃兰登堡门

级在摆脱殖民地制度的同时,力图摆脱殖民时期风格,但由于没有自己的历史传统,只能借用古希腊、古罗马的古典建筑去表现对民主、自由、独立的追求,所以古典复兴在美国盛极一时,尤以罗马复兴为主。美国国会大厦(United States Capitol)(见图 12-49)就是罗马复兴

图 12-48　柏林老博物馆

的例子,它仿照了巴黎万神庙的造型,极力表现象征国家权力、民主的雄伟纪念性。美国希腊复兴的典型例子则有费城宾夕法尼亚银行(Bank of Pennsylvania)(见图 12-50)。

图 12-49　美国国会大厦

图 12-50　费城宾夕法尼亚银行

12.4.2 浪漫主义

浪漫主义(Romanticism)原指 18 世纪下半叶到 19 世纪上半叶在欧洲文学艺术领域非常活跃的一种思潮。曾支持资产阶级大革命的小资产阶级和农民在革命胜利后落了空,新兴的工人阶级仍处于水深火热之中,出现了像圣西门、傅里叶、欧文等乌托邦社会主义者。他们反映了小资产阶级的心情,也掺有某些没落贵族的意识,憎恨工业化城市带来的恶果,回避现实,向往中世纪的世界观,崇尚传统的文化艺术,而后者正好符合大资产阶级在国际竞争中强调祖国传统文化的优越感。所有这些错综复杂的时代意识,在艺术和建筑上导致了浪漫主义出现。

浪漫主义既带有反抗资本主义制度与大工业生产的情绪,又夹杂有消极的虚无主义色彩,它在要求发扬个性自由、提倡自然天性的同时,用中世纪手工业艺术的自然形式来反对资本主义制度下用机器制造出来的工艺品,并以前者来和古典艺术抗衡。

浪漫主义建筑起源于英国,其发展过程分为两个阶段:

第一个阶段为 18 世纪 60 年代到 19 世纪 30 年代的先浪漫主义时期。先浪漫主义带有旧封建贵族怀念已失去的寨堡和小资产阶级为了逃避工业城市的喧嚣而追求中世纪田园生活的情趣和意识,在建筑上表现为模仿中世纪的寨堡或哥特风格,或是受到东方建筑文化的影响而以异国情调和特殊趣味的形象示人。模仿寨堡的典型例子如克尔辛府邸(Culzean Castle)(见图 12-51);英国威尔特郡的封蒂尔修道院府邸(Fonthill Abbey,Wiltshire)效仿哥特式修道院的式样,实则为贵族的府邸;英国布莱顿的皇家别墅(Royal Pavilion,Brighton)则是模仿印度伊斯兰教礼拜寺的形式。

图 12-51　克尔辛府邸

第二个阶段是 19 世纪 30 年代到 70 年代,是浪漫主义真正成为一种创作潮流的时期。这一时期的浪漫主义建筑以哥特风格为主,故又称哥特复兴(Gothic Revival)。哥特复兴不仅用于教堂,还出现在学校与其他世俗性建筑中,反映了当时西欧对发扬民族传统文化的一种思潮,认为哥特风格是最有画意和诗意的,并尝试以哥特建筑结构的有机性来化解古典建筑所遇到的建筑艺术与技术之间的矛盾。浪漫主义建筑最著名的作品是英国国会大厦(Houses of Parliament),采用的是亨利五世时期的哥特垂直式,原因是亨利五世曾一度征服法国,欲以这种风格来象征民族的胜利(见图 12-52 和图 12-53)。此外,英国斯塔夫斯的圣吉尔斯教堂(S. Giles,Staffs)与伦敦的圣吉尔斯教堂(S. Giles,London),以及曼彻斯特市政厅(The Town Hall,Manchester),都是哥特复兴式建筑较有代表性的例子。

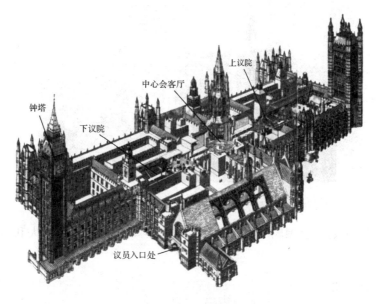

图 12-52　英国国会大厦剖透视图

图 12-53　英国国会大厦外观

【电影】《亨利五世》:肯尼思·布拉纳导演,1989 年出品。由莎士比亚名著改编,描写公元 1414—1420 年英军以寡敌众战胜法军的故事。剧中人与事大多真实有据,把亨利五世描写成一个既有文才武略,又有道德修养,且治国有方、深孚众望的圣明君主。原著是莎翁最著名的历史剧,是英国爱国主义的范本。

德国慕尼黑附近的神话般的新天鹅堡(Neuschwanstein Castle)则是德国哥特复兴的一颗璀璨的明珠。它矗立在阿尔卑斯山脉的一座山巅上,城堡共六层,高耸的尖塔和尖券明显是哥特复兴的式样,虽然也受拜占庭和罗马风建筑的影响,但主要还是属于哥特复兴式建筑(见图 12-54)。

浪漫主义的建筑思潮在欧美各个国家的发展不尽相同,在受中世纪形式影响较深的英

图 12-54　德国新天鹅堡

国和德国流行时间较早、范围较广,而受古典形式影响较深的法国和意大利影响较小、时间较晚。

12.4.3　折中主义

折中主义(Eclecticism)的创作思潮兴起于 19 世纪上半叶,稍晚于古典复兴和浪漫主义,但对欧美建筑的影响却长期占据主导地位,一直到 20 世纪前后才让位给"新建筑运动"。折中主义也被称为"集仿主义",可以任意模仿历史上的各种风格样式,甚至把各种建筑手法和局部杂糅在一起,以弥补单纯的古典主义和浪漫主义的某些局限。

折中主义的产生因素是多方面的:资产阶级革命取得胜利后,古典外衣已失去了精神上象征的作用;商品化生产之势蔓延到建筑领域,建筑和其他商品一样需要丰富多彩的样式来满足不同的市场需求;考古、摄影和出版业的发达,提供更多的历史素材给建筑师;新的建筑类型、新材料、新技术的出现,产生了对新形式进行探索的内在需求,但眼光还没有从历史中解放出来。

19 世纪中叶折中主义以法国最为典型,而到 19 世纪末 20 世纪初,折中主义的中心转移到美国。折中主义建筑并没有固定的风格,它语言混杂,但讲究比例的推敲,常沉醉于对"纯形式"美的追求。它在总体形态上并没有摆脱复古主义的范畴。

法国最具影响力的折中主义代表作品当属加尼尔(J. L. C. Garnier)设计的巴黎歌剧院(Paris Opera)。作为法兰西第二帝国的重要纪念物,同时也是奥斯曼对巴黎进行史无前例的城市改造过程中最成功的典范之一。歌剧院气势恢宏,形式繁复,立面是意大利晚期巴洛克风格,而内部通过洛可可风格丰富的雕塑、实与虚的韵律节奏、富于变化而又统一的材质和形式,获得了最强烈的视觉效果(见图 12-55 和图 12-56)。法国另外一个折中主义代表作是巴黎的圣心教堂(Church of the Sacred Heart),以拜占庭的建筑风格为主,同时也包含罗马风等其他形式,形体富有层次而统一(见图 12-57)。

意大利的折中主义建筑的代表是罗马的伊曼纽尔二世纪念碑(Monument of Victor Emmanuel Ⅱ)。建筑师受到罗马幸运女神庙的科林斯柱廊和希腊式卫城的启发,并且非常巧妙地、富有表现性地处理列柱(见图 12-58)。

图 12-55　巴黎歌剧院模型

图 12-56　巴黎歌剧院正立面

　　1893 年,为了纪念哥伦布发现美洲 400 周年,在芝加哥举办了一次世博会。大会组织者为了急于表现美国在各方面的成就,要求用折中主义的建筑"文化"来装点门面,成了一次折中主义建筑的大检阅。而芝加哥当时已初露端倪的现代商业建筑形式遭到冷遇,新兴的新建筑思潮受到了打击。

　　法国大革命后,原来由路易十四奠基的古典主义大本营——皇家艺术学院于 1816 年进行了调整扩充,并更名为巴黎美术学院(École des Beaux-Arts)。它的学院派理论和教学思想根植于古典主义的土壤,在 19 世纪成为整个欧洲和美国艺术与建筑创作的领袖,培养了众多满腹古典柱式和美学理论的建筑师和艺术家,成为折中主义的大本营(见图 12-59)。

　　【链接】　学院派建筑教育又被称为"鲍扎体系"("鲍扎"是巴黎美术学院的谐音)。"鲍扎"式的建筑教育在中国也有近 90 年的历史。1927 年,在南京的中央大学设立的建筑系(即后来的东南大学建筑系)被公认为是这段历史的起点,中国建筑教育的代表人物杨廷宝、童寯和刘敦桢在此工作了将近 40 余年,影响由此辐射向全国。

图 12-57　巴黎圣心教堂

图 12-58　伊曼纽尔二世纪念碑

图 12-59　1893 年芝加哥世博会会场

12.4.4　突破仿古潮流的尝试

1. 复古主义建筑对社会生活的不适应

社会生活在迅速变化,新建筑类型不断出现,有的尚能包容在传统建筑的形象之内,但也有一些新型建筑物,功能要求复杂或是空间要求非常大,难以套用一两千年以前产生的建筑式样,遇到很多的矛盾和困难。美国盛行"希腊复兴"时期,一些海关和银行常爱套用古希腊神庙的形体样式,想出各种手法将新的金融财政机构的功能要求"塞入"古代神庙的固定形体之中。一个典型的例子是费城吉拉德学院(Girard College,Philadelphia)的一座教学楼,教室有 12 间,校方坚持要希腊神庙的外观,建筑师只得将 12 间教室分在三层,每层 4 间,互相紧靠,通通塞入由科林斯柱式围成的神庙形体之中,通风照明受到旧建筑样式的妨碍,最上一层的教室无法开普通窗子,只好开天窗。结果费时十多年,花了 200 万美元(在当时是非常昂贵的建筑),后来却由于功能不佳长期闲置不用(见图 12-60)。

图 12-60　费城吉拉德学院教学楼

这种作茧自缚和削足适履的做法渐渐引起人们的怀疑和反感。1849 年,法国《建筑评论》发表文章指出:"新建筑是铁的建筑,建筑革命总会伴随社会革命而到来……人们坚持要改革旧的形式,直到有一天风暴来临,把陈腐的学派和它们的观点扫荡殆尽。"1850年,法国一家报纸刊文提出:"利用新兴工业提供的新方式,人们将要创造自己时代的全新建筑。"同年,伦敦水晶宫正在兴建但尚未竣工,欧洲已经出现了一些用铁架建成的展览馆和市场建筑,它们都是以工程师为主设计和建造起来的,当时建筑界的大多数人对此十分轻视甚至鄙夷它们没有建筑艺术。针对这种状况,1889年,巴黎《费加罗报》刊文说:"长时期来,建筑师衰弱了,工程师将会取代他们。"这些言论出自当时建筑师圈子之外的人士之口,反映了建筑技术革新引起的新问题,同时也表达出新兴工商界对建筑师提出的新要求。

2. 新锐建筑师的探索

少数思想敏锐的欧洲建筑师作出了反映,他们开始意识到保守的学院派建筑思想不能适应新时代的需要,开始探索新的道路。

法国建筑师拉布鲁斯特(H. Labrouste)是较早同学院派决裂的一个人。他本是法国艺术学院的一名高材生,得到奖学金后去罗马研究古建筑,发现古代建筑都是在当时当地的建筑技术条件下产生的。回到巴黎后,他提出改革建筑教学的主张,因而与学院产生分歧,于是自己收了一批学生,指导他们从实践中学习建筑本领。他在书信中写道:"只有从建筑工程构造中产生出来的装饰才是合理和有表现力的。我反复告诉他们(指学生),艺术能美化各种东西,但坚决要他们理解,在建筑中,形式永远必须适合它所要满足的功能。"

1843年,拉布鲁斯特得到巴黎圣吉纳维夫图书馆(Bibliothéque Siant-Genevieve)的设计任务。这是法国第一座完整的图书馆建筑。他大胆采用半圆形铁拱架,并且有意显耀铁件而不是把它隐藏起来。这座两层的矩形平面建筑的整个上层是个巨大的阅览室,由211个筒形拱券依次连接来覆盖,并让这些铁拱架袒露在室内,铁结构、石结构和玻璃材料在这里得到了有机的配合。铁结构轻盈、占地面积小,为建筑内部赢得了更多的实用空间,这在当时文化性建筑中没有先例。1858年,他又得到巴黎国家图书馆(Bibliothéque Nationale)的设计任务,他在阅览厅中采用了特别的结构方式:用16根铁柱子支承9个铁的圆穹顶,日光从穹顶的玻璃窗洞中射进来,使大阅览厅获得均匀的光线;书库采用多层铁架结构,实用而轻巧,节省空间。但是,外部仍然是沉重的折中主义石质建筑的外观(见图12-61)。

图 12-61 巴黎国家图书馆外观

【观点】 这两座19世纪的法国图书馆建筑表现出了勇于采用新材料、新结构解决实用功能问题的创新精神。但这些新观点和新尝试在19世纪的建筑舞台上几乎不占什么位置,它们是分散的、微小的呼声,淹没在崇古、仿古的潮流中,成不了气候。

思考题

1.简述复古主义思潮产生的社会背景,并比较其三种表现形式的异同点及各自的代表作。

2.为什么 19 世纪在建筑领域会开始对新材料、新技术和新类型进行探索?

3.19 世纪建筑在新材料、新技术和新类型上的探索分别主要体现在哪些方面? 请举例说明。

4.英国伦敦水晶宫展馆在建筑历史上具有怎样的跨时代意义?

5.如何评价巴黎埃菲尔铁塔的历史意义?

第13章 19世纪下半叶—20世纪初 对新建筑的探求

13.1 建筑探新的社会基础

19世纪末,西方世界工业生产产值比30年前增加了一倍多,社会和人类生活都随之发生了重大变化。工业革命100多年来的工业化使机械动力价格日益降低,人力价格随之逐渐升高,平民的社会地位有了明显的提升,促进社会进步与发展的思想快速拓展。建筑作为物质生产的一个部门,不能不跟上社会发展的要求。随着钢和钢筋混凝土应用的日益频繁,新功能、新技术与旧形式之间的矛盾也日益尖锐。于是引起了对古典建筑形式所谓的"永恒性"的质疑,并在一些对新事物敏感的建筑师中掀起了一场积极探求新建筑的运动。同时,为少数权贵服务的思想转变成为更广泛的社会大众服务的意识。

【观点】 一个时期占主导地位的建筑价值观和建筑审美观,后面屹立着一个总的社会文化心理和文化价值观。在这样一个长期形成、厚厚积淀的社会背景下,人们容易接受新材料、新结构、新功能等器物文化层面的新事物,但难以接受艺术风格等精神文化层次的变革。只有在相当特殊的情况下,如1851年伦敦水晶宫和19世纪芝加哥城市急剧膨胀又遇大火灾,人们才肯勉强接受新的建筑形象;而在高级建筑中使用的新材料、新结构,总是习惯于将其包裹、藏匿。

美国国会大厦的圆穹顶使用的铁结构,便掩藏在文艺复兴式的外壳内,既不显示,也不暗示;1922年,芝加哥论坛报大厦采用高层钢框架结构,但外形仍是古色古香的哥特复兴风格(见图13-1和图13-2)。在社会文化心理和建筑审美观念没有大的转变之前,新的建筑技术只是使仿古建筑建造起来更方便的手段。

13.2 世纪之交的西方文化新潮流

近代以来,欧洲文化的新陈代谢时时都在进行,渐变引来突变,到19世纪末20世纪初,西方文化界出现了一场以反传统为特征的文化狂飙运动,西方现代文化由此渐渐形成和确定,进入一个历史新阶段。这次文化变迁的浪潮席卷方方面面,我们仅就与建筑关系密切的几个方面略加考察。

13.2.1 哲 学

19世纪德国哲学家黑格尔是古典哲学的集大成者,也是古典哲学最后的代表,之后逐渐式微(见图13-3)。西方现代哲学的兴起正是从批判黑格尔开始的(倒是马克思继承了黑格尔哲学的合理内核)。此后西方哲学界新流派新思想蜂拥而至,实用主义、实证主义、批判

图 13-1　芝加哥论坛报大厦外观

图 13-2　芝加哥论坛报大厦屋顶细部

理性主义、日常语言学派、新托马斯主义、现象主义、结构主义……林林总总，大派之中套小派，又有许多分支，互相之间不断分化，另出新派，或悄然隐去，呈现出异常丰富的多元性与多变性。

图 13-3　哲学家黑格尔

　　总的来说，西方现代哲学大体可归为两类：一类是科学主义哲学，一类是人本主义哲学。前者对 20 世纪前期的建筑创作有较大影响，后者对 20 世纪后期建筑的新转变有更大的影响。

　　从 19 世纪起西方哲学流行所谓"否定思维"，它们在不同程度上背弃古典哲学，反对传统思维。在这一点上,19世纪末德国的尼采最为突出,表现了现代哲学的叛逆性。尼采说:"上帝不是别的,就是一个粗暴的命令,让你不要思想!"他的名言"上帝死了,上帝永远死了",把矛头指向两千年来西方信仰的中心,把整个欧洲的正统思想、正统文化全否定了。尼采的言论狂暴偏激,并不代表当时的主流,但却显示出19世纪末20世纪初西方思想界摆脱传统束缚、走向自由多元的勇气和决心。

13.2.2 艺 术

转折时期,文艺界同样表现出激烈的反传统姿态,反映着社会审美意识的转变。西方古典艺术的主要倾向是写实,从19世纪后期开始出现了弃写实重表现的众多流派。一位文艺理论家说:"世界存在着,再去重复它就没有意思。"德国戏剧家布莱希特提出要为人民大众进行新的创造,在表现方法上强调"陌生化"或"间离"效果,把熟悉的东西陌生化,把常规当成例外,让人们在惊异中思考。

美术和雕塑是同建筑艺术有非常密切关系的两个艺术部门,其变化之大更加令人惊讶。法国印象派画家塞尚(Paul Cézanne)(见图13-4)被认为是"现代艺术之父",他认为绘画不应该机械地摹写对象而应该表现主观感觉。此后,画家们极力创新,探索新路,流派纷呈。其中影响较大的有野兽派、表现派、立体派、未来派、超现实派等。它们之下又有许多支派,各流派都有自己的代表人物,但并不固定,有的画家、雕塑家不时转变风格或融几个流派的风格于一身。这些众多的新流派汇合成20世纪现代美术的大潮,它们的共同之处就是抛弃传统的画法和画风。

图13-4 塞尚静物画

20世纪初,英国美学家克莱尔·贝尔(Clive Bell)在1913年出版的《艺术》一书中,提出了他的艺术定义,即"有意味的形式",认为"有意味的形式"是真正艺术的基本性质,"离开它,艺术品就不能作为艺术品而存在"。他所说的形式,指的是艺术品内各个部分和质素构成的一种纯粹的关系;他所说的意味,指的是一种"极为特殊的、不可名状的"审美感情。他认为:"激起这种审美感情的,只能是作品的色彩和线条以某种特定方式排列组合成的关系或形式,这些线条和色彩构成的关系和组合,这些审美的感人的形式,我称之为'有意味的形式'。"由此出发,贝尔强烈拒斥艺术品中的再现因素或写实因素,反对情节性、描述性的艺作品,称这些东西是"累赘物",把内容排除在艺术之外,仅仅强调简化和构图这两件事,艺术品只剩下点、线、面、体和色彩的构图了。贝尔的这些观点虽然片面,但为现代派抽象艺术提供了理论依据,起到了推波助澜的重大作用。现代艺术家有更大的自主性,他们不愿再浪漫主义地描绘现实世界,不愿再像安格尔、拉斐尔那样细腻地去描绘贵妇人的肌肤,也不愿歌颂君主征战,不愿粉饰现实世界,而是千方百计寻求与传统不同的艺术方法来表达自己和时代的心声。

13.2.3　机器美学

20 世纪萌生出一株美学新苗,这就是机器美学,是技术美学的一个分支。19 世纪中期,英国工艺美术家和社会活动家莫里斯(William Morris)曾强烈抨击机器产品,认为它们没有艺术质量。然而到了世纪转折,许多人从机器产品中看到了新的审美价值。1904 年法国美学家苏里奥(Paul Souriau)在《理性的美》一书中,对工业产品和机器从美学的角度大加赞赏:"机器是我们艺术的一种奇妙产品,人们始终没有对它的美给予正确的评价。……与大师的一幅画或一座雕像相比有着同样的思想、智慧和目的性,一言以蔽之,即真正的艺术。"这些观点当时可以说是掷向传统美学的一颗炸弹(见图 13-5)。

图 13-5　20 世纪关于机器美学的插画

总的来看,世纪转折时期,西欧各国出现了文化方面的大震荡、大转变,形成反传统、破旧立新的一代奇观。西方国家经过这一历程,进入现代文明或现代文化的新阶段。尽管各方面的变迁并不平衡,传统也不可能真的消除殆尽,但终于跨进了既有工业化又有现代文化的新的历史时期。世界历史上还不曾有过这样深刻剧烈的社会变迁。至此,建筑全面创新的外部条件已经全部具备。

13.3　第一次世界大战前欧美建筑创作的新动向

新的思潮先后出现在不同的国家之中,其目的是要探求一种能适应变化着的社会时宜的新建筑。但由于各国的现实情况不同,外加追求变革的建筑师本人的社会地位与个人观点的关系,解决问题的重点和方法也有所不同:

· 有的人认为问题的症结在于旧形式的羁绊，于是从形式上的变革着手，带动其他，例如始于比利时的新艺术运动，奥地利、荷兰与芬兰等对简化与"净化"旧建筑形式的尝试，其中新艺术运动是成功地运用当时的新材料——铁来作结构与装饰的方法。

· 也有人认为应以功能来统一技术与形式的矛盾，芝加哥学派在这方面最突出。

· 更有人肯定了新技术的道路，要为新技术寻找一种能表达相应美学观念的艺术形式，例如法国对钢筋混凝土的应用和德意志制造联盟的主张。

正是这些探索的共同努力，使建筑观念摆脱了原来与手工业的砖石结构相依为命的复古主义、折中主义的美学羁绊，初步踏上了建筑现代化的道路。

13.3.1 英国"工艺美术"运动

英国是世界上最早发展工业的国家，面对当时城市交通、居住和卫生条件越来越恶劣，以及各种粗制滥造的廉价工业产品正在取代原来高雅、精致与富于个性的手工业制品的市场，社会上，主要是一些小资产阶级知识分子，出现了一股相当强烈的反对与憎恶工业，怀念中世纪安静的乡村生活与向往自然的浪漫主义情绪。以拉斯金（John Ruskin）和莫里斯（William Morris）为代表的"工艺美术运动"（Arts and Crafts Movement）便是这股思潮的反映。

莫里斯有感于当时实用工业美术品设计质量不高，主张美术家与工匠结合，发扬手工艺制品的艺术效果、制作者与成品的情感交流以及自然素材的美。1851年莫里斯17岁，随家人去参观水晶宫，走进大厅就叫道"好可怕的怪物！"他一生始终厌恶机器和工业，但也反对沿袭传统的老一套。他认为用机器大批量重复单调做出来的东西不可能美，只有艺术家动手设计和用手制作的产品才是美的。他主张"向自然学习"，大量采用从植物形象得来的素材，产品注意结构合理、选材精当。

1861年，他与朋友们成立公司，集中一批美术家从事室内装饰、家具、陶瓷、玻璃、壁纸、染织品、地毯、壁挂、金

图 13-6 莫里斯设计的壁纸图案

属工业品等的设计，然后在手工作坊中制作出产品（见图13-6）。这种由美术家与工匠结合来设计、生产、销售工业品的机构的出现，是工艺美术设计史上一个有历史意义的事件。1888年，英国一批艺术家与技师组成"英国工艺美术与展览协会"（The Arts and Crafts Exhibition Society），定期举办国际性展览会，并出版《艺术工作室》（The Studio）杂志，由此，拉斯金-莫里斯的工艺美术设计思想广泛传播并影响美国和欧洲大陆。

莫里斯在建筑上主张迁到城郊建造"田园式"住宅来摆脱象征权势的古典建筑形式，

1859 年由建筑师韦布(Philip Webb)在肯特郡为他设计建造了他的结婚用住宅。平面根据功能需要布置成 L 形,使每个房间都能自然采光,并用本地产的红砖建造,因此被称作"红屋"(Red House,Kent)。清水红砖墙面不加粉刷,大胆摈弃了传统的贴面装饰,表现出材料本身的质感,在门窗等细部上有简化的哥特风格的形式。这种将功能、材料与艺术造型结合的尝试,对后来的新建筑有一定的启发(见图 13-7)。

图 13-7 肯特郡的红屋

【观点】 拉斯金—莫里斯的思想存在消极方面,即把机器看成一切文化的敌人,向往过去和回到手工业生产,显然是向后看的。英国的工业革命发生最早,但初期人们对工业化的意义认识不足,加上当时英国盛行浪漫主义的文艺思潮,所以英国工艺美术运动的代表人物始终站在工业化的对立面,导致这一场设计革命未能站在时代潮头。进入 20 世纪,英国工艺美术转向形式主义的美术装潢,追求表面效果,结果英国的设计革命进程反而落后于其他工业革命稍迟的国家。

欧洲大陆的其他主要国家不仅从英国工艺美术运动得到启示,也从其缺失之处得到教训,积极顺应工业时代的特点,因而设计思想的发展演变快于英国,后来居上。

13.3.2 新艺术运动

在欧洲真正发出变革建筑形式信号的,是 19 世纪 80 年代受到工艺美术运动的启示,始于比利时布鲁塞尔的新艺术运动(Art Nouveau)。

1. 比利时

世纪转折前后,比利时经济繁荣,社会民主思想活跃,这样的环境有利于新潮艺术的滋生,使其在当时成为欧洲文化和艺术的一个中心。在巴黎尚未得到赏识的新印象派画家塞尚、凡·高和苏拉等都曾被邀请到布鲁塞尔进行展出。

在实用美术方面起主要作用的人物有凡·德·费尔德(Henry van de Velde)和霍塔(Victor Horta)。费尔德曾组织建筑师讨论结构和形式之间的关系,并在"田园式"住宅思想与世界博览会技术成就的基础上迈开了新的一步,肯定了产品的形式应有时代特征,并应与其生产手段一致。在建筑上,他们极力反对历史样式,意欲创造一种前所未见的、能适应工业时代精神的装饰方法,具体表现在用新的装饰纹样取代旧的程式化的图案。受英国工艺美术运动的影响,主要从植物形象中提取造型素材,喜用自然界生长繁茂的草木形状的线条,在建筑墙面、家具、栏杆及窗棂等地方大量应用。由于铁便于制作各种曲线,因此在建筑装饰中大量应用铁构件,包括铁梁柱。其建筑特征主要表现在室内。如霍塔在1893年设计的布鲁塞尔都灵路12号住宅(12 Rue de Turin)(见图13-8和图13-9)。

图 13-8 布鲁塞尔都灵路 12 号住宅的曲线栏杆

图 13-9 布鲁塞尔都灵路 12 号住宅内部

霍塔对金属结构表现出浓厚的兴趣,认为埃菲尔铁塔裸露的金属结构构架本身就有很强的表现力,与英国工艺美术运动的认识区别开来。他于1897年设计的布鲁塞尔的"人民之家"(La Maison du Peuple de Brussels)是一座大型公共建筑,是当时比利时社会党建造的一个活动中心。业主和设计师都抱着"为人民的艺术"的指导思想,建筑处理注重实效和简朴。金属框架直接表露在建筑正立面上,与大片玻璃组成"幕墙",金属结构上的铆钉也坦然暴露出来,不加掩饰。内部的金属桁架也是直接暴露。虽然如此,这些做法也不像完全出自工程师之手的工厂厂房,它在朴素地运用新材料、新结构的同时,处处浸透着艺术的考虑:建筑内外的金属构件有许多曲线,或繁或简,柔化了冷硬的金属材料,显示出韵律感,是努力使工业技术与艺术在房屋建筑上融合起来的一次尝试,在当时被保守势力视为异端(见图13-10)。

新艺术运动在欧洲迅速传播。其作品大多以具有运动感的弯曲线条为特征,但各国各地有不同的特征,有的还有不同的名称——在德国称为"青年风格"(Jugend Stil)、在奥地利

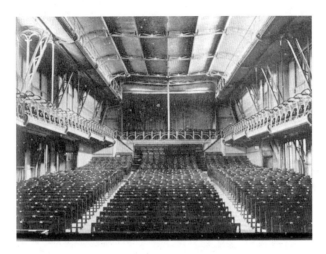

图 13-10 "人民之家"会堂室内

则称为"分离派"（Secession）。

2. 奥地利分离派

奥地利建筑师瓦格纳（Otto Wagner）1895 年在其著作《论现代建筑》中提出，新建筑要表现当代生活，主张坦率地运用工业提供的建筑材料，推崇简洁的墙面、水平线条和平屋顶，认为从时代的功能与结构形象中产生的净化风格具有强大表现力。他于 1904 年设计了维也纳邮政储蓄银行（Post Office Saving Bank，Vienna），高六层，立面对称，墙面划分严整，虽仍带有文艺复兴式建筑的三段式敦厚风貌，但细部处理新颖，表层的大理石贴面细巧光滑，用铝制螺栓固定，螺帽暴露在墙面上，产生装饰效果。内部营业大厅采用满堂的玻璃天花，由细细的金属框格和大块玻璃组成，中厅高起呈拱形，两行钢柱上的铆钉也袒露出来。整个大厅白净、明亮、新颖。除了车站、厂房和暂设的展览馆外，如此简洁创新的处理在当时的公共建筑中尚属首创，而它出自一位 60 多岁的教授建筑师之手更是难能可贵（见图 13-11 和图 13-12）。

图 13-11 维也纳邮政储蓄银行

瓦格纳的观念和作品影响了一批年轻人，他的学生奥别列去（Joseph M. Olbrich）、霍夫

图 13-12　维也纳邮政储蓄银行内景

曼(Josef Hoffmann)等一批年轻艺术家组成名为"分离派"的团体,意思是要与传统和正统的艺术分离。1898 年奥别列去设计的维也纳"分离派会馆"(Secession Building, Vienna)造型简洁,采用简单的立方体和大片的光墙,只在局部集中装饰,其特别之处是在厚重的纪念性建筑之上,安置了一个很大的金属镂空球体,使建筑变得轻巧活泼起来(见图 13-13)。

图 13-13　维也纳分离派会馆

分离派另一位著名建筑师霍夫曼 1904 年设计了斯托克莱公馆(Palais Stoclet),承担从建筑、装饰到家具的全部工作。公馆主体高三层,虽是坡屋顶,但造型完全脱出传统邸宅的形态,特别是它的外墙面处理,表面贴白色大理石,墙面转角安置深色的金属细条,增加了建筑的轻巧性。中央屋顶上有一个突出的塔楼,顶尖上安置着四尊人像雕像,倚靠着中间一个安放在基座上的金属镂空球体。尽管有大片实墙,但建筑物给人的印象却好像是轻巧的没有什么重量的容器,没有传统建筑的沉重感。这一点对 20 世纪 20 年代的现代主义建筑师有启示作用。

3. 洛斯与建筑装饰问题

洛斯是维也纳一位在建筑理论上有独到见解的人,当瓦格纳还没有完全拒绝装饰的时候,他就开始反对装饰,提倡理性,反对权威,反对当时浪漫主义的艺术趣味。1908 年,他发表题为《装饰与罪恶》(Ornament and Crime)的文章,从文化史、社会学、精神分析等方面对装饰进行讨论,主张建筑以实用和舒适为主,认为建筑"不是依靠装饰而是以形体自身之美为美",甚至把装饰与罪恶等同起来。这篇文章被法国《新精神》等杂志转载。

　　1910 年,洛斯在维亚纳设计了一座几乎完全没有装饰的房子——斯坦纳住宅(Steiner House),外观极其简朴,平屋顶,在立面上墙面与屋面交接处看到的只有一条深色的水平线条,白色墙面光光坦坦,矩形窗洞没有任何装饰性处理,强调建筑作为立方体的组合以及墙面同窗子的比例关系。这座白色的平屋顶的光盒子似的住宅与 20 年代勒·柯布西耶的许多住宅十分类似,可以说是后来流行一时的"国际式"风格的先型(见图 13-14 至图 13-16)。

图 13-14　斯托克莱公馆

图 13-15　斯坦纳住宅正面

　　【观点】　洛斯第一个将装饰同罪恶联系起来,振聋发聩,可以说是顺应时代潮流的一声呐喊。矫枉难免过正,在思潮翻腾、狂飙突起的时代,要求面面俱到、细致周全的客观论证是难以做到的。他提出一个新命题,像一块石头扔进水池,发出巨响,推动人们反思。这就是他的历史作用。

　　4.英国建筑师麦金托什

　　与维也纳分离派同一时期的是英国建筑师麦金托什(Charles R. Mackintosh)。他顺应时势,不再像工艺美术运动那样反对机器和工业,也抛弃以曲线为主的装饰手法,改用直线和简洁明快的色调。他的室内设计常用大片白色墙面,家具以黑白两色为主,形成自己的独特风格。他最重要的建筑作品是格拉斯哥艺术学校校舍(Glascow School of Art)。这是一

图 13-16　斯坦纳住宅背面

座"山"字形平面的四层楼房,正面(北立面)沿街,基本对称,楼内主要为美术工作室,两端布置图书室与陈列室。东立面建造较早,有尖顶、山花墙、角塔等哥特式遗风。1906 年建造西立面,麦金托什作了重大改变,不再重复东立面造型,而将图书室的凸窗与大片实墙面组成活泼的构图,凸窗下部采用弧形线条进行收束。图书馆内部高大的两层大厅,采用矩形截面的简洁梁柱和光洁朴素的天花格子,悬挂的灯具和细高的柱子强调竖直的方向感。麦金托什的设计打破了英国设计界的沉闷气氛,对维也纳分离派也有过影响(见图 13-17)。

5.西班牙建筑师高迪

高迪(Antoni Gaudi I Cornet)虽被归为新艺术运动的一员,但与新艺术运动并无渊源上的联系,在方法上却有一致之处,即努力探求一种与复古主义学院派全然不同的建筑风格,以浪漫主义的幻想极力使塑性的艺术形式渗透到三度的建筑空间中。他的建筑中汲取了东方伊斯兰和欧洲哥特式建筑的特点,但更突出的是他个人的独特风格和以巴塞罗那为中心的加泰罗尼亚地区的特点,结合自然的形式,精心地创造了他自己的具有隐喻性的塑性造型。

【链接】　西班牙特定的地理与历史条件使基督教文化与伊斯兰文化在那里汇合,给西班牙的文化艺术染上了奇异的杂色。以陶瓷为例,西班牙出产一种西班牙摩尔陶器(Hispano-Moresque),带有锡釉或铜釉的虹彩,颜色华丽,早期为伊斯兰图案,后来是穆斯林风格与文艺复兴风格的奇妙结合[1],色彩艳丽,造型粗犷,在世界陶艺中独树一帜(见图 13-18)。

高迪设计的巴塞罗那圣家族教堂(Sagrada Familia Church,Bacelona),自 1883 年动工,直到他 1926 年去世,43 年间只建成一个耳堂和四座塔楼中的一个,这说明高迪一生不必为衣食奔忙,能够尽情发挥想象力,精雕细刻,从容地进行自己的建筑创作。圣家族教堂具有

---

① 注:现今意大利的米兰、那不勒斯和撒丁岛一度属西班牙。

图 13-17　格拉斯哥艺术学校校舍西立面

图 13-18　西班牙—摩尔陶器

十字形总平面,向高处伸出许多尖塔,从远处观看,其轮廓与哥特式教堂有类似之处,然而具体做法和细部又与中世纪教堂相去甚远。许多石墙面做得扭扭曲曲,疙疙瘩瘩,极不规整,有的地方如同熔岩,凹处如溶洞,各处安置有一些奇怪的雕像,顶尖上有一些难以描述的怪异花饰(见图 13-19 和图 13-20)。

图 13-19　巴塞罗那圣家族教堂

图 13-20　巴塞罗那圣家族教堂细部

高迪在巴塞罗那设计了两座公寓楼:巴特罗公寓(Casa Batllo)和米拉公寓(Casa Milá),也都以造型怪异而闻名于世。巴特罗公寓的入口和下面两层的墙面都故意模仿熔岩和溶洞,上面几层的阳台栏杆做成假面舞会的面具模样,屋脊如带鳞片的兽类脊背,屋顶上的尖塔及其他突出物体都各有其怪异形状,表面贴以五颜六色的碎瓷片(见图 13-21 和图 13-22)。米拉公寓位于街道转角,地面以上共六层,墙面凹凸不平,屋檐和屋脊有高有低,呈蛇形曲线;建筑物造型仿佛是一座被海水长期侵蚀又经风化布满孔洞的岩体,墙体本身也像波涛汹涌的海面,富有动感;阳台栏杆由扭曲回绕的铁条和铁板构成,如同挂在岩体上的一簇簇杂乱的海草;平面形状也几乎全是"离方遁圆",没有一处是方正的矩形(见图 13-23)。

图 13-21　巴特罗公寓入口

图 13-22　巴特罗公寓屋顶细部

1900 年,高迪设计了居埃尔公园(Park Güell),这是他创作生涯成熟时期的代表作。进园之后,一条有分有合的大台阶把人引向一个多柱大厅,大厅后面接着古希腊式的剧场。大台阶又继续把人引上多柱大厅上的屋顶平台,平台宽深各 30 多米,周围有矮墙或座椅,矮墙采用塑性形式,曲折蜿蜒,墙身上贴着五颜六色的瓷片,组成怪异莫名的图案,仿佛一条弯曲

图 13-23　米拉公寓

蜷伏的巨蟒;公园入口处的两座小楼的屋顶上也有许多小塔和突出物,也和矮墙是一样的处理手法(见图 13-24)。

图 13-24　居埃尔公园

　　高迪在塑造他的建筑作品时,经常到工地与工匠们一起工作。很多建筑细部根本无法用图纸表现出来,要直接在现场临时发挥创造出来的。有些铁质构件和配件造型自由活泼各不相同,因为它们是在高迪自己的手工作坊中制作的。

　　在世纪转折之际,高迪的建筑创作脱出传统轨道,积极创新,但他的创新之道与众不同,他把建筑形式的艺术表现力放在首位,很少顾及经济效益问题,很少考虑技术的合理性和施工效率,也不求净化和简化,不注重明晰和逻辑性。他与 20 世纪前期许多知名建筑师不同,他不是完全意义上的工业社会中的现代建筑师。正因为如此,在 20 世纪前期现代主义思潮盛行时期,高迪并未被广泛宣扬;而到了 20 世纪后期,后现代主义思潮兴盛之时,他才被人重新发现并被推崇到极高的位置,符合了当前西方世界标新立异追求、非常规创造的精神。

　　【观点】 高迪作品的独特性不是从天上掉下来的,有他所处的时代和地域的基础。最重要的有如下几点:一是世纪之交西欧文化界的反传统大潮;二是西班牙特有的由伊斯兰文化和基督教文化会合而成的艺术情调;三是 20 世纪初西班牙东北部地区虽已进入工业化起步阶段,但尚保有浓厚的前工业化社会的性质;四是加泰罗尼亚地区浓厚的宗教和神话鬼怪迷信传统(见图 13-25)(这一传统在 1992 年巴塞罗那奥运会闭幕式的文艺表演中有充分的表现），又与当时西欧的超现实主义流派结合起来而得到新的发扬；五是加泰罗尼亚地区的分离派努力显示本地区乡土文化的强烈愿望。

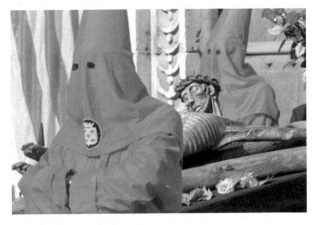

图 13-25　加泰罗尼亚地区宗教活动仪式

6. 荷兰建筑师贝尔拉格

贝尔拉格（H. P. Berlage）也是一位跨世纪的承前启后的人物，在设计中重视理性和真实性，提倡"净化"（Purify）建筑，主张建筑造型应简洁明快并表现材料的质感，声明要寻找一种真实的、能够表达时代的建筑。他的代表作是 1903 年建成的阿姆斯特丹证券交易所，建筑形体维持了当时建筑的大体格局，但形式被简化。内外墙面均为清水砖墙，不加粉刷，恢复了荷兰精美砖工的传统；在原来檐部与柱头的位置，以白石代替线脚和雕饰；交易大厅屋顶为拱形钢屋架和玻璃天窗的做法，体现了新材料、新结构和新功能的特点（见图 13-26 和图 13-27）。

图 13-26　阿姆斯特丹证券交易所

贝尔拉格是一位注意学习外国经验的人，正是他最先把赖特的作品从美国介绍到欧洲。20 世纪 20 年代，他参加了"国际现代建筑协会"（CIAM），积极从事"现代建筑"运动，在荷兰安定的环境中工作长达 50 年，对荷兰乃至北欧现代建筑的发展有过较大的影响。

图 13-27　阿姆斯特丹证券交易所大厅室内

13.3.3　美国的芝加哥学派

芝加哥在 19 世纪前期是美国中西部的一个普通小镇,由于美国西部的开发,这个位于东部和西部交通要道的小镇在 19 世纪后期急速发展起来,1880 年人口剧增至 50 万人,1890 年又翻番至 100 万人口,刺激了建筑业的活力。1871 年 10 月芝加哥市中心区发生了一场大火,全市三分之一的建筑被毁,更加剧了对新建房屋的急迫需求。为了在有限的市中心区建造尽可能多的面积,高层建筑开始在芝加哥涌现,在芝加哥迅速聚集了一个主要从事高层商业建筑设计与建造工作的建筑工程师的群体,"芝加哥学派"(Chicago School)就此应运而生。

房产主最迫切的要求是在最短的时间内,在有限的地块上建造出尽可能大的有效面积。常常是晨报登出某座商业楼即将开工的消息,当天的晚报就报道该座大楼一天内即将被预订完了。争速度、重实效、尽量扩大利润成了当时压倒一切的宗旨,传统学院派的观念被暂时搁置和淡化了。楼房的立面大为简化和净化,狭窄街道上鳞次栉比的高层建筑挡住了阳光,为了增加室内的照度和通风,窗子要尽量大,而全金属框架结构提供了开大窗的条件。于是出现了宽度大于高度的横向窗子,被称为"芝加哥窗",有的几乎是柱子之间全开成窗子,有的还开出凸窗。由于照明和通风好的房间租金高,"芝加哥窗"迅速流行起来。高层、金属框架、横向大窗、简洁的装饰,使得芝加哥的这批商业建筑具有同历史上的建筑风格大异其趣的建筑形象。第一莱特尔大厦(First Leiter Building)(见图 13-28)和瑞莱斯大厦(Reliance Building)(见图 13-29)是其中著名的例子。

工程师在这其中发挥了重要的作用。芝加哥学派的创始人詹尼(William le Baron Jenney)就是一位建筑工程师,许多建筑师起初也是在他的设计所中工作和成长的。工程师们由于所受的专业教育不同,较少有传统观念的"包袱"。建筑师则有一个观念转换的问题,不过在形势要求、业主压力和工程师的榜样面前,他们在原来专业训练的基础上或多或少地产生了改革建筑设计的思想和实践。

芝加哥学派最著名的建筑师是沙利文(Louis Sullivan)。1879—1924 年,沙利文事务所

图 13-28 第一莱特尔大厦

图 13-29 瑞莱斯大厦

建成 190 座房屋,绝大多数是在 1900 年前完成的。他的代表作是 C. P. S. 百货公司大厦 (Carson Pirie Scott Department Store),立面采用了典型的"芝加哥窗"组成的网格形构图,装饰只在入口处等重要部位才有,装饰题材是类似新艺术运动的铁制花饰(见图 13-30)。

　　沙利文体会到新的功能需要在旧的建筑样式中常常受到"抑制",所以需要发展新的建筑设计观念和方法,"使用上的实际需要应该成为建筑设计的基础,不应让任何建筑教条、传统、迷信和习惯做法阻挡我们的道路"。他提出了"形式随从功能"(Form Follows Function)的口号:"自然界中的一切东西都具有一种形状,也就是说有一种形式,一种外部

图 13-30　C. P. S. 百货公司大厦

的造型,以此来告诉我们,这是些什么,以及如何与别的东西互相区别开来",世界上一切事物都是"形式永远随从功能,这是规律"。沙利文对建筑的结论是,要给每个建筑物一个适合的和不错误的形式,同时进一步强调他的主张:"哪里功能不变,形式就不变。"

　　为了说明高层办公楼建筑的典型形式,沙利文为建筑师规定了此类建筑在功能上的特征:第一,地下室包括有锅炉间和动力、采暖、照明等各项机械设备;第二,底层主要用于商店、银行或其他服务性设施,内部空间宽敞,光线要充足,并有方便的出入口;第三,二层有直通的楼梯与底层联系,功能可以是底层的继续,楼上空间分隔自由,在外部有大片的玻璃窗;第四,二层以上都是相同的办公室(标准层),柱网排列相同;第五,最顶上一层空间作为设备层,包括水箱、水管、机械设备等。相应地,沙利文认为高层建筑外形应分成三段处理:底层与二层是一个段落,因为它们的功能相似;上面各层是办公室,外部处理成一个个窗子;顶部设备层可以有不同的外貌,窗户较小。典型的例子如他在 1895 年在布法罗建造的信托银行大厦(The Guaranty Trust Building)(见图 13-31)。

　　芝加哥学派最兴盛的时期是在 1883 到 1893 年。它的重要贡献是在工程技术上创造了高层金属框架结构和箱型基础,以及在建筑设计上肯定了功能和形式之间的密切关系。芝加哥学派在当时具有革命性意义。首先,高层办公楼是一种新类型,新类型必定有它的新功能,芝加哥学派突出了功能在建筑设计中的主要地位,明确了结构应有利于功能的发展和功能与形式的主从关系,既摆脱了折中主义的形式羁绊,也为现代建筑摸索了道路;其次,它探讨了新技术在高层建筑中的应用,并取得了一定的成就,使芝加哥成了高层建筑的故乡;最后,使建筑艺术反映了新技术的特点,简洁的立面符合新时代工业化的精神。

　　1893 年为纪念哥伦布发现美洲 400 年,芝加哥举办了一次盛大的世界博览会,东部的大企业家为表现"良好的情趣"来装点门面,全面复活折中主义风格的做法,是对刚刚兴起的新建筑思潮的一次沉重打击。沙利文不愿意随俗,只得到博览会中一个次要的建筑——交

图 13-31　信托银行大厦

通馆的设计任务。1893 年之后,仿古建筑之风再次盛行,特定地点和时间内兴起的芝加哥学派在这样的情势下犹如昙花一现很快消散。沙利文本人也渐渐任务稀少,竟致破产,1924年在潦倒中故去。

芝加哥学派的消散和沙利文的潦倒故去表明,直到 20 世纪初,传统的建筑观念和潮流在美国仍然强大,不易改变。但是,新的力量已经在集聚,势不可挡。

13.3.4　赖特与草原式住宅

赖特(Frank Lloyd Wright,1869—1959 年)是美国 20 世纪最重要的一位建筑师,在世界上享有盛誉。赖特对现代建筑有很大的影响,但他的建筑思想和欧洲新建筑运动的代表人物有明显的差别,走的是一条独特的道路。

1888 年,19 岁的赖特进入沙利文建筑事务所工作,1894 年离开沙利文事务所自己创业,独立地发展了美国土生土长的现代建筑。从 19 世纪末到 20 世纪最初的 10 年中,他在美国中西部设计了许多小住宅和别墅,业主大多属于中产阶级,坐落在郊外,用地宽阔,环境优美。这类建筑在美国中西部地方农舍的自由布局基础上,融合浪漫主义的想象力,形成了富于田园诗意的有特色的建筑处理手法,被称为“草原式住宅”(Prairie House)。它的特点是在造型上力求新颖,彻底摆脱折中主义的常套;在布局上与大自然结合,使建筑与周围环境融为一个整体。“草原”用以表示他的住宅与美国中部一望无际的大草原结合之意。

草原式住宅的平面常做成十字形,以壁炉、楼梯为中心,起居室、书房、餐厅等围绕布置,卧室一般放在楼上。室内空间尽量做到既分隔又连成一片,并根据不同的需要有着不同的层高。起居室的窗户一般比较宽敞,以保持室内与自然界的密切联系。由于在造型上强调水平向,层高较低,出檐又大,室内光线往往比较暗淡。体形构图的基本形式是高低不同的墙垣、坡度平缓的屋面、深远的挑檐和层层叠叠的水平阳台与花台所组成的水平线条,它们被垂直面的大烟囱所统一,既有层次又很丰富。外部材料多表现为砖石的本色,与自然很协调;内部也以表现材料的自然本色与结构为特征,木屋架经常被作为一种室内装饰暴露在外。比较典型的例子如 1902 年芝加哥的威利茨住宅(Ward W. Willitts House)(见图 13-32)、1907 年的马丁住宅(Darwin. D. Martin House)以及 1908 年在芝加哥设计的罗比住宅(F. C. Robie House)等。

图 13-32 威利茨住宅

威利茨住宅建在平坦的草地上,周围是树林,平面呈十字形。十字形平面在当地民舍中是常用的,但其在平面上显得更灵活:门厅、起居室、餐厅之间不作固定的完全分隔,使室内空间增加了连续性;外墙上用连续成排的门和窗,增加室内外空间的联系,打破了传统住宅的封闭性。建筑外部,体形高低错落,坡屋顶伸得很远,形成很大的挑檐;房屋立面上,深深的屋檐,连排的窗孔,墙面上的水平饰带、勒脚及周围的矮墙,形成以横向线条为主的构图,给人以舒展安定的印象(见图 13-33 和图 13-34)。

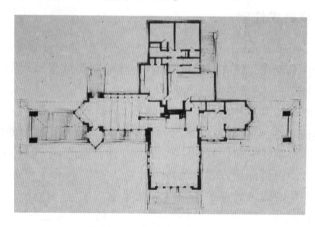

图 13-33 威利茨住宅平面图

图 13-34　马丁住宅

　　罗比住宅是赖特在草原式住宅的基础上设计的城市型住宅中的一例,运用了他在沙利文事务所学习到的钢筋混凝土结构的悬挑性能,并发挥了它的美学性能。由于地处街区当中一块狭长的用地,平面根据地形布置成长方形,特点是强调层层的水平阳台和花台,用一层高主体部分的横向延伸的深远挑檐来将这些高低错落的水平体量和线条进行统一。结合周围的树木,也能获得自然之趣。它的造型对后来城市花园住宅的设计有深远的影响(见图 13-35 和图 13-36)。

图 13-35　罗比住宅

13. 3. 5　德意志制造联盟

　　西欧各国中,德国本是一个后进国家。1870 年统一后,工业水平迅速赶超了英国和法国,跃居欧洲第一位。经济增长后,德国很注意吸取别人的经验教训。为将自己的产品打入已被瓜分的世界市场,他们特别注意改进产品质量,其中重要的一环就是改进产品的设计。1907 年出现了由企业家、艺术家、技术人员等组成的全国性的"德意志制造联盟"(Deutscher Werkbund),其宗旨在于促进企业界、贸易界同美术家、建筑师之间的共同活动以推动设计改革,以提高工业制品的质量,以求达到国际水平。联盟里有许多著名的建筑师,他们认定了建筑必须和工业结合这一方向。其中享有威望的是贝伦斯,他以工业建筑为基地来发展真正符合功能与结构特征的建筑,他认为建筑应当是真实的,现代结构应当在建筑中表现出来,这样就会产生前所未有的新形式。

　　贝伦斯于 1909 年为德国通用电气公司设计的透平机车间(AEG Turbine,Factory)(见

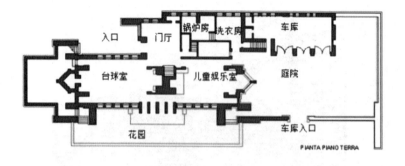

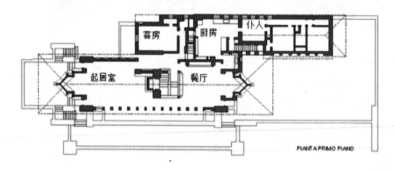

图 13-36　罗比住宅平面图

图 13-37），造型简洁，摈弃了任何附加的装饰。主体车间位于街道转角处，主跨采用大型门式钢架，避免了车间内部设柱子，钢架顶部呈多边形，侧柱自上而下逐渐收缩，到地面上形成铰接点。在沿街立面上，钢柱与铰接点坦然暴露，柱间全部开为玻璃窗，屋顶上也开有玻璃天窗，满足机械制造过程中需要的充足采光（见图 13-38）。在街道转角处的厂房角部，贝伦斯在钢骨架外面加上砖石砌筑的角墩，墙体稍向后仰，并有"链墩式"的凹槽，显示出敦厚稳固的形象，这些处理给这

图 13-37　德国通用电气公司透平机车间

一车间建筑加上了古典纪念性的品格。这说明，建筑师在面对新结构与传统审美的矛盾中仍有些摇摆和犹疑。尽管如此，贝伦斯所作的这座透平机车间为探求新建筑起了很好的示范作用，成为现代建筑史上的一个里程碑，被西方称为第一座真正的"现代建筑"。

　　【观点】　贝伦斯以一位著名建筑师的身份来设计一座工厂厂房，不仅把它当作实用房屋认真设计，而且将它当作一个"建筑艺术作品"来对待，表明工业厂房进入了建筑师的业务范围，比之伦敦"水晶宫"建造时，建筑师没有能力又不屑于迎接新挑战的情形，不能不说是一个很大的进步。同时，也表明了工业企业家在现代社会权力结构中的重要地位。

　　贝伦斯不仅对现代建筑有重大贡献，还培养了不少现代建筑的人才。著名的第一代现

图 13-38　透平机车间的钢柱与铰接点

代建筑大师格罗皮乌斯(Walter Gropius,1883—1969 年)、密斯·凡·德·罗(Ludwig Mies van der Rohe,1886—1969 年)、勒·柯布西耶(Le Corbusier,1887—1965 年)都先后在贝伦斯的事务所工作过,得到许多教益,为后来的发展奠定了基础。格罗皮乌斯和 A. 迈耶(Adolf Meyer)于 1911 年设计的阿尔费尔德的法古斯工厂(Fagus Werk,Alfeld),是在贝伦斯建筑思想启发下的新发展。这座外墙以玻璃为主的建筑造型简洁、轻快、透明,完整表现了现代建筑的特征(见图 13-39)。此外,远在 1910 年格罗皮乌斯就设想用预制构件解决经济住宅问题,这是对建筑工业化最早的探索。

图 13-39　阿尔费尔德的法古斯工厂

1914年,德意志制造联盟在科隆举行展览会,除了展出工业产品之外,展览会建筑本身也作为新的工业产品来展出。其中最引人注意的是格罗皮乌斯和A.迈耶设计的展览会办公楼。这座建筑全部采用平屋顶,经过技术处理,可以上人和防水,这在当时还是全新的尝试。造型上,除了底层入口处采用砖墙外,其余部分全为玻璃窗,两侧的楼梯间也做成圆柱形的玻璃塔。这种结构构件的外露、材料质感的对比、内外空间的沟通等设计手法,在当时全部是新的,都被后来的现代建筑所借鉴(见图13-40)。

图 13-40　德意志制造联盟展览会办公楼

第一次世界大战之后,德意志制造联盟继续活动,1927年它在斯图加特举办的一次住宅建筑展览是现代建筑史上一次重要的事件(见图13-41)。1933年希特勒在德国执政,联盟宣告解散。

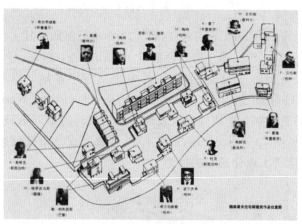

图 13-41　1927年斯图加特住宅展

【观点】　如果说19世纪八九十年代美国芝加哥建筑学派的创新活动是由当时该地急骤发展的商业需求促成的,那么20世纪一二十年代德意志制造联盟及其影响下的设计改革活动则主要是由工业企业界的支持和推动而产生的。芝加哥学派除沙利文等个别人物之外,缺乏文化思想和建筑理论方面的准备,所谓学派也是散漫的现象。德意志制造联盟则不然,它是有准备、有组织、有步骤的活动,并且进行着不断深入的、理论上的思考和讨论。联盟及有关的一批建筑师的活动为20年代的建筑设计改革奠定了基础,在两次世界大战之间的年代里,德国的建筑创新活动引起了更加广泛的有世界历史意义的反响。

13.3.6 "装饰艺术"设计运动

"装饰艺术"(Art Deco)运动是 20 世纪二三十年代的一次风格特殊的设计运动,主要发展地区是法国、美国和英国。"装饰艺术"运动影响到建筑设计、室内设计、家具设计、工业产品设计、平面设计、纺织品设计和服装设计等几乎设计的各个方面,是 20 世纪非常重要的一次设计运动。它采用了手工艺和工业化的双重特点,采取设计上的折中主义立场,设法把豪华的、奢侈的手工艺制作和代表未来的工业化特征合二为一。

"装饰艺术"形式夺目强烈,个性明显,主张机械化的美感。从它的形成过程上看,主要是受到几个特别因素的激发而产生的:第一,从古埃及独特华贵的装饰中借鉴。1922 年图坦卡蒙墓的发掘又一次震动了欧洲,古埃及强烈的几何图案、金属色和黑白对比的高度装饰

图 13-42 图坦卡蒙之墓

性,极大地启发了欧洲的设计师(见图 13-42)。第二,非洲、美洲的原始艺术给予现代艺术运动极大的感染,并将这种影响传递到设计中。第三,20 世纪初的舞台艺术特别是俄国芭蕾舞团的舞蹈、舞台、服装设计的影响,以及美国黑人爵士乐(Jass)的强烈节奏也是极新鲜且富有感染力的。第四,汽车设计的影响。汽车设计不仅鼓励设计师大胆采用工业文明成果,且其流线型风格与"装饰艺术"风格多有互动。

在这些因素的共同作用下,欧美设计师发展出独特的形式和色彩系列,形成"装饰艺术"风格特点:一方面是几何图案的运用,常用的有阳光放射型、闪电型、曲折型、重叠箭头型、星星闪烁型、阿兹特克放射型(见图 13-43)、金字塔型等;另一方面是鲜明而强烈的色彩,特别重视对金属色、原色以及黑白的组合运用。

图 13-43 阿兹特克放射型图案

1. 法国的"装饰艺术"运动

法国巴黎是"装饰艺术"运动的发源地和中心。1928 年巴黎举办了"装饰艺术展"来传播这种风格,"装饰艺术"的名称就来源于此。当现代主义运动在德国、荷兰蓬勃展开时,法国发展了具有浓厚资产阶级特点的"装饰艺术"

运动。

法国的"装饰艺术"首先表现在两种新家具设计风格上。一种是受俄罗斯芭蕾舞团影响发展的东方味的怪异风格,另一种是受现代主义影响而运用新材料新技术的风格。另外,法国还发展出一种强调昂贵华美材料的室内设计风格,被称为博迪尔风格(Boudoir Style),采用东方的装饰构思,色彩鲜丽,对比强烈,空间设计具有紧凑感和亲和力。这一时期的首饰、陶瓷、平面以及雕塑设计等方面也颇有创新。虽然法国"装饰艺术"运动在建筑上并没有什么突出成就,但作为风格的发源地,法国的"装饰艺术"的确对其他各国的设计产生了不可忽视的影响。

2. 美国的"装饰艺术"运动

美国的"装饰艺术"运动成就在建筑上有集中而显著的表现,同时相关的家具设计、室内设计以及雕塑、壁画等都有不凡的作品。建筑代表作品主要有克莱斯勒大厦、帝国大厦、洛克菲勒中心大厦等,都是精美而华丽的经典作品。建筑中大量运用金属装饰构件和壁画,色彩浓丽厚重,形态强烈耀眼,设计师将最新最优的材料运用在建筑装饰上,反映了美国国力强盛、经济发达的背景。其中影响最大的是1930年完成的由威廉·凡·阿伦(William Van Alen)设计的克莱斯勒大厦(Chrysler Building)。这座高319米的摩天大楼,以不锈钢建材塑造出一种近乎浪漫的金属尖塔,节节上升的尖塔由重叠的数个圆弧拱组成,上面则以镍铬钢材为框,构筑出连续的三角窗,犹如一列列尖锐的锯齿。这栋金属尖顶高耸入云,在阳光下闪闪发光的摩天大楼,成为美国"装饰艺术"运动纪念碑式的建筑(见图13-44)。

图 13-44　克莱斯勒大厦

不过克莱斯勒大厦很快被1931年新建成的帝国大厦(Empire State Building)(见图13-45)的风头盖过,"装饰艺术"风格自此在美国广泛传播。

图 13-45　纽约帝国大厦屋顶细部

3. 英国的"装饰艺术"运动

在轰轰烈烈的"工艺美术"运动之后,英国在相当长的时间里没有新的发展,设计沉溺于维持传统和复古主义,直到 20 世纪 20 年代末英国设计界才在欧美的带动下发生了变革。

英国的"装饰艺术"运动成果集中表现在私人住宅和大型公共场所的室内设计上。代表作品有巴希尔·爱奥尼德于 1929—1930 年设计的伦敦克拉里奇旅店。其室内大量运用大理石和曲折线,色彩对比强烈,有简洁的几何造型和黑白对比特点(见图 13-46 和图 13-47)。

【观点】　"装饰艺术"运动在 20 世纪初成为世界流行风格,甚至远在东方的上海都可以找到"装饰艺术"风格的建筑和室内设计,可见其流行的广度。相比之下,"新艺术"运动虽然也遍及欧美,但是从影响的范围来看,地区性非常强,并且在很大程度上只是设计界的探索,很难成为一个比较广泛的流行风格。"装饰艺术"风格之所以如此普及,原因之一是因为它本身的折中立场为大批量生产提供了可能性。"新艺术"运动没有广泛普及,也正因为它的曲线、非几何形态造成其只能手工生产,不能大批量机械生产。20 世纪开始,人们已经注意到,如果希望某种风格能够得到普及,成为流行风格,批量生产的考虑是不能忽视的一个重要因素。

同时,这场运动与现代主义设计运动几乎是同时发生的,也几乎同时于 30 年代后期在欧洲大陆结束,因而在各个方面都受到现代主义的明显影响。但是,由于它主要强调为上层

图 13-46　伦敦克拉里奇旅店

图 13-47　伦敦克拉里奇旅店室内

社会服务的出发点,使得它与现代主义具有完全不同的意识形态和立场,也正因为如此,"装饰艺术"运动没能在第二次世界大战之后再次得到发展,而基本成为史迹,只有现代主义成为真正的世界性设计运动。

思考题

1. 简述英国工艺美术运动的代表人物和其设计的主要特点。

2. "新艺术"运动与"工艺美术"运动有什么样的关系?

3. 简述"新艺术"运动的历史意义。

4. 简述德意志制造联盟对现代主义建筑运动的历史价值。

5. 什么是建筑的"装饰艺术"风格?

第 6 篇

新建筑运动的高潮
——现代建筑派与代表人物

第 14 章　两次世界大战之间的建筑探新运动

14.1　两次世界大战之间的社会背景及建筑活动

　　第一次世界大战发生在 1914—1918 年间,给欧洲各国,特别是英、法、德、俄、奥、匈等主要参战国带来了巨大的破坏。战后初期,欧洲主要国家陷入了严重的经济和政治危机中,而与欧洲隔洋相望的美国,却大发战争财,从而成为世界的财政经济重心。1924 年以后,欧洲各国经济才逐渐得到恢复,战败的德国在美国的扶持下迅速提高生产力,到 1929 年其工业生产总额重新超过了英、法。美国的经济发展更快,1929 年其工业总产量已占世界的48.5%。但是在 1929—1933 年间,美国发生了严重的经济危机,由此引发了各国尖锐的阶级斗争。德、意、日三国法西斯政权上台,1939 年第二次世界大战全面爆发。

　　两次世界大战之间短短的 20 年时间,资本主义世界经历了前 6 年的震荡期、中间 5 年左右的稳定和发展期以及后 10 年的危机期,从战争走向新的战争。充满动荡和急速变化的社会历史背景在各国的建筑活动中明显表现出来。第一次世界大战期间,身处战场的欧洲各国的民用建筑活动几乎完全停滞,大量的房屋毁于战火,大批的平民无家可归。第一次世界大战结束后,各国都面临住房严重匮乏的问题,而且建造速度远远不能满足需求。这主要是源于以下几个原因:①战后初期建材紧缺,熟练工人稀缺,造价昂贵;②即使有混凝土、金属板材、石棉水泥板等新材料和预制装配的新技术在住宅中进行试用,以及用提高预制装配程度的办法减少现场工作量,但由于建筑方式尚不成熟,初期时相比传统建造方式更费钱,因而得不到很好的推广,而继续采用砖、石、木等传统材料和建造技术的结果就是效率不高。

　　1924 年起,建筑活动跟随欧洲主要国家的经济复苏和发展而兴盛起来,到 1929 年危机期前是建筑活动的繁荣时期。尤其是美国,城市建设步伐飞快,高楼大厦接踵出现,并且由于新材料和新技术的运用而使建造周期也大大缩短,成为全世界关注的焦点。1929 年世界经济危机爆发后,建筑业又进入萧条时期,直到 1933 年后经济回暖,建筑活动才重新活跃了很短的一段时间。第二次世界大战开始后,交战国的民用建筑再次陷入停顿状态。

14.2　两次世界大战之间建筑技术的进展

　　第一次世界大战之后,建筑技术的发展主要表现在新结构的广泛应用、新建材的推广、建筑新设备的发展、施工技术的提高等方面,以及把 19 世纪以来对建筑新材料、新技术和新类型的探索加以完善和大范围使用。新技术在第一次世界大战后转为民用的趋势也促进了建筑业技术的更新。

14.2.1　新结构的普及

　　由于钢结构自重日益减轻,焊接技术也在其中得到应用,高层建筑采用钢结构的优势日益明显,1927 年出现了全部采用焊接工艺的钢结构房屋,1947 年美国建成了全部采用焊接工艺的 24 层钢结构高层。

钢筋混凝土结构的应用更加普遍。钢筋混凝土整体框架的大量应用,推动了钢架和超静定结构的研究,计算理论和方法也有所突破。另外,结构动力学等也取得重要成果。

大跨度建筑类型和数量增多,出现了薄壳结构、悬索屋盖等新的屋盖结构类型,并得到应用。如德国耶拿(Jena)天文台、莱比锡市场、苏联西比尔斯克歌剧院等的薄壳屋顶,以及芝加哥博览会上的机车展览馆的悬索屋顶。

14.2.2 新建材的推广

铝、不锈钢、搪瓷钢板等金属材料逐渐作为建筑装饰材料而被应用在室内和室外。铝不仅在室内装饰中得到广泛应用,而且成为窗框和窗下墙面层材料的很好选择,广泛地被运用在钢结构的高层建筑中。不锈钢和搪瓷钢板也类似。

玻璃的产量和品种增加,质量得到提升。1927 年生产出安全玻璃(钢化玻璃),1937 年生产出全玻门,为玻璃幕墙在高层建筑的运用打下了物质基础。玻璃的外延产品也不断被开发出来,如玻璃纤维在 20 世纪 30 年代末已广泛用作隔热、隔音材料,玻璃砖也流行起来。

有机材料随着石化产业的发展和有机化学学科的进步,品种日益增多,为建筑业提供了比以往多得多的新材料。塑料开始进入室内装饰和家具制造业,如楼梯扶手、桌面等。铺地材料也突破了传统的石材、木材的范围,用橡胶和沥青材料制成的各种颜色的铺地砖广受欢迎。深加工木制品质量得到改善,20 世纪 30 年代的酚醛树脂防水胶合板成为混凝土工程的模板,为施工提供了便捷。在建筑声学领域,研制成功了多种吸音抹灰和蛭石、珍珠岩、矿棉渣等隔声吸音材料,提高了建筑的声环境质量。

14.2.3 新设备的使用

人们对生活和工作环境质量的要求随经济的好转而越来越高,除了建筑本身设计、用材更加考究外,使用一些新型的设备和设施,成为提高建筑环境质量的又一有效手段。19 世纪下半叶开始应用的电梯,这时运行速度已提高很多。自从爱迪生发明了白炽灯,人工照明的光源有了很大的进步。1923 年霓虹灯出现,1925 年磨砂灯泡使白炽灯光线更加柔和,1938 年发明了荧光灯。空调设备研制出来并首先在特殊工业建筑中得到应用,然后推广到公共建筑中。其他家用电器也开始增多,厨房设备和卫生设施得到改进。房屋建筑不再像历史上长时期那样只是一个壳子,建筑成为一门综合学科和系统工程,建筑师既要同结构工程师配合,还需同设备工程师协调,对照明、空调、采暖、防火、声学等诸多设备进行统一安排。

14.2.4 施工技术的提高

大型建筑、高层建筑、大跨度建筑的建成以及这些建筑的建造周期和施工质量,直接反映出建筑施工技术跃上了新的台阶。就拿号称 102 层的美国纽约帝国大厦来说,就是当时一个非常高的成就。帝国大厦建筑高度 380 米,首次打破巴黎埃菲尔铁塔的高度,建筑规模庞大,建筑面积达 16 万平方米,以钢结构为骨架,结构用钢 5.8 万吨。内部设备庞杂,仅电梯就有 67 部之多,而且设备管网众多。帝国大厦从 1930 年 3 月开始设计,到 9 月钢结构全部施工完毕,再到次年(1931 年)5 月 1 日就正式竣工并交付使用,平均每五天多就建造一层。这样的施工速度纪录大约在 40 年之后才被刷新。帝国大厦建成后安全使用至今,虽然大厦顶部在大风中会有最大 7.6 厘米的摆动,但对人的感觉并无影响(见图 14-1)。

图 14-1　帝国大厦

　　【电影】《西雅图夜未眠》(Sleepless In Seattle,1993 年):故事叙述一个未能走出丧妻阴影的单身父亲 Sam(汤姆·汉克斯饰),带着儿子 Johan 到阴雨连绵的西雅图生活,在圣诞夜的广播节目中,Johan 私自为父亲"征婚",这个大胆之举无意间吸引了远在东海岸纽约的女记者 Annie(梅格·瑞恩饰),仅凭相互的声音和文字产生、发展了恋情。阴差阳错,鬼使神差,他们终于在情人节这天在帝国大厦顶端相遇。

14.3　第一次世界大战后初期的各种建筑流派

　　从建筑思潮来看,20 世纪 20 年代是一个破旧立新的重要时期。第一次世界大战结束后,欧洲各国社会激荡,人心思变。世纪之交兴起的萌芽状态的建筑变革思潮,到这个时期已蓬勃发展起来。重视传统的建筑师的作品,差别和层次甚多,分化明显。学院派建筑思想失去往昔的势头,像拉斯金当年那样振振有词斥责变革的论调已经难以出笼,而改革创新者一方则声势大振。

这种局面出现是由于第一次世界大战后欧洲的经济、政治条件和社会思想状况给主张革新者以有力的促进。一是战后初期的经济拮据状况促进了建筑中讲求实用的倾向,给讲形式尚虚华的复古主义和浪漫主义带来严重打击。二是工业和科学技术的迅速发展以及社会生活方式的变化又进一步要求建筑师突破陈规,新的建筑类型以及材料、结构和施工的进步也迫使建筑师走出古代建筑形式的象牙之塔,有力地推动了建筑师改革设计方法,创造新型建筑。三是战后初期,欧洲社会意识形态领域涌现出大量的新观点、新思潮,思想异常活跃,建筑界的情况也是如此,建筑师中主张革新的人越来越多,各色各样的设想、计划、方案、观点和试验大量涌现,主张也愈见激烈彻底。在整个 20 世纪 20 年代,西欧各国,尤其是德、法、荷三国的建筑界出现空前活跃的局面。

建筑问题涉及功能、技术、工业、经济、文化、艺术等许多方面,而建筑的革新运动也是多方面的。各种人从不同角度出发,抓住不同的重点,循着多种途径进行试验和探索。有很多人和流派,包括各种造型艺术家在内,对新建筑的形式问题产生浓厚的兴趣,进行了多方面的探索,其中比较重要的派别有未来主义派、表现主义派、风格派、构成主义派等。

14.3.1　未来主义派

未来主义派是第一次世界大战之前首先在意大利出现的一个文学艺术流派。未来主义派对资本主义的物质文明大加赞赏,对未来充满希望。1909 年,未来主义派的创始人、意大利作家马里内蒂(F. T. Marinetti)在第一次"未来主义宣言"中宣扬工厂、机器、火车、飞机等的威力,赞美现代大城市,对现代生活的运动、变化、速度、节奏表示欣喜,并认为火车与工厂、烟囱喷出的浓烟和机车车轮与飞机发出的震耳欲聋的响声都是值得歌颂的。他们否认文化艺术的规律和任何传统,宣称要创造一种全新的未来的艺术。

未来主义派的画家在绘画中用各种手法着意表现动作和速度,例如在题名为"妇人与狗"的绘画中,画家给一只狗画上许多的腿,以表示它在急速走动。1914 年,第一次世界大战前夕,意大利未来主义者圣泰利亚(Antonio Sant'Elia)在他们举办的未来主义展览会中展出了许多未来城市和建筑的设想图,并发表"未来主义建筑宣言",宣言中说:"应该把现代城市建设和改造得像大型造船厂一样,既忙碌又灵敏,到处都是运动,现代房屋应该造得和大型机器一样。"圣泰利亚的图样都是高大的阶梯形的楼房,电梯放在建筑外部,林立的楼房下面是川流不息的汽车、火车,分别在不同的高度上行驶(见图 14-2)。未来主义派在当时没有实际的建筑作品,但他们的观点以及对建筑形式的设想对于 20 世纪 20 年代甚至对于第二次世界大战后的先锋派建筑师都产生了不小的影响。

14.3.2　表现主义派

20 世纪初在德国、奥地利首先产生了表现主义的绘画、音乐和戏剧。表现主义者认为艺术的任务在于表现个人的主观感受和体验。表现派绘画中,外界事物的形象往往不求准确,常常有意加以改变。例如绘画中的马,有时画成红色的,有时又画成蓝色的,一切都取决于画家主观的"表现"需要,目的是引起观者情绪上的震动或观者的激情。

在这种艺术观点的影响下,第一次世界大战后建筑领域也出现了一些表现主义的作品,其特点是通过夸张的造型和构图手法,塑造超常的、强调动感的建筑形象,以引起观者和使用者不同一般的联想和心理效果。德国建筑师波尔其齐格(Hans Poelzig)于 1919 年改造

图 14-2   圣泰利亚关于未来城市的设想

柏林一家剧院时,在室内天花板上做出许多钟乳石般的饰物,形成所谓"城市王冠"的形象。

最具有表现主义特征的一座建筑物是由德国建筑师门德尔松(Erich Mendelsohn)设计的在 1921 年建成的位于波茨坦的爱因斯坦天文台(Einstain Tower,Potsdam)。1917 年爱因斯坦提出了广义相对论,这座天文台就是为了研究相对论而建造的。爱因斯坦提出的新的时空观、物质观和运动观改变了人们传统的自然观,是科学史上的一次伟大革命。相对论的理论深奥,普通人对此感到神秘莫测,不可思议。门德尔松在天文台的造型中突出了人们对相对论的神秘感,其方式是用砖和混凝土两种材料塑造一个混混沌沌、浑浑噩噩、稍带流线型的体块,门窗形状也不同一般,因而给人以匪夷所思、高深莫测的感受(见图 14-3)。

表现主义的建筑常常与建筑技术和经济上的合理性相左,因而与 20 世纪 20 年代的现代主义建筑思潮有所抵触。从 20 世纪 20—50 年代,表现主义建筑不很盛行,然而时有出现,不绝于缕,因为总不断有人要在建筑中突出表现某种情绪和心理体验。不过,表现主义建筑与非表现主义建筑之间也没有明确的、绝对的界限可寻。

20 世纪后期,表现主义手法在世界建筑舞台上的地位有所回升,同西班牙高迪的作品一样,重新获得重视。

14.3.3   风格派

第一次世界大战期间荷兰是中立国,因此当别处的建筑活动停顿的时候,荷兰的造型艺术却继续繁荣。荷兰画家蒙德里安和画家、设计家范·陶斯堡(Theo Van Doesburg)等人,

图 14-3　波茨坦的爱因斯坦天文台

形成一个艺术流派,1917 年出版名为《风格》(De Stijl)的期刊,故得名为"风格派"。1920 年蒙德里安出版《新造型主义》(Plasticism),强调点略有不同,所以又被称为"新造型主义派"(Neo Plasticism)或"要素主义派"(Elementarism)。总的来看,它是 20 世纪初期在法国产生的立体派(Cubism)艺术的分支和变种(见图 14-4)。

图 14-4　毕加索的立体派绘画《阿维尼翁的少女》

风格派认为最好的艺术是基本几何形象的组合和构图。蒙德里安认为绘画是由线条和颜色构成的,所以线条和色彩是绘画的本质和要素,应该允许独立存在,通过"抽象和简化"寻求"纯洁性、必然性和规律性"。蒙德里安本人的绘画中没有任何自然形象,画面上只剩下垂直和水平的直线,这些直线围成大大小小的方块和矩形,中间涂以红、蓝、黄等原色或黑、白、灰等中性色,绘画成几何图形和色块的组合,成了抽象的几何构图,因此绘画作品干脆就命名为《有黄色的构图》《构图第×号》等。这样的绘画,从反映现实生活和自然界的要求来看固然没有什么意义,然而风格派艺术家发挥了几何形体组合的审美价值,因此它们很容易也很适宜移植到新的建筑艺术中去(见图 14-5)。荷兰著名的家具设计师、建筑师里特维尔德(Gerrit T. Rietveld)设计了一只扶手椅和一个餐具柜,就是由相互独立又相互穿插的板片、方棍、方柱组合而成的,恰如立体化的蒙德里安绘画(见图 14-6)。

图 14-5　蒙德里安绘画"红黄蓝构图"之一

图 14-6　里特维尔德设计的"红蓝椅"

里特维尔德设计的位于荷兰乌得勒支(Utrecht)市的施罗德住宅(Schröder-Schräder House,Utrecht)是风格派建筑的代表作。这座住宅大体上是一个立方体,但设计者将其中的一些墙板、屋顶板和几处楼板推伸出来,稍稍脱离住宅主体,这些伸挑出来的板片形成横竖相间、错落有致的板片和块体。纵横穿插的造型,加上不透明的墙片和大玻璃窗的虚实对比、浅色与深色的对比、透明与反光的交错,形成活泼轻盈的建筑形象(见图 14-7)。

风格派作为一种流派存在的时间不长,

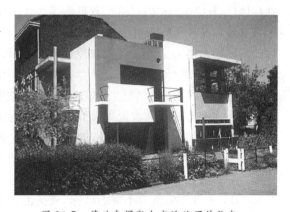

图 14-7　荷兰乌得勒支市的施罗德住宅

但它发展起来的以抽象为特征的造型美,对现代建筑和工业品的设计产生了很广泛的影响。

14.3.4 构成主义派

第一次世界大战前夕,一批俄国年轻艺术家将雕塑作品作成抽象的结构或构造物模样,被称为构成主义,其起源大概同1912年毕加索用纸、绳子和金属片制作"雕塑"作品有关。欧洲传统的雕塑历来是实体的艺术,毕加索将实体的雕塑变为虚透的空间艺术。1913年俄国艺术家塔特林(Vladimir Talin)在巴黎访问毕加索的画室,受到启发,回到俄国后用木料、金属、纸板制作了一批类似的抽象"构成"作品,以塔特林、罗德琴柯(Alexander Rodchenko)、盖博(Naum Gabo)、佩夫斯纳(Pevsner)等人为代表,在革命初期的俄国兴起了构成主义的艺术流派。1920年,盖博与佩夫斯纳发表名为《构成主义基本原理》的宣言,声称,"我们拒绝把封闭空间的界面当作塑造空间的造型表现,我们断言空间只能在其深度上由内向外地塑造,而不是用体积由外向内塑造""我们再也不能满足于造型艺术中静态的形式因素,我们要求把时间当作一个新因素引进来"。

构成主义派的雕塑作品以木、金属、玻璃、塑料等材料制作成抽象的空间,以表现力、运动、空间和物质结构的观念。这样的构成本身与建筑物已经非常接近,能够并且很容易移植到建筑设计和建筑造型中去。在这一过程中,有的人着重从构成主义的建筑形式入手进行试验研究,如舍尔尼科夫(Chernikhov)详细研究各种基本要素(点、线、面、体)在空间中的种种结合方式(穿插、围合、夹持、贴附、重叠、耦合等)的不同力学特征与视觉效果。另一些人,以金茨堡为代表,将构成主义的形式与美学观点同房屋建筑的实际条件和要求结合起来,形成全面的构成主义的建筑设计和创作理论[①]。

【观点】 Constructivism一词,在中文中曾译为"结构主义",这里的"结构"与工程结构相通,而与哲学中的结构主义无关。有学者认为Constructivism本身有双关含义,在强调工程结构的意义与作用的场合,可译为"结构主义";在强调一种特定的审美观和造型特色时可译为"构成主义"。

塔特林所做的第三国际纪念碑设计方案模型(1919—1920年)是一个有名的构成主义设计。它由一个自下而上渐有收缩的螺旋形钢架与另一斜直的钢架组合而成,整体是一个空间构架,设计高度303米。构架内悬吊着三个玻璃几何块体——立方体(共产国际的立法机关)、圆柱体(执行机关)和圆锥体(信息情报通信中心),分别以不同的速度自转(见图14-8)。但这个富有新意很有气势的方案没有获得实现的机会。其他构成主义建筑方案,如维斯宁兄弟设计的真理报大楼、金茨堡的劳动宫设计、梅尔尼科夫设计的重工业部大厦等,也都是纸面上红火,却未实际建成。主要原因是革命初期俄国经济困难,工业技术相对落后,而构成主义建筑方案带有很多的技术激情狂想,很少考虑现实的需要和造价。

本章主要介绍了两次世界大战期间几种流派的大概情形,还有几点需要说明:

(1)除了上述几个流派之外,同一时期还出现和存在着其他多种流派,不过影响较小。

(2)不同流派之间并非界限明确,壁垒森严,相反,各流派之间在人员和思想主张上互相影响、渗透、转化,作品更是常常带有几种不同流派的特征,纯粹的、典型的风格还没有形成。

(3)一种流派常常有不同的名称,成员也会打出不同的旗号,因为各人有自己的侧重点,

---

① 详细内容请阅读金茨堡所著的《风格与时代》。

图 14-8　第三国际纪念碑设计方案模型

大同小异,就自己另起名号。

　　(4)上述流派都是从当时的美术和文学方面衍生出来的,不可能提出和解决建筑发展所涉及的许多实际和根本的问题。

第 15 章 新建筑运动的高潮

——现代建筑派及其代表人物

世纪之交及两次世界大战期间的先锋建筑师,先后提出过富有创新精神的建筑观点和建筑设计,但他们的努力相对来说是零散的,还没有形成系统,更重要的是还没有产生出一批比较成熟而有影响的实际建筑物。20 世纪 20 年代后期西欧经济稍有复苏,实际建筑任务渐多,革新派建筑师一方面吸取 19 世纪末以来各种新建筑流派的观念和设计手法,另一方面真正面对战后实际建设中的条件和需要,陆续推出一批较为成熟而新颖的建筑作品,同时又提出了比较系统、具体的改革建筑的思路和主张。20 世纪最重要、影响最普遍也最深远的现代主义建筑逐步走向成熟,并且产生了自己的可识别的形式特征,把新建筑运动推向了前所未有的高潮。

15.1 CIAM 与现代建筑派的诞生

15.1.1 CIAM

1928 年,24 名来自八个国家的现代派建筑师(法国、瑞士、德国、荷兰、意大利、西班牙、奥地利、比利时)在瑞士拉萨拉兹一座城堡中集会,成立了国际现代建筑协会,简称 CIAM(Congrés Internatonaux de l'Architechture Moderne),并召开了第一次会议①。该组织的成立,表明现代主义建筑已成为一种有相当影响的国际现象。这些建筑师认为有必要在一起讨论一些共同关心的问题,互通声气,互相支持。

1929 年,CIAM 在德国法兰克福召开第二次会议,讨论的主题是"生存空间的最低标准",研究合理的最低生活空间标准。会议由法兰克福建筑师 E. 梅发起,他当时在法兰克福设计建造了一些低造价住宅。

1930 年,CIAM 第三次会议在布鲁塞尔继续讨论居住标准与有效利用土地和资源的问题。

1933 年,CIAM 举行第四次会议,集中讨论城市问题,主题为"功能城市",对 34 个欧洲城市进行了分析比较,认为:"城市规划的要点在于四项功能:居住、工作、游息和流通……城市规划的核心是居住的细胞,将它们组织成团,形成适当规模的居住单位。以居住单位为起点,制定居住区、工作区、游息区的相互关系。"这次会议的文件 10 年之后才加以发表,被称为城市规划的《雅典宪章》。

1937 年,CIAM 第五次会议在巴黎召开,主题是"居住与休闲",认为历史形成的架构以

---

① CIAM 从成立后共开过 11 次会议,至 1959 年因内部意见分歧而宣布长期休会。

及城市的区位对一个城市的影响非常重要。

第二次世界大战前 CIAM 的成立和活动,表明现代主义建筑思潮已趋于成熟和壮大。历史也表明,它是 20 世纪最重要的建筑思潮和风格流派。20 年代被看作是现代主义建筑的"英雄时期",30 年代可以看作是它的成熟和扩展时期。

15.1.2 建筑中的现代主义

现代建筑运动产生了继学院派之后统治建筑学术界达数十年的现代建筑派(Modern Architecture)。有一种广为流传的看法,认为现代主义就是提倡方盒子式的建筑物,因为到处出现了光光的"方盒子",所以现代主义就等于"国际式"。方盒子单调乏味,国际式千篇一律,所以现代主义不可取。这是片面的或者说是皮相的看法。

那么,什么是建筑中现代主义的基本含义呢?从现代建筑派的主要代表人物所发表的言论看,它应包括以下几点:

(1)强调建筑随时代发展而变化,现代建筑应该同工业时代的条件和特点相适应。

(2)强调建筑师要研究和解决建筑的实用功能需求和经济问题。当前,建筑的功能变得多样复杂了,对于大多数建筑物来说,经济性是关键的问题。格罗皮乌斯呼吁设计师要解决好实用与经济的问题,他说:"一件东西必须在各方面都同它的目的性相配合,即能实际完成其功能,应该是可用、可信赖而且经济的。"密斯说:"我们的实用性房屋值得称之为建筑,只要它们以完善的功能表现真正反映所处的时代。"

(3)主张采用新材料、新结构,促进建筑技术革新,在建筑设计中运用和发挥新材料、新结构的特性。早在 1910 年,格罗皮乌斯就建议采用工业化方法建造住宅,以后一直强调运用新技术的重要性。密斯在 20 年代前期提出的五个著名的建筑设想方案就表现出他对在建筑中发挥钢、玻璃和混凝土特点的浓厚兴趣。勒·柯布西耶在 1914 年用一幅图解说明现代框架结构与现代建筑设计的紧密关系,以后他一直不断发掘钢筋混凝土材料在艺术表现方面的可能性。

(4)认为建筑空间是建筑的主角。认为建筑空间比建筑平面和立面更重要,强调建筑艺术处理的重点应从平面和立面构图转到空间和体量的总体构图方面,并且在处理立体构图时考虑到人观察建筑过程中的时间因素,产生了"空间—时间"的建筑构图理论。

(5)主张摆脱历史样式和建筑传统的束缚。19 世纪末以来,许多建筑师指出,旧的建筑样式已不适合新时代的需要。现代主义建筑的第一代大师们发展了这一思想,更明确、坚决地主张摆脱传统建筑和旧的建筑样式的束缚,废弃表面外加的建筑装饰。

(6)主张创造新的建筑艺术风格,发展建筑美学。格罗皮乌斯说:"美的观念随着思想和技术的进步而改变,谁要是以为自己发现了'永恒的美',他就一定会陷于模仿和停滞不前。"第一代大师提出或推崇下述这些新的建筑艺术和美学原则:

——表现手法与建造手段的协调;

——建筑形象与内部功能的配合;

——提倡灵活的均衡的构图手法;

——提倡简练的建筑处理手法和纯净的形体,反对附加的繁琐装饰;

——提倡建筑师吸收现代视觉艺术的新经验。

以上这些建筑观点和主张有过许多不同的名称,诸如功能主义派(Functionalism)、理性主义派(Rationalism)、现代主义派(Modernism)、欧洲现代建筑派与国际现代建筑派(International Modern)等。总的来看,更多的人称之为现代主义建筑思潮。这个名称突出了这种思潮的时代性。在 20 世纪前期,西方出现了现代主义文学、现代主义美术、现代主义音乐、现代主义戏剧、现代主义舞蹈等,它们的特点都是在各自的领域中脱离或反对传统的观念、风格和手法。现代主义建筑确实与其他领域的现代派有相同或类似的地方。

【观点】 现代主义建筑运动实际上是建筑界自发的行为,没有统一的必须遵守的章程行规,在不同的建筑师那里,观点、言论和具体做法很不一致。即使是同一个建筑师,例如勒·柯布西耶,在不同的年代也会有不同的言论,突出强调不同的侧面。上述对现代主义建筑思潮的归纳,是就当时代表人物的共同点而言的,实际上他们的差异性也是很大的。而且,现代主义建筑向有着不同自然和社会特点的地区扩散后很快就带上了地区特色。不能否认有"方盒子"式,也不能否认有"国际式",但也不能把 20 世纪二三十年代的现代主义建筑和建筑师看成铁板一块。它们既有共性又有个性,既有国际性又有地区性。事实上,历史上的哥特式建筑、文艺复兴建筑,近代的古典建筑也都是当时的"国际式"!

15.2　格罗皮乌斯与"包豪斯"学派

第一次世界大战结束后的头几年,欧洲社会思想最动荡、最活跃的地方,除了刚刚发生过十月社会主义革命的俄国之外,便是发动战争而以惨败告终的德国。激荡的社会思想容易引发建筑思想的激荡。俄国当时是一个经济落后的国家,缺少建筑变革的物质基础,构成主义派建筑在俄国也只是停留在纸上。德国在第一次世界大战前就是一个经济发达的工业化国家,1923 年后,经济很快复苏。20 世纪 20 年代德国激进的建筑家提出的改革主张由于社会思想的大动荡而得到社会上一部分人的接受和认同,又由于有德国经济实力的支撑而获得实践的机会。两方面条件的结合便使德国成了 20 年代世界建筑改革的中心,20 世纪前半叶欧洲现代主义建筑的三位旗手和大师——格罗皮乌斯、勒·柯布西耶和密斯·凡·德·罗三人之中有两人是德国人,这是当时的历史条件和机遇造成的。

15.2.1　格罗皮乌斯早期的活动

格罗皮乌斯出生于柏林,青年时期在柏林和慕尼黑高等学校学习建筑。1907 到 1910 年在柏林著名建筑师贝伦斯的建筑事务所工作。1907 年贝伦斯被聘为通用电气公司的设计顾问,从事工业产品及房屋的设计工作。这表明正在蓬勃发展的德国工业需要建筑师和各种设计人员同它结合,更好地为工业和市场经济服务。这个结合必然使旧的建筑思想和风格受到冲击。1909 年贝伦斯设计了著名的透平机车间,他的事务所在当时成了一个很先进的设计机构。柯布西耶和密斯差不多同一时期在那里工作过。这些年轻建筑师在那里接受了许多新的建筑观点,对他们后来的建筑方向产生了重大影响。格罗皮乌斯后来说:"贝伦斯第一个引导我系统地、合乎逻辑地综合处理建筑问题。……我变得坚信这样一种看法:在建筑表现中不能抹杀现代建筑技术,建筑表现要应用前所未有的形象。"

1910 年格罗皮乌斯离开贝伦斯事务所,自己创业并成为"德意志制造联盟"的一员,逐渐形成了鲜明的个人观点,认为要使建筑真正达到为社会大众服务的目的,就必须采用经济的方法。这包括采用大量的预制构件拼装建筑,缩短工期,尽可能减少装饰细节,同时要在比例、均衡上下功夫。体现他思想典范的是 1911 年设计的法古斯鞋楦厂厂房和 1914 年"德意志制造联盟"科隆总部及工厂综合大楼。其中,法古斯厂房是建筑史上第一个完全采用钢筋混凝土结构和玻璃幕墙的工业建筑。这是一个制造鞋楦的厂房,平面布置和体型主要依据生产上的需要,打破了对称的格局。其中,厂房办公楼的建筑处理最为新颖。在这个著名设计中我们看到了:①非对称的构图;②简洁整齐的墙面;③没有挑檐的平屋顶;④大面积的玻璃墙;⑤取消柱子的建筑转角。这些处理手法和钢筋混凝土结构的性能一致(比如框架承重,墙体从结构作用中解放出来,可以大片使用玻璃窗;比如利用钢筋混凝土的悬挑功能,不需在转角处设柱),符合玻璃和金属的特性,也满足实用性房屋的功能需求,同时又产生了一种新的建筑形式美。这些处理手法并不是格罗皮乌斯首创,19 世纪中叶以后,许多新型建筑中已采用过其中的一些手法,但大多出于工程师和工匠之手;但格罗皮乌斯则是从建筑师的角度,把这些处理手法提高为后来建筑设计中常用的新的建筑语汇。因此,法古斯工厂是格罗皮乌斯早期的一个重要成就,也是第一次世界大战前最先进的一座工业建筑(见图15-1至图 15-3)。

图 15-1　法古斯厂房办公楼

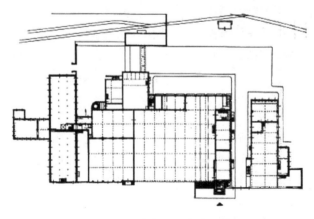

图 15-2　法古斯厂房平面图

这个时期,格罗皮乌斯已经比较明确地提出要突破旧传统、创造新建筑的主张。格罗皮

图 15-3　法古斯厂房办公楼的玻璃幕墙

乌斯是最早主张走建筑工业化道路的建筑师之一,他认为在住宅中差不多所有的构件和部件都可以在工厂中制造,"手工操作愈减少,工业化的好处就愈多",他说:"在各种住宅中,重复使用相同的部件,就能进行大规模生产,降低造价,提高出租率。"1913 年,他在《论现代工业建筑的发展》的文章中谈到整个建筑的方向问题:"现代建筑面临的课题是从内部解决问题,不要做表面文章。建筑不仅仅是一个外壳,而应该有经过艺术考虑的内在结构,不要事后的门面粉饰。……建筑师脑力劳动的贡献表现在井然有序的平面布置和具有良好比例的体量,而不在于多余的装饰。新时代要有它自己的表现方式。……通过精确的不含糊的形式,清新的对比,各种部件之间的秩序,形体和色彩的匀称与统一来创造自己的美学章法。这是社会的力量与经济所需要的。"格罗皮乌斯的这种建筑观点反映了工业化以后的社会对建筑提出的现实要求。由于种种条件,用工业化方法大规模建造住宅到第二次世界大战后才变为现实,但这正好说明格罗皮乌斯的远见——他在近半个世纪以前就指出了建筑发展的这一趋势。

15. 2. 2　"包豪斯"学派

1919 年,第一次世界大战刚刚结束,格罗皮乌斯在德国魏玛筹建魏玛建筑学校(Das Staatlich Bauhaus,Weimar),是由原来的一所工艺学校和一所艺术学校合并而成的培养新型设计人才的学校,简称"包豪斯"(Bauhaus)①(见图 15-4)。这所学校设有纺织、陶瓷、金工、玻璃、雕塑、印刷等学科,学生进校先学半年初步课程,然后一面学习理论课,一面在车间学习手工艺,3 年以后考试合格的学生取得"匠师"资格,其中一部分人可以再进入研究部学

---

①　Bauhaus 由德语 Hausbau(房屋建筑)一词倒置而成,是格罗皮乌斯自创的词。

习建筑。

图 15-4　魏玛建筑学校教学楼

格罗皮乌斯担任校长后,按照自己的观点实行了一套新的教学方法,从一开始就区别了美术学院与设计学院,明确了设计的独立地位,提倡学生与企业加强联系、共谋发展,为德国振兴工业和贸易提供了一条途径。包豪斯的教学方法主要有以下一些特点:①在设计中强调自由创造,反对模仿因袭、墨守成规。②将手工艺同机器生产结合起来。要在掌握手工生产和机器生产的区别和各自的特点中设计出高质量的能供给工厂大规模生产的产品设计。③强调各门艺术之间的交流融合,提倡工艺美术和建筑设计向当时已经兴起的抽象派艺术学习。④培养的学生既有动手能力又有理论素养。⑤把学校教育同社会生产挂钩,师生的工业设计经常交给厂商投入实际生产。这些做法完全打破了学院式教育的框框,使设计教学同生产的发展紧密联系起来。

除了教学理念和方法,更引人注意的是 20 世纪 20 年代包豪斯所体现的艺术方向和艺术风格。在格罗皮乌斯的主持下,一批欧洲最激进的青年画家和雕塑家到包豪斯担任教师,其中有康定斯基(Wassily Kandinsky)、保尔·克利(Paul Klee)、费林格(Lyonel Feininger)、莫何里·纳吉(Lázslò Moholyi Nagy)等人,他们把最新奇的抽象艺术带到包豪斯(见图15-5 和图 15-6)。一时之间,这里成了欧洲最激进的艺术流派的据点之一。在抽象艺术的影响下,包豪斯师生们在设计实用美术品和建筑的时候,摈弃附加装饰,注重发挥结构本身的形

图 15-5　保尔·克利的立体主义绘画

式美,讲求材料自身的质地和色彩的搭配效果,发展出灵活多样的非对称的构图手法。这些努力对于现代建筑的发展起了有益的作用。

图 15-6　费林格的立体主义绘画

包豪斯的建筑风格主要表现在格罗皮乌斯这一时期设计的建筑中。1920 年前后,他设计并实现的建筑物有耶拿市立剧场(City Theater,Jena)、德骚市就业办事处等,最大的一座也是最有代表性的是包豪斯在德骚的新校舍。

15. 2. 3　包豪斯校舍

包豪斯校舍于 1925 年秋动工,次年年底落成,包括教室、车间、办公室、礼堂、饭厅和高年级学生的宿舍,德骚市另外一所规模不大的职业学校也同包豪斯放在一起,面积接近 10000 平方米。格罗皮乌斯按照各部分的功能性质,把整座建筑大体上分为三个部分:第一部分是包豪斯的教学用房,主要是各科的工艺车间,采用四层的钢筋混凝土框架结构,面临主要街道;第二部分是包豪斯的生活用房,包括学生宿舍、饭厅、礼堂及厨房锅炉房等,宿舍单独放在一个六层的小楼里面,位置是教学楼的后面,宿舍和教学楼之间是单层的饭厅和礼堂;第三部分是职业学校,它是一个四层的小楼,同包豪斯教学楼相距 20 多米,中间隔一条道路,穿过两楼之间的过街楼进入校区,过街楼中是办公室和教员室(见图 15-7 和图 15-8)。

图 15-7　包豪斯校舍鸟瞰

包豪斯校舍的建筑设计有以下一些特点:

(1)把建筑物的实用功能作为建筑设计的出发点。学院派的建筑设计通常是先决定建筑总的外观形体,然后把建筑物的各个部分安排到这个形体里面去,在这个过程中也会对总

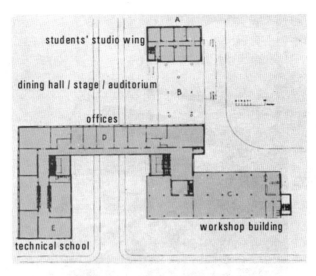

图 15-8　包豪斯校舍平面图

的形体作若干调整，但基本程序还是由外而内。格罗皮乌斯把这种程序倒了过来，他把整个校舍按功能的不同分成几个部分，按照各部分的功能需要和相互关系定出他们的位置，决定其形体。包豪斯的工艺车间，需要宽大的空间和充足的光线，把它放在临街的突出位置上，采用框架结构和大片玻璃墙面（见图 15-9）。学生宿舍则采用多层居住建筑的结构和建筑形式，面临运动场。饭厅和礼堂既要接近教学部分，又要接近宿舍，就正好放在两者之间，而且饭厅和礼堂本身既分割又连通，需要时可以合成一个空间（见图 15-10）。校区的主要入口没有正对街道，而是布置在教学楼、礼堂和办公部分的接合点上，职业学校另有自己的入口，同包豪斯的入口相对而立，这两个入口正好在进入校区的通路的两边。这种布置对于外部和内部的交通联系都是比较便利的（见图 15-11）。格罗皮乌斯在决定建筑方案时当然有建筑艺术上的预想，不过他还是把对功能的分析作为建筑设计的主要基础，体现了由内而外的设计思想和设计手法。

图 15-9　包豪斯校舍的简洁立面

图 15-10　包豪斯校舍的宿舍及连接部分

图 15-11　包豪斯校舍过街楼式主入口

　　(2)采用灵活的不规则的构图手法。不规则的建筑构图历来就有,但过去很少用于公共建筑之中。格罗皮乌斯在包豪斯校舍中对不规则构图的灵活运用,提高了这种构图手法的地位。

　　包豪斯校舍是一个不对称建筑,各个部分大小、高低、形式和方向各不相同。它有多条轴线,但没有一条特别突出的中轴线;它有多个入口,最重要的入口不是一个而是两个。它的各个立面都很重要,各有特色。各个方向的建筑体量也是这样。总之,它是一个多方向、多体量、多轴线、多入口的建筑物,这在以往的公共建筑中是很少见的。包豪斯校舍给人印象最深的不在于它的某一个正立面,而是它那纵横错落、变化丰富的总体效果。格罗皮乌斯充分运用对比的效果,这里有高与低的对比、长与短的对比、纵向与横向的对比等,特别突出的是发挥玻璃墙面与实墙面的不同视觉效果,造成虚与实、透明与不透明、轻薄与厚重的对比。不规则的布局加上强烈的对比手法造成了生动活泼的建筑形象。

(3)按照现代建筑材料和结构的特点,运用建筑本身的要素取得建筑艺术效果。包豪斯校舍部分采用钢筋混凝土框架结构,部分采用砖墙承重结构。外墙面用水泥抹灰,窗户为双层钢窗。由于采用钢筋混凝土平顶和内落水管排水,传统的复杂檐口失去了存在的意义,所以包豪斯校舍完全没有挑檐,只在外墙顶边做出一道深色窄边作为结束。框架结构的墙体不承重,即使在混合结构中,由于采用钢筋混凝土的楼板和过梁,墙面开孔也比过去自由得多。因此,可以按照内部不同房间的需要,布置不同形状的窗子。包豪斯的车间部分有高达三层的大片玻璃外墙,还有些地方是连续的横向长窗,宿舍部分则是整齐的门连窗。这种比较自由且多样的窗子布置来源于现代材料和结构的特点(见图 15-12)。

图 15-12　包豪斯校舍宿舍楼

包豪斯校舍把任何附加的装饰都排除了,同传统的公共建筑相比,它是非常朴素的,然而它的建筑形式却富于变化。除了前述那些构图手法所起的作用之外,还在于设计者细心地利用了房屋的各种要素本身的造型美。外墙上虽然没有壁柱、雕刻和装饰线脚,但把窗格、雨罩、挑台栏杆、大片玻璃墙面和抹灰墙等恰当地组织起来,就取得了简洁清新、富有动态的构图效果。室内也是尽量利用楼梯、灯具、五金等实用部件本身的形体和材料本身的色彩与质感取得装饰效果(见图 15-13)。

包豪斯的建造成本很低,折合每立方英尺建筑体积的造价只有 0.2 美元。格罗皮乌斯通过这个建筑实例证明,摆脱传统建筑的条条框框之后,建筑师可以自由、灵活地解决现代社会提出的功能要求,可以进一步发挥新建筑材料和新型结构的优越性能。在此基础上还创造出一种前所未有的清新活泼的建筑艺术形象,还可以降低建筑造价、节省建筑投资,符合现代社会大量建造实用性房屋的需要。

包豪斯的活动及它所提倡的设计思想和风格引起了广泛的注意。新派的艺术家和建筑师认为它是进步甚至是革命的艺术潮流的中心,保守派则视之为异端。随着德国法西斯的得势,包豪斯的处境愈来愈困难。1933 年,希特勒上台,包豪斯遭到关闭。

图 15-13　包豪斯校舍室内

15.2.4　包豪斯之后的活动

1. 对新型住宅建筑的研究

格罗皮乌斯离开包豪斯后,在柏林从事建筑设计和研究工作,特别注意面向公众的居住建筑、城市建设和建筑工业化问题。除了单元式公寓住宅和高层住宅问题外,他还热心地试验用工业化方法建造预制装配式住宅。1927 年,在德意志制造联盟举办的斯图加特住宅展览会上,他设计了一座两层装配式独家住宅,外墙是贴有软木隔热层的石棉水泥板,挂在轻钢骨架上。1931 年,他为一家工厂作了单层装配式住宅试验,墙板外表面用铜片,内表面用石棉水泥板,中间用木龙骨和铝箔隔热层。虽然自重较轻,装配程度较高,但所用材料太昂贵,无法推广。

2. 到美国后的活动

包豪斯关闭后,1937 年格罗皮乌斯 54 岁的时候接受美国哈佛大学之聘到该校设计研究院任教授,次年担任建筑学系主任,从此长期居住美国,主要从事建筑教育活动。在建筑实践方面,他先是同包豪斯时代的学生布劳耶合作,设计了几座小住宅,其中比较有代表性的是格罗皮乌斯的自用住宅(Gropius Residence,Lincoln Mass)

图 15-14　格罗皮乌斯的自用住宅

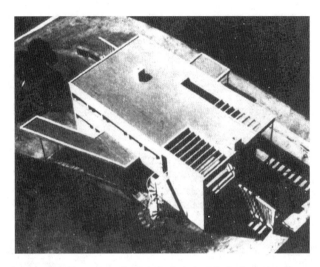

图 15-15　格罗皮乌斯的自用住宅鸟瞰

（见图 15-14 和图 15-15）。1946 年，格罗皮乌斯同一些青年建筑师合作创立名为"协和建筑师事务所"（The Architect's Collaborative，TAC）的设计机构，他后来的建筑设计几乎都是在这个集体中合作产生的。1949 年，格罗皮乌斯同协和建筑师事务所的同仁合作设计的哈佛大学研究生中心（Harvard Graduate Center），是他后期较重要的建筑作品（见图 15-16 至

图 15-16　哈佛大学研究生中心

图 15-18）。从 20 世纪 30 年代起，格罗皮乌斯已经成为世界上最著名的建筑师之一，公认的现代建筑奠基者和领导人之一，许多大学和学术机构纷纷授予他学位和荣誉称号。1953 年，格罗皮乌斯 70 岁之际，美国艺术与科学院专门召开了"格罗皮乌斯讨论会"，使他的声誉达到了最高点。

15.2.5　格罗皮乌斯的建筑观点

第一次世界大战之前，格罗皮乌斯开始提出建筑观点，以后陆续发表了不少关于建筑理论和建筑教育的言论。他的建筑思想从 20 世纪 20 年代到 50 年代在各国建筑师中曾经产生过广泛的影响，他本人也经历了思想上的转变。

图 15-17　哈佛大学研究生中心俯瞰平面

图 15-18　哈佛大学研究生中心局部

在建筑设计原则和方法上,格罗皮乌斯在 20 世纪 20 年代和 30 年代比较明显地把功能和经济因素放在最重要的位置上,这在他 20 年代设计的建筑物和建筑研究中表现得相当清楚,在当时的言论中也表达过这种观点。1925—1926 年,他在《艺术家与技术家在何处相会》的文章中写道:"物体是由它的性质决定的,如果它的形象很适合于它的工作,它的本质就能被人看得清楚明确。一件东西必须在各方面都同它的目的性相配合,就是说,在实际上能完成它的功能,是可用的、可信赖的,并且是便宜的。"不过,格罗皮乌斯到了后来似乎不愿意承认他有过这样的观点和做法。1937 年,他到美国当教授,就公开声明说:"我的观点时常被说成是合理化和机械化的顶峰,这是对我的工作的错误描绘。"1953 年在庆祝 70 岁生日时,他说人们给他贴了许多标签,像"包豪斯风格""国际式""功能风格"等,都是不正确的,把他的意思曲解了。他解释说,他并不是只重视物质的需要而不顾精神的需要,相反,他从来没有忽视建筑要满足人的精神上的需求。"许多人把合理化的主张看成是新建筑的突出特点,其实它仅仅起到净化的作用。事情的另一面,即人们灵魂上的满足,是和物质的满足同样重要的。"

他曾说:"我认为建筑艺术起源于人类存在的精神方面而超乎构造和经济之外,它发源于人类存在的心理方面。对于充分文明的生活来说,人类心灵上美的满足比起解决物质上的舒适要求是同等的甚至是更加重要的。"

【观点】 其实,并非是人们误解了格罗皮乌斯。事实上他到美国之后对自己理论的着重点作了改变。这是因为美国不同于欧洲,第二次世界大战后的社会经济背景和建筑潮流也不同于第一次世界大战前后。究竟哪种观点才是格罗皮乌斯的真意呢?都是。一个人的观点总是带着时代和环境的烙印。从根本上来说,作为一个建筑师,格罗皮乌斯从不轻视建筑的艺术性,之所以在 20 年代前后比较强调功能、技术和经济因素,主要是德国工业发展的需要,以及战后时期经济条件的需要。

格罗皮乌斯在推动现代建筑的发展方面起了非常积极的作用,他是现代建筑史上一位十分重要的革新家。

15.3 勒·柯布西耶

勒·柯布西耶(Le Corbusier,1887—1965 年)是现代建筑运动的激进分子和主将,也是 20 世纪最重要的建筑师之一。从 20 年代开始直到他去世,他不断以新奇的建筑观点和作品,以及大量未实现的建筑方案,使世人感到惊奇。他是现代建筑师中的一位狂飙式的人物。

柯布 1887 年出生于瑞士,父母从事钟表制造。他少年时在故乡的钟表技术学校学习,后来从事建筑,1908 年到巴黎的著名建筑师平佩雷处工作,后又到德国的贝伦斯事务所工作过。佩雷因较早运用钢筋混凝土而著名,贝伦斯以设计新颖的工业建筑而著名,他们对柯布后来的建筑方向产生了重要的影响。他还曾在地中海一带周游以参观古代建筑遗迹和地方民间建筑。第一次世界大战来临,建筑活动停顿,柯布从事绘画和雕刻,直接参加到当时正在兴起的立体主义的艺术潮流中(见图 15-19)。柯布没有受过正规的学院派建筑教育,相反从一开始就受到当时建筑界和美术界的新思潮的影响,这决定了他从一开始就走上了新建筑的道路。

图 15-19 柯布西耶的绘画作品

【链接】 立体主义:毕加索于 1907 年画的一幅画《阿维尼翁少女》被认为是立体主义绘

画的开端,打破了传统的形式和技法,把对象转变为各种几何形体(立方体、棱柱、角锥等)的组合。立体主义对建筑最明显、最直接的影响表现为:第二次世界大战前在法国和捷克的一些建筑师作品中,他们把立体主义绘画和雕塑中的若干形式直接用于建筑物的装饰之中。用抽象的立体主义的饰物代替旧的装饰,往往同建筑物的实用功能和构造没有有机的联系,是另一种矫揉造作,它只在有限的范围内流行一阵,很快消失了。但立体主义把简单的几何形体及其组合的审美价值揭示出来,引发和提高了人们对它的审美兴趣,对以后的现代建筑有长期的影响,现代主义建筑师将整个建筑物的造型立体主义化,而去除"多余"的"立体主义式"的装饰。

1917 年,他移居法国,与新派画家和诗人合办名为《新精神》(L'Esprit Nouveau)的综合性杂志。第一期上写着"一个新的时代开始了,它根植于一种新的精神:有明确目标的一种建设性和综合性的新精神"。1923 年,柯布把杂志上发表的倡导新建筑的文章汇集出版,书名为《走向新建筑》(Vers une Architecture)(见图 15-20)。

图 15-20 《走向新建筑》

15.3.1 《走向新建筑》

《走向新建筑》是一本宣言式的小册子,里面充满激奋甚至是狂热的言论,观点较芜杂,甚至自相矛盾,但中心思想是明确的,就是激烈否定 19 世纪以来因循守旧的复古主义、折中主义的建筑观点和建筑风格,激烈主张创造表现新时代的新建筑,是"机器美学"的理论书和倡导书(见图 15-21)。

【观点】 "机器美学"：人们对于机器的赞美，并不是基于正统的美学，而是赞叹这些机械产物获得形式的新方式——功能决定形式，是对功能主动的表现，对结构真实的表达，对明确性的自我要求。

书中用许多篇幅歌颂现代工业的成就，柯布说"出现了大量由新精神所孕育的产品，特别在工业生产中能遇到它"，他举出轮船、汽车和飞机等就是表现新时代精神的产品。柯布说："飞机是精选的产品，飞机的启示是提

图 15-21　柯布西耶设计的家具

出问题和解决问题的逻辑性"。他认为"这些机器产品有自己的经过试验而确立的标准，它们不受习惯势力和旧样式的束缚，一切都建立在合理地分析问题和解决问题的基础之上，因而是经济和有效的"，"机器本身包含着促使选择它的经济因素"。从这些机器产品中可以看到"我们的时代正在每天决定自己的样式"。他非常称颂工程师的工作方法，"工程师受经济法则推动，受数学公式所指导，他使我们与自然法则一致"。柯布拿建筑同这些事物相比，认为房屋也存在着自己的"标准"，但是"房屋的问题还未被提出来"，他说"建筑艺术被习惯势力所束缚"，传统的"建筑样式是虚构的"，"工程师的美学正在发展着，而建筑艺术正处于倒退的困难之中"，而出路在于来一个建筑的革命。

柯布在这本书中给住宅下了一个新的定义，他认为，"住房是居住的机器"，"如果从我们头脑中清除所有关于房屋的固有概念，而用批判的、客观的观点来观察问题，我们就会得到'房屋机器——大规模生产的房屋'的概念"。柯布极力鼓吹用工业化的方法大规模建造房屋。"工业像洪水一样使我们不可抗拒"，"我们的思想和行动不可避免地受经济法则支配。住宅问题是时代的问题。今天社会的均衡依赖着它。在这更新的时代，建筑首要任务是促进降低造价，减少房屋的组成构件"，因此，"规模宏大的工业必须从事建筑活动，在大规模生产的基础上制造房屋的构件"。

在建筑设计方法上，柯布提出："现代生活要求并等待着房屋和城市有一种新的平面。"而"平面是由内而外开始的，外部是内部的结果"。在建筑形式方面，他赞美简单的几何形体。他说："原始的形体是美的形体，因为它使我们能清晰地辨识。"在这一点上，他也赞美工程师，他认为"按公式工作的工程师使用几何形体，用几何学来满足我们的眼睛，用数学来满足我们的理智，他们的工作简直就是良好的艺术"，等等。

上述是柯布在书中表述的主要建筑观点。从这里我们看到他大声疾呼要创造新时代的新建筑，主张建筑走工业化的道路，甚至把住房比作机器，并且要求建筑师向工程师的理性学习。但同时，他又把建筑看作纯粹精神的创造，一再说明建筑师是造型艺术家，并且把当时艺术界流行的立体主义流派的观点移植到建筑中来。柯布的这些观点表明他既是理性主义者，同时又是浪漫主义者。这种两重性也表现在他的建筑活动和建筑作品之中。总的看来，他在前期表现出更多理性主义，后期表现出更多的浪漫主义。

15.3.2 20—30年代的代表作品

1.萨伏伊别墅

像大多数现代建筑师一样,柯布做得最多的是小住宅设计,他的许多建筑主张也最早在小住宅中表现出来。

1914年,他在拟制的一处住宅区设计中,用一个图解说明,现代住宅的基本结构是用钢筋混凝土的柱子和楼板组成的骨架,在这个骨架之中,由于墙体不再承重,可以灵活地布置墙壁和门窗。1926年,柯布就自己的住宅设计提出了"新建筑的五个特点":

(1)底层的独立支柱——房屋的主要使用部分放在二层以上,下面全部或部分腾空,留出独立的支柱;

(2)屋顶花园:平屋顶上做花园,交还建筑之下失去的土地,并使它与周围景观融为一体;

(3)自由的平面:使各层间彼此独立,满足了空间有意义的、经济的使用;

(4)横向长窗:使室内空间具有开放性,与外界环境紧密相连;

(5)自由的立面:与自由平面相对应,使厚重的墙体变成可自由开阖的屏风。

这些都是由于采用框架结构、墙体不再承重以后产生的建筑特点。柯布充分发挥这些特点,在20年代设计了一些同传统完全异趣的住宅建筑,萨伏伊别墅(Villa Savoye,Poissy)是其中著名的代表作(见图15-22至图15-26)。

图 15-22　萨伏伊别墅

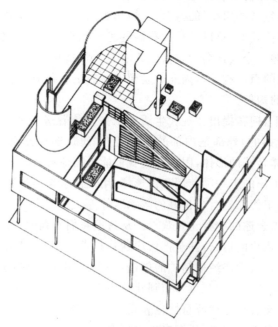

图 15-23　萨伏伊别墅剖透视图

图 15-24　萨伏伊别墅屋顶斜坡道

图 15-25　萨伏伊别墅横向长窗

图 15-26　萨伏伊别墅屋顶花园

　　萨伏伊别墅位于巴黎近郊一块 4.86 公顷大的地的中心,房子平面约为 22.5 米×20 米的一个方块,采用钢筋混凝土结构。底层三面有独立的柱子,中心部分有门厅、车库、楼梯和坡道以及仆人房间;二层有客厅、餐厅、厨房、卧室和院子;三层有主人卧室及屋顶晒台。柯布所说的五个特点在这个别墅中都有集中体现,但更重要的是表现了他的美学观念。柯布实际上是把这个别墅当作一个立体主义的雕塑,各种体形都采用简单的几何形体。柱子是一根根细长的圆柱体,窗子也是简单的横向长方形,室内室外都没有装饰线脚。为了增添变化,用了一些曲线形的墙体。在楼层之间,采用了室内很少用的斜坡道,增加了上下层的空间连续性。二楼有的房间向院子敞通,而院子本身除了没有屋顶外,同房间没有什么区别。房屋总的体形是简单的,但内部空间却相当复杂,如同一个内部细巧镂空的几何体,又好像一架复杂的机器——柯布所说的居住的机器。在这种面积和造价十分宽裕的住宅中,功能是不成为问题的,作为建筑师,柯布追求的主要并不是机器般的功能和效率,而是机器般的造型。

　　2. 巴黎瑞士学生宿舍

　　巴黎瑞士学生宿舍(Pavillion Suisse a la Cite Universitaire,Paris)是 1932 年建造在巴黎大学区的一座学生宿舍。其主体是长条形的五层楼,底层敞开,只有 6 对柱墩,2 到 4 层,每层有 15 间宿舍,5 层主要是管理人的寓所和晒台。第 1 层是钢筋混凝土结构,2 层以上用钢结构和轻质材料的墙体。在南立面上,2 至 4 层全用玻璃墙,5 层部分用实墙,开有少量窗孔,两端的山墙上无窗,北立面上是排列整齐的小窗。楼梯和电梯间的处理很特别,突出在北面,平面形状是不规则的 L 形,有一片无窗的凹曲墙面。在楼梯间的旁边,伸出一块不规则的单层墙体,其中包括门厅、食堂和管理员室。

　　柯布在这座建筑的处理上特意采用了种种对比手法,如玻璃墙面与实墙面的对比,上部大块体与下面较小体的柱墩的对比,多层建筑与相邻的低层建筑的对比,平直墙面与弯曲墙面形体与光影的对比,方整规则空间与带曲线的不规则空间的对比,等等。单层建筑的北墙是弯曲的,并且特意用天然石块砌成虎皮墙面,更带来天然与人工两种材料的不同质地和颜色的对比效果。这些对比手法使这座宿舍建筑的轮廓富有变化,增加了建筑形体的生动性。这种建筑手法以后常常被现代建筑师所采用(见图 15-27 至图 15-29)。

图 15-27　巴黎瑞士学生宿舍

图 15-28　巴黎瑞士学生宿舍立面

图 15-29　巴黎瑞士学生宿舍弯曲墙面

15.3.3　后期的创作

从第二次世界大战结束到柯布去世的 20 年间,柯布的建筑思想和作品与战前时期相比,虽然有相通的一面,但改变的一面更加突出。早先他热烈歌颂现代文明,主张建筑要适应工业社会的条件来一场革命。战后,他的技术乐观主义观念似乎不见了,强调的是自然和过去,原先的理性被一种神秘性所代替,他从注重发挥现代工业技术的作用转而重视地方民间的建筑传统,在建筑形式上,从爱好简单几何形体转向复杂的塑形,从追求光洁平整的视觉形象转向粗糙苍老的趣味。

1.马赛公寓与粗野主义

从 1946 年开始,柯布为马赛郊区设计一座容纳 337 户共 1600 人的大型公寓。大楼用钢筋混凝土结构,长 165 米,宽 24 米,高 56 米。地面是敞开的柱墩,上面有 17 层,其中 1~6 层和 9~17 层是居住层。户型变化很多,从单身者到有 8 个孩子的家庭,共 23 种。大部分住户采用跃层的布局,各户有独用的小楼梯和 2 层高的起居室,每 3 层设一条公共走道,节省了交通面积(见图 15-30 和图 15-31)。

图 15-30　马赛公寓

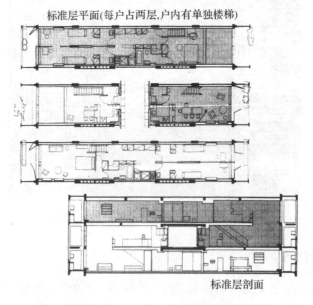

图 15-31　马赛公寓平、剖面图

大楼的第 7、8 层为商店和公用设施,包括面包房、副食品店、餐馆、酒店、药房、洗衣房、理发室、邮电所和旅馆。在第 17 层和屋顶设有幼儿园和托儿所,屋顶上还有儿童游戏场和小游泳池,还有健身房、休息和观影设备,沿女儿墙还布置了 300 米长的一圈跑道。屋顶与第 17 层之间有坡道相通。其能满足 300 多户人家日常生活的基本需要。

柯布认为这种带有服务设施的居住大楼应该是组成现代城市的一种基本单位,他把这样的大楼叫做"居住单位"(L'unite d'Habiration)。他理想中的现代城市就是由"居住单位"和公共建筑所构成的。

柯布的这种居住建筑形式由于种种原因并没有得到推广,可他在马赛公寓大楼上对建筑形式的处理却引起了广泛的注意,主要是他在拆除现浇混凝土的模板后,对墙面不再作任何处理。20 世纪 20 年代,柯布喜欢用白色抹灰把墙面做得很平很光。而现在,他却让粗糙不平的、带有麻点小孔和斑斑水渍的混凝土面直接裸露出来,如同施工未完的模样。这种墙面给人以粗野的、不修边幅的感觉。钢筋混凝土是工业生产的建筑材料,柯布运用它时不突出工业和机器的特征,而故意保存人手操作留下的痕迹,追求朴实厚重又原始粗犷的雕塑效果(见图 15-32)。这种风格被称为"粗野主义"(Brutalism)。柯布于 20 世纪 50 年代在印度所做的昌迪加尔行政中心建筑群(Government Center, Chandigarh, India)(见图 15-33),其中的高等法院和议会大厦也是柯布的粗野主义的代表作品。

图 15-32　马赛公寓局部

图 15-33　昌迪加尔行政中心

2.朗香教堂

柯布第二次世界大战后的作品中,最重要、最奇特、最惊人的一个是 20 世纪 50 年代设计的朗香教堂(The Pilgrimage Chapel of Notre-Dame-du-Haut,Ronchamp),位于法国孚日山区群山中的一个小山头上。这个教堂没有十字架、没有钟楼,平面也很特殊,墙体几乎全是弯曲的。入口的一面墙还是倾斜的,上面有一些大大小小的如同堡垒上的射击孔似的窗洞,窗洞口内大外小。教堂上面有一个突出的大屋顶,用两层钢筋混凝土薄板构成,两层之间最大的距离达 2.26 米,在边缘处两层薄板会合起来,向上翻起一个尖角的屋顶,有点像一条船的船帮。另一端有一个圆乎乎的白色胖柱体,它与后倾的墙体之间有一缝隙,这里安置着教堂的大门。教堂的墙是用原有教堂的石块砌成,外表白色粗糙,屋顶部分则保持混凝土的原色,在东面和南面,屋顶和墙的交接处留着一道可进光线的窄缝(见图 15-34 至图 15-36)。

图 15-34　朗香教堂

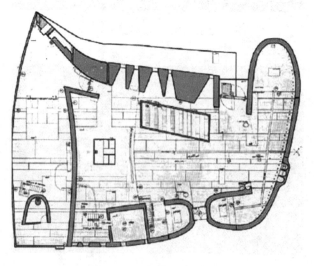

图 15-35　朗香教堂平面图

图 15-36　朗香教堂内部光影

　　另外三个立面同与这个主立面形式很不相同，而且各个都不一样，各有千秋。整个建筑像是一些粗糙敦实的体块，互相挤压、拉扯和挣扎，除了入口的金属门扇之类的小物件外，几乎再没有什么现代文明的痕迹了。

　　朗香教堂的神父(Father Alain Couturier)很开明，不用宗教的框框指导和束缚建筑师的工作，只要求作出一个能表现宗教意识的健全场所就可以了。柯布说他对"建造一个能用建筑的形式和建筑的气氛让人集中和进入沉思的容器(Vessel of Intense Concentration and Meditation)"感兴趣。他在创作前仔细了解了宗教仪式和活动，了解信徒到该地朝拜祈祷的历史传统，并找来介绍该地的书籍仔细阅读。第一次到现场，他已经形成某种想法了——把朗香教堂当成一个"形式领域的听觉器件，它应该像(人的)听觉器官一样的柔软、微妙、精确和不容改变"，把教堂当作信徒与上帝沟通信息的一种渠道，这是他的建筑立意。柯布用草图勾画出教堂的大体形状，并在模型上不断改进，他说，要使建筑上的线条具有张力感，"像琴弦一样"，"我引进蟹壳，放在笨拙而有用的厚墙上，设计圆满了，如此合乎静力学"。

　　教堂的三个竖塔上开着侧高窗，阳光从窗口进去，循着井筒的曲面折射下去，照亮底部的小祷告室，光线神秘柔和。柯布于1911年参观古罗马皇帝亚德里安行宫时，看到一座在崖壁中挖成的祭殿就是由管道把阳光引进去的，在朗香教堂他有意运用了这种采光方式。教堂的屋顶东高西低，东南最高，屋顶雨水全部流向西面一个雨水口，再经过一个泄水管注入地面的水池(见图 15-37)。

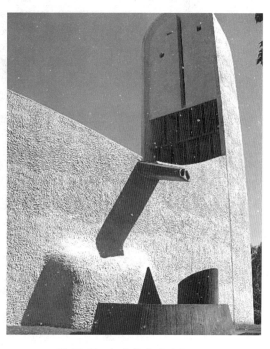

图 15-37　朗香教堂的雨水口

【观点】 从柯布后期的作品可以看出，他的建筑风格前后有很大的变化。概括地说，可以认为柯布从当年崇尚机器美学转而欣赏手工劳作之美，从显示现代化转而追求古风古貌和原始情调，从主张清晰表达转而爱好模糊混沌，从明朗走向神秘，从有序转向无序，这些都是十分重大的转变。第二次世界大战后，柯布虽然没有发表理论上的鸿篇巨制，但是他的作品又一次给世界上众多的建筑师以强烈的影响和深刻的启示，单以运用混凝土铸造新的纪念性建筑物来说，就对丹下健三、P.鲁道夫、安藤忠雄等人的作品有深深的影响，而且这种影响至今未衰。

15.4 密斯·凡·德·罗

在现代建筑大师当中，密斯·凡·德·罗（Mies van der Rohe，1886—1970 年）成为一个建筑师的道路是比较少见的。他没有受过正规学校的建筑教育，知识和技能主要是在建筑实践中得来的。1886 年，密斯出生在德国亚琛（Aachen）一个石匠的家中，很小就帮助父亲打弄石料，上了两年学之后，到一家营造厂当学徒，19 岁到柏林一个建筑师那里工作，还在木器设计师那里做过学徒。21 岁开始设计住宅，23 岁在建筑师贝伦斯事务所工作。第一次世界大战期间在军队中搞军事工程，在实践中掌握了建造房屋的技术。

15.4.1 关于新建筑的主张

第一次世界大战后初期，许多搞建筑的人没有实际工作可做，但建筑思潮却很活跃，密斯也积极投身其中。1919—1924 年，他先后提出 5 个建筑示意方案，其中最引人注意的是，1919—1921 年的两个玻璃摩天楼的示意图，通体上下全用玻璃作外墙，高大的建筑像是透明的晶体，从外面可以清楚看见里面一层层的楼板，这种建筑形式被称为"皮包骨"，建筑被简化成一个由轻巧的全玻璃幕墙（"皮"）包裹着的结构骨架（"骨"）（见图 15-38 和图 15-39）。

图 15-38 密斯处女作——里尔住宅

图 15-39　20 年代密斯的玻璃摩天楼方案

密斯对这两个方案解释道："在建造过程中,摩天楼显示出雄伟的结构体型,只在此时,巨大的钢架看来十分壮观动人。外墙砌上以后,那作为一切艺术设计基础的结构骨架就被胡乱拼凑的无意义的琐碎形式所淹没。""用玻璃作外墙,新的结构原则可以清楚地被人看见。今天这是实际可行的,因为在框架结构的建筑物上,外墙实际不承担重量,为采用玻璃提供了新的解决方案。"19 世纪 20 年代中期,密斯提出了流动空间的概念,在沃尔夫(Wolf)住宅项目中,他通过流动的板块设计和室内外强烈的连接与交融,运用不对称的砖墙和玻璃的建筑形态表达对新建筑风格的探索(见图 15-40)。

图 15-40　沃尔夫住宅(1925—1927 年)

1926 年,密斯担任德国制造联盟的副主席,1927 年在斯图加特举办住宅建筑展览会(Weissenhofsiedlung,Stuttgard),密斯是这次展览会的规划主持人。当时欧洲许多著名的革新派建筑师如格罗皮乌斯、勒·柯布西耶、贝伦斯、奥德(J. J. P. Oud)、陶特(Bruno Taut)等参加了这次展览会。密斯本人的作品是一座有四个单元的四层公寓。这次展览会上的住宅建筑一律是平屋顶、白色墙面,建筑风格比较统一(见图 15-41)。

图 15-41 斯图加特住宅建筑展览会上密斯设计的公寓

15. 4. 2 巴塞罗那博览会德国馆

1929 年,密斯设计了著名的巴塞罗那博览会德国馆(Barcelona Pavilion)。这座展览馆占地长 50 米,宽约 25 米,其中包括一个主厅,两间附属用房,两片水池和几道围墙。这座展览馆除了建筑自身和几处桌椅之外,没有其他陈列品,实际上是一座供人参观的亭榭,它本身就是唯一的展览品。

整个德国馆立在一片不高的基座上面。主厅部分有八根十字形断面的钢柱,上面顶着一块长 25 米、宽 14 米的薄薄的简单的屋顶板。隔墙有玻璃的和大理石两种。墙的位置灵活而且似乎很偶然,它们纵横交错,有的延伸出去成为院墙,从而形成了一些既分隔又连通的半封闭半开敞的空间。室内各部分之间、室内和室外之间相互穿插,没有明确的分界。这是现代建筑中常用的流动空间的一个典型(见图 15-42 和图 15-43)。

这座建筑的另一个特点是建筑形体处理比较简单。屋顶是简单的平板,墙也是简单的光光的板片,没有任何线脚,柱身上下没有变化。所有构件交接的地方都是直接相遇:柱子顶着屋面板,竖板与横板相接,大理石板与玻璃板直接相连,等等。不同构件和不同材料之间不作过渡性的处理,一切都是非常简单明确,干净利索。同过去建筑上的烦琐装饰形成鲜明对照,给人以清新明快的印象。

图 15-42　巴塞罗那博览会德国馆

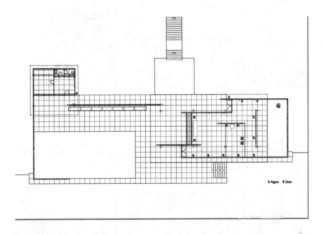

图 15-43　巴塞罗那博览会德国馆平面图

　　但是,正因为体形简单,去掉附加装饰,所以突出了建筑材料本身固有的颜色、纹理和质感。密斯在德国馆的建筑用料上是非常讲究的。地面用灰色的大理石,墙面用绿色的大理石,主厅内部一片独立的隔墙还特地选用了华丽的白玛瑙石。玻璃隔墙也有灰色和绿色两种,内部一片玻璃墙还带有刻花。一个水池的边缘衬砌黑色的玻璃(见图 15-44 至图 15-46)。

图 15-44　巴塞罗那博览会德国馆的内景(一)

　　1928 年,密斯曾提出著名的"少就是多"(Less is More)的建筑处理原则。这一原则在德国馆得到了充分的体现。巴塞罗那博览会德国馆以其灵活多变的空间布局、新颖的体型构图和简洁的细部处理获得了成功。它存在的时间很短暂,但是对现代建筑却产生了经典似的广泛影响。博览会闭幕后德国馆即被拆除。20 世纪 80 年代,为纪念密斯诞辰 100 周

图 15-45　巴塞罗那博览会德国馆的内景(二)

图 15-46　巴塞罗那博览会德国馆的内景(三)

年,德国馆又在原址上按原样重新建造起来(所列照片均为该馆重建后的照片),以供建筑爱好者参观。

【观点】　对于"少就是多",密斯从来没有很好地解释过。通过解读他的作品,其具体内容主要寓意于两个方面:一是简化结构体系,精简结构构件,使产生偌大的、没有屏障或屏障极少的可作任何用途的通用建筑空间;二是净化建筑形式,精确施工,使之成为不附有任何多余东西,只是由直线和直角组成的规整、精确和纯净的钢与玻璃方盒子。

不过,我们应该看到,这座展览建筑本身没有任何实用的功能要求,造价也很宽裕,因此允许建筑师尽情发挥他的想象力。但是,密斯在这座建筑中展现出来的材料、结构和空间的可能性和表现力,对以后的现代建筑产生了深远的影响:

15.4.3　吐根哈特住宅

1930 年,密斯得到一个机会,把它在德国馆中的建筑手法运用于一个捷克银行家的豪华住所之中。在这个吐根哈特住宅(Tugendhat House)中,密斯进一步探讨了结构逻辑性(结构的合理运用及其忠实表现)和自由分隔空间在建筑造型中的体现。住宅坐落在花园中,面积十分宽阔。在它的起居室、餐厅和书房之间只有一些钢柱子和两三片孤立的隔断,有一片外墙是机械装置控制的活动大玻璃,形成了和德国馆类似的流通空间。此后数年,密斯还设计过一些住宅方案,大多具有类似的特征(见图 15-47 和图 15-48)。

图 15-47　吐根哈特住宅

图 15-48　吐根哈特住宅内景

15.4.4　密斯后期的建筑创作:钢和玻璃的建筑艺术

1937 年,密斯到美国任伊利诺斯州工学院(Illinois Institute of Technology)建筑系主任,从此定居美国。美国是世界上工业最发达的国家,房屋建筑中大量使用钢材。密斯到美国后,专心探索钢结构的建筑设计问题。他认为结构和构造是建筑的基础:"搞建筑必定要直接面对建造的问题,一定要懂得结构构造。对结构加以处理,使之能表达我们时代的特点,这时,仅仅在这时,结构成为建筑。"从这一观点出发,他细心探索在建筑中直接运用和表现钢结构特点的建筑处理手法,建筑为全部用钢和玻璃来建造的方盒子,构造和施工均非常精确,内部没有或很少有柱子,外形纯净、透明,清澈地反映着建筑的材料、结构和内部空间。

1. 伊利诺斯州工学院建筑馆

密斯到美国后不久,为伊利诺斯州工学院的校园扩建制定了规划设计。校园在芝加哥市区之中,是一块面积为44.5公顷的长方形地块,其中有行政管理楼、图书馆、各系馆、校友楼、小教堂等十多幢低层建筑。校园内所有建筑都用钢框架结构,多数建筑采用7.3米×7.3米(24英尺×24英尺)的平面格网,层高3.66米(12英尺),钢框架直接显露在外,框格间是玻璃窗和清水砖墙。密斯对构造细部作了精细的处理,但总的看来,建筑外观呆板单调,整个校园如同工厂,缺少优美亲切的校园气氛。

1955年建成的伊利诺斯州工学院建筑馆(又称克朗楼,Crown Hall),长67米,宽36.6米,地面层高6米,内部是一个没有柱子和承重墙的大空间,整个屋顶用四榀大钢梁支撑,钢梁突出在屋面之上。学生的设计室以及管理、图书、展览场地都在这个玻璃的大空间之内,仅在个别地点用不到顶的隔断墙略加遮挡。车间、储藏室、厕所等在半地下层内。在形式上,黑色的钢框架显露在外,框架之间是透明的玻璃或米色的清水砖墙,施工十分精确与细致(见图15-49至图15-51)。

图15-49　伊利诺斯州工学院建筑馆

图15-50　密斯与伊利诺斯州工学院建筑馆模型

2. 范斯沃斯住宅

取消建筑内部的墙和柱,用一个很大的无阻挡的空间来容纳不同活动场所是密斯后来

图 15-51　伊利诺斯州工学院建筑馆侧面

常用的手法,将它运用在住宅设计中的典型案例是范斯沃斯住宅(Farnsworth House)。范斯沃斯住宅是一座用钢和玻璃造的小住宅,坐落在水边,长约 24 米,宽约 85 米,用八根工字钢柱夹持一片地板和一片屋顶板,四面是大玻璃。中央有一小块封闭的空间,里面藏着厕所、浴室和机械设备,此外再无固定的分隔。主人睡觉、起居、做饭、进餐都在四周敞通的空间之内。密斯对构造细部作了精心的推敲,把它做成了一个看起来非常精致考究的亮晶晶的玻璃盒子(见图 15-52)。要是用作花园里的亭榭,它是相宜的,可是一个单身的女性住在里面的确不甚方便。房子还没完工,这位医生已经同密斯吵翻。

图 15-52　范斯沃斯住宅

3.西格拉姆大厦

1921 年,密斯就提出了他的理想玻璃摩天楼的设想。在 20 多年后的美国,他的理想变成了现实。40 年代末,密斯设计了用钢框架和玻璃建造了 26 层的芝加哥湖滨大道公寓大楼(Lake Shore Drive Apartment Building),后来又陆续有几幢高层的居住或办公大楼。最引人注意的是,1958 年落成的纽约西格拉姆大厦(Seagram Building)。

西格拉姆公司是一家大酿酒公司,它聘请密斯为它在纽约曼哈顿花园大道上设计一座豪华办公楼。主体建筑 38 层,高 158 米,从街道边线后退 27.4 米,在前面留出一片带水池的小花园。建筑物的柱网很整齐,正面五间,侧面三间,柱距一律 8.53 米(28 英尺)。首层层

图 15-53 西格拉姆大厦

高 7.32 米(24 英尺),上部各层一律 2.74 米(9 英尺)。首层外墙向里缩进,形成三面的柱廊,顶层为设备层,外观上稍有变化。除此之外,每开间都是 6 个窗子,玻璃和窗下墙的尺寸也完全相同,直上直下,了无变化,外形极为简洁。密斯形式规整和晶莹的玻璃摩天楼在此达到了顶点,有人夸张地说:"他的影响可以在世界上任何市中心区的每幢方形玻璃办公楼中看到。"

在密斯设计的许多钢结构建筑上,曾在窗棂的外皮贴上工字断面的型钢,一方面是为了增加墙面的凹凸感,加强构图的垂直线;另一方面是为了象征性地显示钢结构。西格拉姆大厦在外表的防火层的外边贴的金属材料既不是钢也不是铝,而是铜。采用这种古已有之的色调温暖的金属材料,使西格拉姆大厦在一般钢或铝的高层建筑之中显得格调高雅,与众不同。

【观点】 但这里却存在着密斯关于建筑与形式的理论——结构体系及其工艺决定建筑的形式和形式只是建造的结果——在实践中的矛盾。由于防火的需要,真正的承重钢结构都用混凝土包裹起来,不能赤裸地暴露在外面,因而这些显露在外的钢框架事实上是在结构钢外面包上防火层之后再包上一层钢皮形成的。

4. 西柏林新国家美术馆

1962 年,密斯开始为西柏林的一个新文化中心设计一座美术馆,即西柏林新国家美术馆(New National Gallery)。这座美术馆是正方形的两层建筑,一层在街道地面上,一层在地下。上层是一个正方形的展览大厅,四周全是玻璃墙,立在基座上,上面是钢的平屋顶,每边长 64.8 米,四边支在八个钢柱子上,柱高 8.4 米,断面是十字形,每边两个,不是放在转角上而是放在四个边上。柱子与梁枋接头的地方完全按力学分析要求,被精简到只是一个小圆球,讲求技术上的精美可谓达到了顶点。大厅面积为 54 米×54 米,周围形成一圈柱廊,大厅内部除了管道、衣帽间、电梯部分外全部敞通。底层是钢筋混凝土结构,柱网较密,有较多的固定房间,其中有展览室、车间、办公室、储藏室等。底层的一侧有下沉式院子,陈列露天雕塑(见图 15-54 和图 15-55)。

图 15-54　西柏林新国家美术馆

图 15-55　西柏林新国家美术馆内景

这座美术馆有围柱、基座、厚重的挑檐和方正的形体,在内部,格局基本上也是对称的,具有浓厚的庙堂气氛,因而被称为密斯的新古典主义作品。

密斯对于现代建筑的贡献在于他长年专注地探索钢框架结构和玻璃这两种现代建筑手段在建筑设计中应用的可能性,尤其注重发挥这两种材料在建筑艺术造型中的特性和表现力。从 1929 年的巴塞罗那博览会德国馆到 1968 年的西柏林美术馆,从单层小住宅到 38 层的西格拉姆大厦,他一直在继续这方面的探求。1950 年,他在一次演讲中说:"当技术实现了它的真正使命,它就升华为艺术。"有人就高层建筑的空调设备和垃圾管向他提出问题,他的回答是:"那不关我的事!"可见,他的唯美主义倾向越到后来越明显。因此,理论界把他作为 20 世纪 40 年代末至 60 年代讲求技术精美倾向(Perfection of Technigue)的代表人物。

他把工厂生产的型钢和玻璃提高到和欧洲古典建筑中的柱式和大理石同样重要的地位,运用钢和玻璃发展了建筑空间的处理手法,直截了当地对待建筑结构,这些做法已经成为现代建筑师广泛应用的手法。

钢和玻璃是现代建筑中大量应用的材料,抓住了钢结构和玻璃,也就抓到了现代建筑的重要课题,在工业越发达、钢材运用越多的地方,密斯的影响就越大。在美国和德国,曾经出现"密斯风格"的建筑就是证明。

15.5 赖特和有机建筑

赖特是 20 世纪美国最重要的一位建筑师,对现代建筑有很大的影响。他的建筑思想和欧洲新建筑运动的代表人物有明显的差别,走的是一条独特的道路。

赖特出生在美国威斯康星州,在大学中原来学习土木工程,后来转而从事建筑。他从 19 世纪 80 年代起就开始在芝加哥从事建筑活动,曾经在芝加哥学派沙利文的事务所工作过。但赖特对现代大城市持批判态度,很少涉及大城市里的摩天楼,对建筑工业化不感兴趣,他一生涉及最多的建筑类型是别墅和小住宅。

15.5.1 赖特早期的建筑作品

1893 年赖特开始独立操业。从 19 世纪末到 20 世纪初的 10 年中,他在美国中西部的威斯康星州、伊利诺斯州和密歇根州等地设计了许多小住宅和别墅。这些住宅的业主大多属于中产阶级,坐落在郊外,用地宽阔,环境优美;材料是传统的砖、木和石头,有出檐很大的坡屋顶。在这类建筑中,赖特逐渐形成了一些既有美国民间建筑传统,又突破了封闭性的住宅处理手法,适合于中西部草原地带的气候和地广人稀的特点,在 19 世纪末 20 世纪初形成了独具特色的"草原式住宅",虽然它们并不一定建造在大草原上。①

与此同时,赖特还设计了一些完全排除了当时正在流行的复古主义倾向的公共建筑,这些建筑重视功能,形体简洁,外形与内部空间一致,在块体的组合中比例得当,构图有序,墙面上点缀了一些装饰。

1. 拉金公司办公楼

1904 年建造的纽约布法罗市的拉金公司大楼(Larkin Building)是一座砖墙面的多层办公楼。这座建筑物的楼梯间布置在四角,入口门厅和厕所等布置在突出于主体之外的一个建筑体量之内,中间底层是整块的办公面积,中心部分是 5 层高的采光天井,围绕天井是四面环绕的办公楼层,上面有玻璃顶棚,底层和各层办公空间都依靠天井的屋顶采光。这样一种内部空间形式在当时是十分新颖的。在外形上,赖特完全摒弃传统的建筑样式,除极少的地方重点做了装饰外,其他都是朴素的清水砖墙,檐口也只有一道简单的凸线。房子的入口处理也打破老一套的构图手法,不在立面中央,而是放到侧面凹进的地方,这些在当时都是颇为新颖的手法(见图 15-56 至图 15-58)。

---

① 详见 13.3.4 章节"赖特与草原式住宅"。

图 15-56　拉金公司办公楼

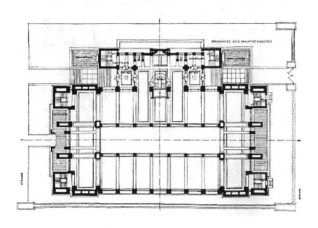

图 15-57　拉金公司办公楼平面图

2. 东京帝国饭店

1915 年,赖特被请到日本设计东京的帝国饭店(Imperial Hotel)。这是一个层数不高的豪华饭店,平面大体为"H"形,有许多内部庭院。建筑的墙面是砖砌的,但是用了大量的石刻装饰,使建筑显得复杂热闹。从建筑风格来说,它是西方和日本的混合,而在装饰图案中又夹有墨西哥玛雅传统艺术的某些特征。赖特希望帮助日本实现由木结构到砖石结构的转变,同时又不至于过多地丧失日本文化的伟大成就。赖特对该建筑的抗震、防火进行了十分周密的推敲和探讨,在技术和设计上对于当时的日本来说都是高水平的。在 1923 年的关东大地震中,帝国饭店以其"像船浮在海面上"的钢筋混凝土抗震结构免遭于难,为赖特获得了国际性的声誉(见图 15-59)。

图 15-58　拉金公司办公楼内景

图 15-59　东京帝国饭店

15.5.2　流水别墅

　　在 20 世纪 20 到 30 年代,赖特不断地在建筑创作上探求新的表现方法,建筑风格经常出现变化。他一度喜欢用许多几何形图案来装饰建筑物,随后又用得很有节制;房屋的形体时而极其复杂,时而又很简单;木和砖石是他惯用的材料,但进入 20 年代,他也将混凝土用于住宅建筑,并曾多次用混凝土砌块建造小住宅(见图 15-60)。愈到后来,赖特在建筑处理上也愈加灵活多样、少拘束,不断创造出令人意想不到的建筑空间和形体。1936 年,他设计的"流水别墅"(Kaufmann House on the Waterfall)就是一座别出心裁、构思巧妙的建筑艺术品。

图 15-60　洛杉矶恩尼斯住宅

　　流水别墅位于宾夕法尼亚州匹兹堡市郊,是当地百货公司老板考夫曼的产业。考夫曼买下很大一片风景优美的地产,聘请赖特设计别墅。赖特选中一处地形起伏、林木繁盛的风景点,一条溪流从嶙峋交错的岩石上跌落下来,形成一个小小的瀑布。赖特就把别墅造在这个小瀑布的上方。别墅高的地方有三层,采用钢筋混凝土结构。它的每一层楼板连同边上的栏墙好像一个托盘,支撑在墙和柱墩上。各层的大小和形状各不相同,利用钢筋混凝土结构的悬挑能力,向各个方向远远地悬伸出来。有的地方用石墙和玻璃围起来,就形成不同形状的室内空间,有的角落比较封闭,有的比较开敞。

　　在建筑的外形上最突出的是一道道横墙和几条竖向的石墙,组成横竖交错的构图。栏墙色白而光洁,石墙色暗而粗犷,在水平和垂直的对比上又添上颜色和质感的对比,再加上光影的变化,使这座建筑的形体更富有变化而生动活泼。

　　流水别墅最成功的地方是与自然风景紧密结合。它轻捷地凌立在流水上面,那些挑出的平台争先恐后地伸进周围的空间。拿流水别墅同柯布的萨伏伊别墅进行比较,很容易看出它们同自然环境之间迥然不同的关系。萨伏伊别墅边界整齐,自成一体。流水别墅则完全是另一种情况,它的形体疏松开放,与地形、林木、山石、流水关系密切,与自然风景形成犬牙交错、互相渗透的格局(见图 15-61 至图 15-63)。

图 15-61　流水别墅

图 15-62　流水别墅露天平台

15.5.3　赖特的其他著名作品

　　1.约翰逊制蜡公司总部

　　位于威斯康星州的约翰逊制蜡公司总部(Johnson and Son Inc Racine,Wiscosin)是一个低层建筑。办公厅部分用了钢丝网水泥的蘑菇形圆柱,中心是空的,由下往上逐渐增粗,到顶上扩大成一片圆板。许多个这样的柱子排列在一起,在圆板的边缘互相连接,其间的空

图 15-63　流水别墅内景

档加上玻璃覆盖,就形成了带天窗的屋顶。四周的外墙用砖砌成,并不承重。外墙与屋顶相接的地方有一道用细玻璃管组成的长条形窗带。这座建筑物的许多转角部分是圆的,墙和窗子平滑地转过去,组成流线形的横向建筑构图。这座建筑物结构特别,形象新颖,仿佛是未来世界的建筑,为约翰逊制蜡公司起了很好的广告作用,该公司也随之闻名(见图 15-64)。

图 15-64　约翰逊制蜡公司总部办公厅部分的蘑菇形圆柱

2.西塔里埃森

1911 年,赖特在威斯康星州普林格林建造了一处居住和工作总部,按照祖辈给这个地点起的名字,称之为"塔里埃森"(Taliesin)。从 1938 年起,他在亚利桑那州斯科茨代尔附近沙漠上又修建了一处冬季使用的总部,称为"西塔里埃森"(Taliesin West Scottsdale)。赖特身边有一些追随者和一些世界各地去的学生,和他住在一起,一边为他工作,一边学习,工作包括设计和画图,也包括家事和农事,时不时还做建筑和修理工作。这是以赖特为中心的半工半读的学园和工作集体(见图 15-65)。

西塔里埃森坐落在沙荒中,是一片单层的建筑群,其中包括工作室、作坊、住宅、起居室和文娱室等。那里气候炎热,雨水很少,因此西塔里埃森的建筑方式也很特别——先用当地

图 15-65　西塔里埃森

的石块和水泥筑成厚重的矮墙和墩子,上面用木料和帆布板遮盖。需要通风的时候,帆布板可以打开或移走。西塔里埃森的建造没有固定的规划设计,经常增添和改建。这组建筑的形象十分特别——粗糙的乱石墙呈菱形或三角形,没有油饰的木料和白色的帆布板错综复杂地交织在一起,有的地方像石头堆砌的地堡,有的地方像临时搭设的帐篷。在内部,有些角落如洞天府地,有的地方开阔明亮,与沙漠荒野连通一气。这是一组不拘形式的、充满野趣的建筑群。它同当地的自然景物很匹配,好像是沙漠里的植物,从那块土地中生长出来的(见图 15-66 至图 15-68)。

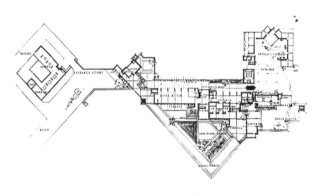

图 15-66　西塔里埃森平面图

图 15-67　西塔里埃森主入口

图 15-68　西塔里埃森室内

3.纽约古根海姆博物馆

古根海姆博物馆(Guggenheim Museum)是赖特在纽约设计的唯一建筑。古根海姆是一位富豪,他请赖特设计这座美术馆展览他的收藏品。博物馆坐落在纽约第五号大街上,地段面积约 50 米×70 米,主要部分是一个很大的螺旋式建筑,里面是一个高约 30 米的圆筒形空间,周围有盘旋而上的螺旋形坡道。圆形空间的底部直径在 28 米左右,向上逐渐加大。美术作品就沿坡道陈列,观众循着坡道边看边上(或边看边下)。大厅内的光线主要来自于上面的玻璃圆顶,此外沿坡道的外墙上有条形高窗给展品透进自然光线。螺旋形大厅的地下部分有一圆形的讲演厅。美术馆的办公部分也是圆形建筑,同展览部分并连在一起(见图15-69 至图 15-71)。

图 15-69　纽约古根海姆博物馆

在纽约的大街上,这座建筑物的体形显得极为特殊。那上大下小的白色螺旋形体,沉重封闭的外貌,不显眼的入口,异常的尺度,等等,使这座建筑看来像是童话世界里的房子。正是由于与周围环境的不协调,才使这座在功能、形式与结构上能自圆其说的建筑,虽然蜷伏在周围林立的褐色砖砌高楼大厦之间,仍能成为这个地区的一个亮点。

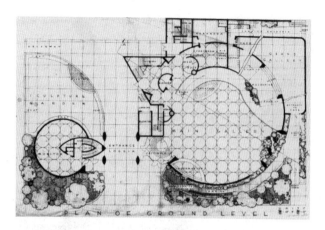

图 15-70　纽约古根海姆博物馆底层平面图

图 15-71　纽约古根海姆博物馆内景

【观点】　在盘旋而上的坡道上陈列展品的确是别出心裁,它能让观众从各种高度随时看到许多奇异的室内景象,可是作为欣赏美术作品的展览馆来说,这种布局引起许多麻烦:坡道是斜的,墙面也是斜的,这同挂画就有矛盾(因此开幕时陈列的绘画都去掉了边框);人们在欣赏美术作品时,常常需要停顿下来退远一些细细鉴赏,这在坡道上就不大方便了。美术馆开幕之后,许多评论者就指出古根海姆博物馆的建筑设计同美术展览的要求是冲突的,建筑压过了美术,赖特取得了"代价惨重的胜利"。这座建筑是赖特的纪念碑,却不是成功的美术馆建筑。

1992 年,古根海姆博物馆的后部增加了一个 10 层的高楼,扩建部分由建筑师格瓦斯梅和西格尔设计。增建部分简单朴素,很有分寸,不仅没有破坏原来的建筑风格,而且起到了很好的背景衬托作用。

15.5.4　赖特的有机建筑论

赖特把自己的建筑称作有机的建筑(Organic Architecture),他有很多文章和演讲阐述他的理论。什么是有机建筑呢？1953 年庆祝赖特建筑活动 60 周年时,他同记者的一段谈话可以看作是他的解释：

> 记者：你使用"有机"这个词,按你的意思,它和我说的现代建筑有什么不同吗？
>
> 赖特：非常不同。现代建筑不过是可以建造得起来的某种东西,或者任何东西。而有机建筑是一种由内而外的建筑,它的目标是整体性……有机表示是内在的——哲学意义上的整体性,在这里,总体属于局部,局部属于总体;在这里,材料和目标的本质、整个活动的本质都像必然的事物一样,一清二楚。从这种本质出发,作为创造性的艺术家,你就得到了特定环境中的建筑性格。
>
> 记者：知道你的意思了,那么你在设计一所住宅时都考虑些什么呢？
>
> 赖特：首先考虑住在里面的那个家庭的需要,这并不太容易,有时成功,有时失败。我努力使住宅具有一种协调的感觉,一种结合的感觉,使它成为环境的一部分。如果成功,你们这所住宅除了在它所在的地点之外,不能设想放在任何别的地方。它是那个环境的一个优美部分,它给环境增加光彩,而不是损害它。

有时,赖特说有机建筑就是"自然的建筑"(A Natural Architecture)。他说：自然界是有机的,建筑师应该从自然中得到启示,房屋应当像植物一样,是"地面上一个基本的和谐的要素,从属于自然环境,从地里长出来,迎着太阳"。有时,赖特又说有机建筑即是真实的建筑,"对任务和地点的性质、材料的性质和所服务的人都真实的建筑"。

1931 年,赖特在一次演讲中提出 51 条解释,以说明他的有机建筑,其中包括"建筑是用结构表达观点的科学之艺术","建筑是人的想象力驾驭材料和技术的凯歌","建筑是体现在他自己的世界中的自我意识,有什么样的人,就有什么样的建筑"等。

赖特的建筑理论本身很散漫,说法又玄虚,他的建筑理论像是雾中的东西,叫人不易捉摸。但有一点是清晰的,赖特对建筑的看法同柯布和密斯等人有明显区别,有的地方还是完全对立的。柯布说："住宅是居住的机器。"赖特说："建筑是自然的,要成为自然的一部分。"他最厌恶把建筑物弄成机器般的东西。萨伏伊别墅和流水别墅是这两种不同的建筑思想的产物,从两者的比较中,我们可以看出赖特有机建筑论的大致意象。

【观点】　在 20 世纪 20 年代,柯布等人从建筑适应现代工业社会的条件和需要出发,抛弃传统建筑样式,形成追随汽车、轮船、厂房那样的建筑风格。赖特从小在农庄长大,对农村和大自然有着深厚的感情,因此他反对袭用传统建筑样式、主张创造新建筑的出发点不是为了现代工业化社会,而是希望保持旧时以农业为主的社会生活方式,他厌恶大城市和拜金主义,这是他的有机建筑理论的思想基础。

赖特的思想有些方面是开倒车的。他实际涉及的建筑领域其实很狭窄,主要是有钱人的小住宅和别墅,以及带特殊性的宗教和文化建筑。他设计的建筑绝大多数在郊区,地皮宽阔,造价优裕,允许他在建筑的体形空间上表现他的构思和意图。大量性的建筑类型和有关国计民生的建筑问题很少触及,是一个为少数有特殊爱好的业主服务的建筑艺术家。

但在建筑艺术上,赖特确有其独到的方面。他比别人更早地冲破了盒子式的建筑。他的建筑空间灵活多样,既有内外空间的交融贯通,又具有幽静隐蔽的特色。他既运用新材料和新结构,又始终重视和发挥传统建筑材料的优点,并善于把两者结合起来。同自然环境的紧密配合是他的建筑作品的最大特色,使人觉得亲切而有深度。

赖特是 20 世纪建筑界的一个浪漫主义者和田园诗人。他的成就是建筑史上的一笔珍贵财富。20 世纪 50 年代末,他与格罗皮乌斯、勒·柯布西耶、密斯·范·德·罗同被公认为现代建筑四位大师。

15.6 阿尔瓦·阿尔托

阿尔瓦·阿尔托(Alvar Aalto,1898—1976 年)是芬兰现代派建筑师当中最杰出的一位。他虽然没有像格罗皮乌斯、密斯、柯布和赖特那样被命名为现代派建筑大师,但他对现代建筑的贡献,特别是在第二次世界大战之后自成一格的设计风格——建筑人情化(humanizing architecture)——大大丰富了现代建筑的设计视野。而这个特点在他两次大战之间的作品中已经显露了。

阿尔托 1921 年毕业于赫尔辛基工业大学,此后一直从事建筑设计。芬兰争取民族独立的运动对阿尔托有深刻的影响。在建筑方面,他曾接受北欧古典建筑和民族浪漫主义建筑的影响,稍后接受德、法、荷现代主义运动的启示。

15.6.1 维堡市立图书馆

维堡(Viipuri)在 20 世纪 20 年代是一个仅有 9 万人的小城镇,图书馆位于市中心公园的东北角。它实际上是小镇居民的一个文化生活中心。建筑面积虽然不大,但也包括书库、阅览室、期刊室、阅报室、儿童阅览室、办公和研究部分,此外还有一个讲演厅。阿尔托完全摆脱了当时一般图书馆建筑的形式,从分析各个房间的功能用途和相互关系出发,把各部分恰当地组织在紧凑的建筑体量之内。整个图书馆由两个靠在一起的长方体组成。主要入口朝北,进门以后是个不大的门厅,正面通向图书馆主要部分,向右进入讲演厅,左面有楼梯间,通向二楼的办公室和研究室。图书馆的出纳和阅览部分在另一个长方形体量内,在出纳部分,设计者尽量利用楼梯平台和夹层,做到充分利用室内空间,使少数的管理人员能够方便地照管整个大厅(见图 15-72 至图 15-74)。

图 15-72　维堡市立图书馆

这个图书馆采用钢筋混凝土结构。建筑师对照明和声学问题进行了细致的考虑。芬兰

图 15-73　维堡市立图书馆内部

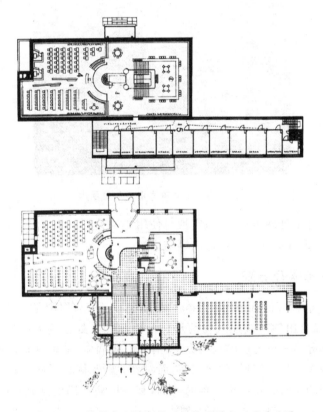

图 15-74　维堡市立图书馆一层平面图和二层平面图

的太阳高度角很小,由于1/3领土处于北极圈内,每年都有几个月整天处于黑暗或"白夜"当中。因此,阅览室四壁不设窗户,只在平屋顶上开着圆形天窗,以避免光线水平向直射到阅读者的眼睛。圆形天窗在晚上和"白夜"时可作灯光照明,使不同的自然光照条件下可获得稳定和一致的采光效果。在演讲厅内,阿尔托用木条把顶棚订成波浪形,以便通过声浪的反射使每个座位上人的说话声音都能被大家听到。芬兰有木建筑的传统,采用木条拼制的波浪形顶棚,不仅有使用上的考虑,而且使演讲厅带上了芬兰的地方建筑色彩(见图15-75)。

图 15-75　维堡市立图书馆讲演厅

　　维堡图书馆的外部处理很简洁,但它把对使用者的关心以及把美学、地方性同技术结合起来,大大地丰富了现代派建筑的设计内容与方法。

15.6.2　帕米欧肺病疗养院

　　帕米欧肺病疗养院(Tuberculosis Sanatorium at Paimio)周围是一片树林,用地没有很多限制,建筑师可以自由地布置建筑物的形体。阿尔托处处把病人的修养需要放在首位。疗养院最重要的部分是一座七层的病房大楼,有 290 张病床,采用单面走廊以保证每间都有良好的朝向。病房大楼呈一字形,朝向东南,面对着原野和树林,每个房间都有良好的光线、新鲜的空气和广阔的视野。在病房大楼的一面,有一段病人用的敞廊,朝向正南方,与主体成一角度。大楼最上一层也是病人用的敞廊。病房大楼与一幢四层的小楼相夹形成一个张开的喇叭口形的前院,给进出的车辆留下宽裕的通道,两幢楼之间相连的部分是垂直交通部分,底层是入口门厅。小楼的后面是厨房、储藏室及护理人员用房。以上几个部分既不平行,又不对称,看起来似乎有些零乱,但都是按内部的功能需求确定的。这样的布局使休养、治疗、交通、管理、后勤等部分都能比较方便的联系,同时减少了相互之间的干扰(见图15-76和图 15-77)。

　　七层的病房大楼采用钢筋混凝土框架结构,在外面可以清楚地看出它的结构布置。阿尔托不是把结构包藏起来,而是使建筑处理同结构特征统一起来,产生了一种清新明快的建

图 15-76　帕米欧肺病疗养院

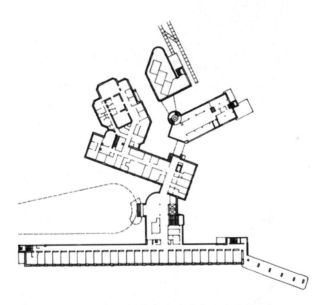

图 15-77　帕米欧肺病疗养院平面图

筑形象,既朴素有力又合乎逻辑(见图 15-78)。

　　【观点】　在维堡图书馆和帕米欧肺病疗养院的设计中我们看到,阿尔托对建筑设计抱着精益求精、极为细致的态度。例如,图书馆天花的设计十分精美,不大的图书馆内部空间具有层层递进、变化多端的特色。疗养院的设计中,病室的双层窗子可以让空气流通,又避免了冷风直达病床的弊病。病室内设置的洗脸水池也经过细心推敲——当水龙头没拧紧时,下滴的水珠正好落在水池的斜面上,不会发出滴水声干扰长期休养病人的睡眠。

　　这两座建筑物,无论如何,尚可以列入"国际式"之列。但是再往后去,阿尔托的作品就开始带上浓厚的地方性和人情化的诗意。芬兰的自然环境,尤其是那里繁茂的森林日益进入他的创作之中。

图 15-78　帕米欧肺病疗养院七层的病房大楼

图 15-79　玛丽亚别墅

15.6.3　玛丽亚别墅

　　1938 年,阿尔托受芬兰巨富古利克森(Gullichsen)的委托设计一处郊外别墅,这是把他的想法付诸实现的很好机会。玛丽亚别墅(Villa Mairea)(见图 15-79)周围是森林,平面呈

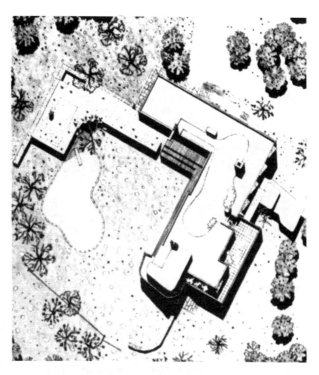

图 15-80　玛丽亚别墅平面

两个"L"形重叠而成,三面比较封闭,当中是花园(见图 15-80)。建筑形体由几个规则的几何块体组成,但非常突出地在几个重点部位上点缀了几个自由曲线形的形体;别墅入口处的雨篷(见图15-81),花园中腰果形的游泳池,主体建筑端头高出的像楼座那样的突出部分——女主人玛丽亚的画室,也是这座别墅着意要指明的地方(见图15-82)。这些自由造型使得建筑形体和空间显得柔顺灵便,减少了几何形体的僵直感,并且同人体和人的活动更加契合。

图 15-81　玛丽亚别墅入口的雨棚

图 15-82　玛丽亚别墅局部

　　房屋室内外用了好几种不同的材料：白粉墙，木板条饰面，打磨得很光滑的石饰面与粗犷的毛石墙。柱子也用了好几种不同的式样和面饰，有天然的粗树干，有用绳子把好几根细树干捆绑起来的束柱，也有白色粉刷的钢筋混凝土支柱。它们给人的印象是：这是一座建在大自然中能与自然环境对话的建筑，同时又是精工细造的建筑（见图 15-83）。为了居住的舒适，还在光线与通风上采取了周密的技术措施。例如，为了保证主人能在"白夜"中休息，对卧室的窗户朝向作了调整；为了调节室温与保证通风（当时没有空调设备）和考虑到热空气的上升，特意在楼板与顶棚内装有隐蔽的通风管。此外，为了保证室内的恒温，把遮阳的

图 15-83　玛丽亚别墅内景

百叶装在窗户玻璃的外面等。

玛丽亚别墅在建成后即受到广泛关注。阿尔托既在功能上,又在心理上抒情地对待使用者的设计理念,展示了现代建筑前所未有的魅力。这座别墅表明,20 世纪 30 年代的阿尔托已经走出了他自己的创作路径。

如果说,密斯表现的是德意志民族的理性、精确和彻底的精神,柯布反映出法国式的激情和夸张,那么,阿尔托则代表了北欧人的冷静、温和、内向和不走极端的性格。他从 30 年代末开始思考现代主义建筑观念所包含的缺点,然后提出修正的意见。

第二次世界大战后,阿尔托的作品散布于许多国家。

15.6.4　珊纳特赛罗小镇中心

1952 年完工的芬兰珊纳特赛罗小镇中心(Town Hall,Säynätsalo)是阿尔托的代表作之一。该镇是一个只有 3000 居民的半岛,镇中心包括镇公所和公共图书馆,坐落在松林间的坡地上。阿尔托将建筑物围成一个四合院,院子的东南和东北各有缺口,院子的地坪略高于院子外面,所以在入口处做了台阶。阿尔托在此巧妙利用地形,做到了两个突出:一是把主楼放在一个坡地的近高处,使它由于基地的原因而突出于其他房屋;二是把镇长办公室与会议室这个主要的单元放在主楼基地的最高处,使它们再突出于主楼的其他部分。镇中心的房子大多为平顶,但会议室上是高高的斜屋顶,像是一面坡,但坡到底部又略略翻起,并且是两头稍高,中间形成一道天沟,这个屋顶的形状就与众不同,耐人寻味。更重要的是,它那高而尖的形体突出于其他屋顶之上,起标志性的识别作用(见图 15-84 至图 15-86)。

图 15-84　珊纳特赛罗小镇中心

图 15-85　珊纳特赛罗小镇中心主入口

图 15-86 珊纳特赛罗小镇中心人情化的内庭

整个建筑在布局上给人以逐步发现的视觉效果,尺度上与人体完美配合,创造性地运用了传统材料砖和木。在整体上,红褐色砖块的墙面处理很简洁,但仔细看,墙面常常有一些凸出或凹入,有的端头做成钝角或锐角,面向院子的玻璃窗有的外面加上木质细柱。这些形式处理从实用的角度看可能是多余的,但正如阿尔托所说:"人不能总是以理性和技术为出发点。"这些形式处理所费不多,但"能带给人愉快的感觉"。因此,阿尔托的作品,从大的轮廓到小的配件都精致耐看,品位很高。这种细腻的墙面处理在麻省理工学院学生宿舍贝克公寓(MIT Baker House Dormitory)也有突出的体现。

15.6.5　芬兰赫尔辛基理工大学

在阿尔托的作品中,常常看到他将扇形的建筑体量与矩形体量结合在一起,这样做打破了矩形体量的僵直感,给建筑带来生气。1964 年落成的芬兰赫尔辛基理工大学(Teknillinen korkeakoulu)主楼,在相对整齐的教室建筑群中插入一个高大的带斜面的扇形体量,在其中布置了两个大阶梯教室。大扇形体量侧面是大三角形的红褐色砖墙,锐角指向天空。斜坡面上是梯级形的天窗,天光射入天窗,再由弧形反射面折射向下。结构采用一边高一边低的钢筋混凝土门式刚架。这个扇形体量同它里面的功能与结构是统一的。扇形体量收拢的地方有一小块缺口,正好布置一个小的扇形的室外会场。而在整体较矮的建筑群中,屹立在平面关键位置的高大扇形体量,给人以一见难忘的视觉效果,使整个建筑群的天际轮廓变得异常奇妙动人(见图 15-87)。

图 15-87 芬兰赫尔辛基理工大学

15.6.6　赫尔辛基芬兰大会堂

赫尔辛基芬兰大会堂(Finlandia Hal)建于 1962—1975 年,是阿尔托晚年的作品。其中有一大一小两个会场和附属设施,既可作议会开会之用,又可作音乐演出场所。大会堂一侧沿水面岸边布置成几乎一条直线,临湖外墙用竖向线条分隔墙面,宛如一架巨大的白色钢琴静静地靠在湖边,湖水中倒映出线条流畅的琴身;而它的另一侧则曲折多变。整个建筑大体呈白色,素净雅致,而建筑轮廓变化多端。交响乐厅与其余部分的混凝土结构从基础起就互相脱离,加上特殊音响节点设计,可以排除噪声干扰。赫尔辛基芬兰大会堂被誉为芬兰现代建筑艺术中的一颗明珠(见图 15-88 和图 15-89)。

图 15-88　赫尔辛基芬兰大会堂

图 15-89　赫尔辛基芬兰大会堂的临湖立面

　　【观点】　阿尔托的建筑创作在现代建筑史上有重要的意义。早期他接受 20 世纪 20 年代现代主义的启示,走上现代建筑的道路。但他很快发现了早期现代主义建筑观念中的片面性,迅速提出了修正和补充的观点。现代建筑在他的手中得到"软化"。他在理性中加入人性,加进人的精神需要和多样性,因而他的建筑作品总是那么丰富、柔和、独特和雅致。有人问他有何理论,他总是回答"I build"。他的作品和他的为人一样,简朴之中有丰富,精细之中有温暖,运用技术而带情感,合理而有诗意。

思考题

1. 两次世界大战之间建筑技术的发展主要体现在哪些方面?请举例说明。
2. 简述包豪斯校舍建筑设计的特点和成就。
3. 简述"国际主义"与"现代主义"的联系与区别。
4. 简述柯布提出"住宅是居住的机器"这句话的历史背景及进步意义。
5. 巴塞罗那博览会德国馆体现了密斯怎样的设计理念?
6. 请说说你对赖特的"有机建筑"的理解。

参考文献

1. 陈志华. 外国建筑史(19世纪末以前)[M]. 4版. 北京:中国建筑工业出版社,2010.

2. 罗小未. 外国近现代建筑史[M]. 2版. 北京:中国建筑工业出版社,2004.

3. 斯塔夫理阿诺斯. 全球通史——从史前史到21世纪(上、下)[M]. 7版. 吴象婴,等译. 北京:北京大学出版社,2005.

4. 陈志华. 外国古建筑二十讲[M]. 北京:三联书店,2002.

5. 陈志华. 意大利古建筑散记[M]. 合肥:安徽教育出版社,2003.

6. [意]L.本奈沃洛. 西方现代建筑史[M]. 邹德农,巴竹师译. 天津:天津科学技术出版社,1996.

7. [英]克里斯·斯卡尔. 70大奇迹伟大建筑及其建造过程[M]. 吉生,等译. 桂林:漓江出版社,2001.

8. [英]派屈克·纳特金斯. 建筑的故事[M]. 杨惠君,等译. 上海:上海科学技术出版社,2001.

9. [法]罗丹. 法国大教堂[M]. 啸声译. 上海:上海人民美术出版社,1993.

10. [德]汉诺·沃尔特·克鲁夫特. 建筑理论史——从维特鲁威到现在[M]. 王贵祥译. 北京:中国建筑工业出版社,2005.

11. [英]彼得·柯林斯. 现代建筑设计思想的演变(第二版)(国外建筑理论译丛)[M]. 英若聪译. 北京:中国建筑工业出版社,2003.

12. [英]丹尼斯·夏普. 20世纪世界建筑——精彩的视觉建筑史[M]. 胡正凡、林玉莲译. 北京:中国建筑工业出版社,2003.

13. [英]大卫·沃特金. 西方建筑史[M]. 傅景川,等译. 长春:吉林人民出版社,2004.

14. [英]戴维·史密斯·卡彭. 建筑理论(上)维特鲁威的谬误——建筑学与哲学的范畴史[M]. 王贵祥译. 北京:中国建筑工业出版社,2007.

15. [英]戴维·史密斯·卡彭. 建筑理论(下)勒·柯布西耶的遗产——以范畴为线索的20世纪建筑理论诸原则[M]. 王贵祥译. 北京:中国建筑工业出版社,2007.

16. 吴焕加. 20世纪西方建筑史[M]. 郑州:河南科学技术出版社,1998.

17. 梁旻,胡筱蕾. 外国建筑史[M]. 上海:上海人民美术出版社,2012.

18. Marian Moffett,Michael Fazio,Lawrence Wodehouse. A World History of Architecture[M]. London:Laurence king Publishing Ltd,2003.